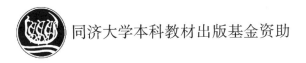
同济大学本科教材出版基金资助

风景园林植物学(上)

张德顺　芦建国　编著

U0347452

同济大学出版社·上海

图书在版编目(CIP)数据

风景园林植物学.上 / 张德顺,芦建国编著. -- 上海：同济大学出版社,2018.4 （2022.7重印）
ISBN 978-7-5608-7815-7

Ⅰ.①风… Ⅱ.①张… ②芦… Ⅲ.①园林植物—植物学 Ⅳ.①S68

中国版本图书馆 CIP 数据核字（2018）第 076461 号

风景园林植物学（上）

张德顺 芦建国 编著

责任编辑 吕 炜 **责任校对** 徐春莲 **封面设计** 潘向蓁

出版发行	同济大学出版社 www. tongjipress. com. cn	
	（地址：上海市四平路 1239 号 邮编：200092 电话：021-65985622）	
经 销	全国各地新华书店	
排 版	南京月叶图文制作有限公司	
印 刷	浙江广育爱多印务有限公司	
开 本	787 mm×1092 mm 1/16	
印 张	13.25	
字 数	331 000	
版 次	2018 年 4 月第 1 版	
印 次	2022 年 7 月第 4 次印刷	
书 号	ISBN 978-7-5608-7815-7	

定 价 55.00 元

参编人员名单

主　编

张德顺　芦建国

副主编

胡立辉　李秀芬

编　委

张祥永　丁松丽　蔡志红　王　振　刘　鸣
李科科　张建锋　李东明　杨　韬　刘进华
彭雨晴　章丽耀　刘晓萍　吴　雪　张百川
夏　雯　景　蕾　马建平　王维霞　王留剑
吕　良　谢　琤　宋奎银　谯正林

内 容 简 介

　　《风景园林植物学》分为上下两册。上册主要是风景园林植物学的总论部分,包括绪论、风景园林植物的分类与器官、植物与环境的关系,以及植物、景观营造与表现等章节。下册部分为植物各论,包括乔木、灌木、藤本、棕榈类、竹类等木本园林植物与水生、球根、宿根、一二年生草本植物等。

　　本书主要具有以下特色:

　　1. 面向应用的植物分类

　　植物的一级分类以植物应用为导向,按照植物的应用特点分为大乔木、中乔木、小乔木,大灌木、低矮灌木,藤本植物,棕榈类植物,竹类植物,一二年生植物,宿根植物,球根植物,草坪地被植物,水生、湿生植物等。

　　2. 突出专业特色的植物描述

　　目前工科院校所使用的植物教材多与农林院校相差无几,难以突出专业优势,学生和教师亟需具有针对性、专业性的园林植物与应用教材。本教材以此诉求为目标,加强在规划设计中的植物使用,在植物描述中着重细化植物形态特征,增加园林用途、文化内涵、相似种类等知识点,删减植物栽培、繁育等内容。

　　3. 图文并茂,增加辨识度

　　植物各论采用植物科学画,从植物全貌到枝、叶、花、果特征全面展示植物形态,并选取典型的植物应用形式进行说明,增加植物认知的准确性和实用性。

　　与现有的国内同类书相比,本书在总论部分增加了植物学基本概念,补充基础知识,从实际应用出发,采用与以往不同的分类方式,因此本书不仅是内容翔实的教科书,还是方便快捷的工具书。本书注重知识点的更新,紧贴近年新优植物的繁育与引种驯化工作的成果,收录了大量新优种类,保持内容与时俱进,旨在为风景园林学的学科发展贡献力量。

主 编 简 介

张德顺

同济大学建筑与城市规划学院—高密度人居环境生态与节能教育部重点实验室教授，博士生导师，德国德累斯顿大学客座教授，IUCN-SSC专家，中国植物学会理事，上海市植物学会副理事长，中国风景园林学会园林植物与古树名木专业委员会副主任，全国城镇风景园林标准化技术委员会委员。曾任济南市园林局科教处处长、上海市农委城填规划处副处长兼农产品质量认证中心副主任、上海市园林科研所所长，园林杂志主编，辰山植物园副主任等职务。

主要研究方向为园林植物设计、生态与园林规划、气候变化景观应对、园林小气候调控规划、风景旅游区规划，城市生态基础设施规划等。先后出访30多个国家和地区参加学术交流，与德国共同组建的气候变化景观应对实验室成为风景园林人才教育和研究的重要平台。

在国内外期刊上发表论文220余篇，出版专著4本，主持国际合作项目1项、国家自然科学基金2项，参加国家自然科学基金重点项目1项、面上项目1项、国家重点研发项目1项。主持规划设计建设的项目主要有济南市植物园、海南省三亚南山佛教文化区、济南红叶谷生态文化旅游区和广西凭祥友谊镇平而口岸控制性详细规划等。

讲授的主要课程有"园林植物与应用""园林植物景观学原理与方法""生态规划与种植设计"，以及全英文课程"植物景观规划原理与方法（Planning Principles and Design Methods of Landscaper Plants)"等。其中，"园林植物与应用"课程列入同济大学本科卓越课程，成为建筑与城市规划学院选修人数最多的课程之一。"植物景观规划原理与方法"列入上海高校外国留学生英语授课示范课程。

芦建国

南京林业大学教授，园林植物研究所所长，硕士生导师。40年来一直从事园林专业教学、科研和管理工作，先后为本科生、硕士研究生和博士研究生主讲"风景园林植物学""园林植物学""观赏植物与应用""园林植物栽培""园林苗圃学""花卉学""盆景学""插花艺术""草坪学""现代园林科技发展""园林植物规划与设计""园林植物配置与造景"等十几门课程。主编《花卉学》《种植设计》等10多部教材和著作。在国内学术刊物上发表论文80多篇。主持参与科研项目和科技服务项目40多项。主要从事园林植物分类、造景、栽培，园林工程管理等方面的研究。获奖教学科研成果20多项，其中"花卉学"于2004年获江苏省精品课程。"高速公路排水防护工程及环境美化设计研究"于2004年获江苏省科技进步二等奖。"园林专业人才培养模式的探索与实践"于2005年获国家级教学成果二等奖。

序

    风景园林是置身于中国土壤,兼收并蓄而形成的一门独特学科,是具有科学和艺术二相性的综合学问,是融历史、理论、规划、设计、生态、生物和工程管理等于一体的交叉专业。从1951年起至今,风景园林创建至今已经走过了68年的征程。它在风雨兼程中成长,攻坚克难中前行,争论不休中壮大,知识扬弃中成型。

    目前中国的风景园林与创建之初发生了几个显著变化。一是学科地位有了很大提升,原来由于专业影响较小,先后归属建筑、规划、农业、林业、园艺学科下面,在财政资助、课题申报、成果获批、会议交流方面很难和其他学科相提并论,而现在已在国家学科目录中与其他110个学科并驾齐驱,达到了积跬步至千里的奋斗目标;二是专业的布局更加系统完善,风景园林的内涵具有综合性,历史、理论、规划、设计、植物和工程是其专业骨架,全国不少学校均以这6个二级学科为目标组建教研团队,且有59所院校设有硕士、博士点;三是课程的设置也基本稳定,不管翻译成 Landscape Gardening 还是 Landscape Architecture,不管欧洲还是美国,园林植物、园林历史、园林艺术、规划设计、工程技术等核心课程的设置正逐步稳定健全;四是有了初步国际教学话语权,越来越多的中国专家进入联合国教科文组织(UNESCO)、联合国环境规划署(UNEP)、联合国开发计划署(UNDP)、国际自然保护联盟(IUCN)、国际风景园林师联合会(IFLA)、国际古迹遗址理事会(ICOMOS)、国际文物保护与修复研究中心(ICCROM)等国际政府组织和非政府组织中,提升了中国科技和文化的影响力;五是行业发展蒸蒸日上,园林不仅是城市绿化和绿地的规划者,还是国土大地园林化的描绘者,更是自然保护、文化传承的实践者,又是生态修复、生物多样性保护、气候变化应对、流域生态治理的倡导者,当然以后的业务范围还会扩大。

    风景园林的规划设计以生态安全为目标,生态规划又以科学、合理地配置园林植物,实现人与自然、社会的可持续协调发展为宗旨。植物在园林中不可或缺,发挥着固碳释氧、防风固沙、遮阳蔽荫、减尘滞噪、气候调节、水源涵养等生态效益;不同物种形态各异、千变万化,既可以孤植展示姿态、色彩和风韵的个体之美,又能按照一定的构图方式配置,表现植物的群体美;园林植物形成了不同的景观特色和风貌,春华秋实,季相更替,通过大小、外形、色彩、质地和芳香营造意境,使人们身心获得重返自然的感受,缓冲人工构筑物的僵硬感,调节视觉疲劳,从而带来综合感官的愉悦;引入植物的园林设计,能够丰富、优化交往空间,激活环境生机,触发立地、城市、区域和国土的活力。

    园林植物在建筑配置中,能有效地提升人在建筑物内外环境中的感官体验和居住质量,营造建筑环境氛围,使传统与现代园林文化深深"扎根"于建筑之中,形成良好的建筑物理与生态环境,另外植物仿生学是激发建筑城规创新的源泉。

从霍华德的"田园城市"理论、20世纪30年代的"雅典宪章",到当今的"园林城市"概念,都无不强调了城市规划与植物的紧密联系,反映了人对自然的追求。园林植物在城市规划中作为连接人、自然以及社会的纽带,贯穿于城市规划的每一个环节,是城市特征、城市形象、城市个性、城市风貌的构成元素和生命力的具体体现。

《风景园林植物学》分为上下两册,上册是总论,下册是各论。分类以形态特征为基础,与自然分类系统相结合,知识系统,逻辑清晰,所选种类立足园林调查,图文并茂,术语严谨,可作为风景园林、城市规划、建筑学、环境艺术专业的课程教材,也是一本方便检查的植物工具书。《风景园林植物学》在立足上海的基础上,还涵盖了长三角、华东地区和部分中国的主要大城市,有助于使植物的区域规划更加适地适树,设计的园林类型更加科学有序。相信该书一定能为风景园林的学科发展和风景园林行业发展助力。

2017 年 9 月

前　言

　　植物是风景园林中唯一有生命的景观元素,任何风景园林的规划设计都离不开植物。植物可以是生态环境的组成,也是适应和改善人居生态系统的构成元素,而生态环境对植物也具有反作用。在西方,生态(eco-)一词源于古希腊词根"oikos","oikos"意为家园、生活场所或我们的环境,是指周围一切生物(动物、植物和微生物)的生存状态关系,以及它们之间与环境之间的关系。在中国,中国园林的"园"字繁体写作"園",外边的"囗"为园林的边界,内有"土""口"和"衣"。"土"即土壤地貌,是植物生长的载体;"口"即一口水井,水是植物生命之源;"衣"即衣裳,树木是大地的服饰;加上中间的空白部分可视为空气,共同构成了风景园林四大生态要素:土壤、水体、植物和大气。

1. 传统造园学(Landscape Gardening)看风景园林植物的重要性

　　纵观人类造园史,一直是人类社会与生态环境之间相互作用的结果,而植物与园林的关系一直紧密相伴,密不可分。每一时期营造的风景园林也因对于植物树种选择与种植方式的不同而呈现不同的形态,展现不同的特点。

　　1) 从西方园林的起源看植物与生态

　　西方园林可追溯至《圣经·旧约》中的伊甸园,天堂中的伊甸园是人们造园模仿的理想原型。人们通过对大自然的依恋和亲近来表达对于自然的最初认识。不论是干旱炎热、缺乏森林的古埃及,还是温暖湿润、郁郁葱葱的古巴比伦,或是爱琴海之滨的古希腊,都对树木、森林、绿色有着无尽的喜爱,园林植物是改善人居环境不可或缺的景观元素。

　　古埃及由于炎热少雨,树木匮乏,对于树荫的渴望尤其强烈,无论是宅园或是宫苑、圣苑,必然会行列式种植棕榈、柏木和其他果树来营造园林小气候,改善炎热的环境。在古巴比伦,屋顶上覆以泥土种花植树,既起到遮阴作用,避免居室受到阳光直射,栽植蔬果又能获得一定的经济价值的回报。古希腊的竞技场最初只是供训练的裸露场地,周围并无一树,后来在竞技场周围种植悬铃木以形成绿荫,既可以供竞技者休息,又能为观众提供良好的观赏环境,然后又布置有祭坛、廊柱及座椅等设施,成为人们散步和集会的场所,并最终发展为向公众开放的园林。

　　中世纪的庭园是生产色彩浓郁的实用型园林,以种植果树和蔬菜为主要内容。16世纪的西方造园艺术受到文艺复兴影响,多为规则的对称式布局。园林中的意大利柏经过修剪成为厚厚的高墙,这是对古罗马"绿色雕塑"的继承。意大利古典园林充盈着浓厚的人文主义气息:将自然界中的植物景观再现于园林中,使园内之景和园外之景浑然一体,表达了对自然景物的模拟与隐喻;园林植物多以常绿树种为素材,绿叶苍翠,历冬不凋,在夏季干燥炎热的地中海气候中营造出一个个宜人的避暑空间,让人们在芬芳馥郁、平淡隐逸的环境

1

中重新认识自然,体味自然,在欣赏自然的同时也开始体会生活,沟通心灵,描绘浪漫的生活理想。

与意大利庄园主们安逸隐秘的生活情调不同,17世纪大一统的法国古典主义园林以"帝王的花园"高调登场,认为人工美高于自然美,反映了"征服自然"的君权神授的意识形态。在这种指导思想下,园林植物强调井然有序,均衡稳定,彼此之间完美配合,形成统一的整体。勒·诺特尔(Le Notre)设计的凡尔赛宫(Palace of Versailles)将这种人工几何构图发挥到了极致:自然植物经过精心整形和修剪,每一株植物都成为整体视觉布景的材料和元素;在园林的边际周围则仍保留着面积广阔的背景林带,一个个林间小空间作为人们园居活动的戏剧性场景,尺度宜人,景观环境自然亲切而舒适。

"重新认识自然"的哲学思潮成为18世纪英国乃至整个欧洲的文化主流,提倡个性的自由、社会的平等以及道德伦理的完善,倡导人与自然万物和谐相处的平衡关系。启蒙运动的生态反思使自然作为人类生存的必然环境再次获得认同。这一时期园林的植物配置摒弃了绿篱、行道树等规则式造园要素,取而代之的是展开的树冠、树姿优雅的孤植树和师法自然的小树丛。如在斯陀园中成片的树丛,巨大的树木与开敞的草地相得益彰,呈现出从草地、孤植树、树丛到树林的自然层次变化。这种自然式风景园林将自然之美视为园林之美的最高境界。

19世纪后,工业革命的浪潮从英国逐渐波及到欧洲大陆其他国家。城市工业化迅速发展,城市人口剧增,城市化规模逐渐扩大,城市渐渐远离了自然和乡村,生态环境急剧恶化,对自然环境的破坏严重。为了保持自然和人工环境的平衡,改善人们的生活环境,关注点更多聚焦在人类社会与自然环境之间的生态平衡与生态恢复。随着城市公园运动的发展,植物在园林应用中的生态意义更为突出。美国纽约中央公园占地面积约340公顷,被誉为纽约的"后花园",园内有近6 000棵树木、大片绿荫的草地、波光粼粼的湖面、园中掩映在乔灌木丛中的建筑小品,以及跨越山谷的小桥都给人以乡村的印象。如今虽已处在四周高楼大厦的环抱之中,这个主要由树木构成的绿地空间依然犹如与城市隔绝的乡村森林。在这里"第二自然"的意识唤醒了人们对隐秘、古老而生机勃勃的原始森林的无限遐想,在给人们带来自然宁静的同时,也极大地改善了城市的生态环境,推动了近代城市公园运动的发展。

2) 从中国园林的起源看植物

园林在中国有着悠久的历史,探究中国园林植物与生态关系可追溯至商周时期。那时开始形成"苑"和"囿",《史记·殷本纪》记载了商纣王修建的"沙丘"苑,是一个大量自然植物茂盛生长和鸟兽滋生繁衍的乐园,呈现出自然质朴之美。春秋时期,楚灵王之章华台和吴王夫差之姑苏台,假文王灵台之名,开后世苑囿之风。从青铜器的建筑庭院纹样上也可看出,当时先民已经将建筑、动植物结合在一起,以构成生态良好的人居环境。形成于此时期的《诗经》提的花木多达132种,说明先民对植物的情感认识由来已久,体现出对自然的深深依恋和向往。

秦汉宫苑中种植的园林树木种类逐渐增多,栽培技术也得到发展。秦皇帝将温泉宫建在"万松叠翠,美愈组绣,林木花卉,灿烂如锦"的骊山。汉武帝"修上林苑,群臣远方,各献名果异卉三千余种植其中,以标奇异",在"上林苑"中首次出现以植物命名的宫苑建筑,如

"扶荔宫""长杨宫""葡萄宫""五柞宫"等,形成了独具特色的植物专类园,这也是世界植物园的原型。

从晋代开始,私家园林开始兴盛,由于对自然与超然的崇尚,植物景观在文人士大夫山水美学和园林艺术中开始占据重要的地位。陶渊明宅院"榆柳荫后檐,桃李罗堂前",绍兴兰亭"翁然林水""高林巨树"。园林自然环境与文人雅士的清雅生活相映衬,植物形象开始逐渐走入文人雅士的精神世界。同时,寺观园林方兴未艾,《洛阳伽蓝记》中记载了北魏洛阳寺庙的园林化景象,如"景明寺……松竹兰芷,垂列阶墀。含风团露,流香吐馥……寺有三池,萑蒲菱藕,水物生焉。"正始寺则是"众僧房前,高林对牖,青松绿怪,连枝交映",永明寺"庭列修竹,檐拂高松。奇花异草,骈阗阶砌"。这些对植物的描绘进一步诠释了人居环境的植物生态自然之美。

唐宋时期,园林开始由自然山水园逐步走向写意山水园,文人墨客的情趣深深地影响着园林的发展。在皇家御苑,植物景观更趋科学合理,除了利用天然植被外,还进行了大量的人工种植。如华清宫的苑林区即"天宝所植松柏,遍满岩谷,望之郁然"。北宋时期,由宋徽宗参与设计的著名皇家园林东京艮岳以植物为景观主体的景点多达45处,约占所有景点的三分之一。南宋时期,临安诸御苑也将植物造景作为其园林的营造重点,如德寿宫后苑题有"香远清深""松菊三径""芙蓉岗"等景。文人私家园林兴起,在植物景观的营造上开始追求诗情画意。白居易说自己的宅园"插柳作高林,种桃成老树,绕廊紫藤架,夹砌红药栏",说明已经开始利用花架和花台营造植物景观了。王维的辋川别业中有"斤竹岭""茱萸片""宫槐陌""柳浪""竹里馆"等多处以植物为主题的景点,并将"文杏馆""木兰柴""茱萸沜""柳浪""竹里馆""椒园""辛夷坞"按照游赏的顺序,构成一个完整的景观序列。公共园林如长安曲江池"疏蒲青翠,柳荫四会,碧波红蕖,湛然可爱"。杭州西湖则更是以花开四季的植物景观闻名于世。

明清时期,皇家园林发展到了成熟的巅峰,园林植物的种植技术、配植手法与文化意蕴均日臻成熟。皇家园林中植物景观的营造遵循适地适树、观赏性与实用性并重、政治性和文化性突出的原则,从御花园庭院空间的花木配植,到避暑山庄564公顷的植物景观规划,类型丰富,手法多样,意境深远。

此时,园林植物在科学性、艺术性方面的研究也得到进一步提高。明代文震亨的《长物志》、计成的《园冶》、王象晋的《群芳谱》都对园林植物有专门论述。清代陈淏子的《花镜》更是明确了生态习性:"故草木之宜寒宜暖,宜高、宜下者……赖种植时位置之有方耳""其中色相配合之巧,又不可不论也"。汪灏《广群芳谱》更可谓集历代植物谱录类书之大成,堪称植物百科全书。

中国近代园林始于上海的黄埔公园,1868年建成,是我国最早的公园,时称"公家花园",首次引入英国园林景观风格设计,有开阔的活动草坪和规则式行道树种植,开启了近代生态园林的新篇章。随着植物学的发展,我国也开始了植物园的兴建。1929年由"中山先生纪念植物园"改建的"南京中山植物园",是我国第一座国立植物园,之后开始对植物与生态进行科学系统的研究。改革开放以来,城市的发展进程加快,城市环境问题的日趋严重,人们则越来越认识到园林植物在风景园林、人居环境和自然保护中的重要性。

2. 目前植物景观设计(Plant Landscaping)存在的问题

风景园林事业自新中国成立以来取得了巨大的进步,但新时代面临的新发展和新机遇中也遇到了新的问题和挑战。随着生态退化加剧、气候变化无序、生物多样性问题凸显,如何发挥植物景观的综合功能还未受到应得的重视,在植物景观规划设计和人居环境调控过程中,存在以下五大问题:

1) 植物生态功能发挥受限,乃至产生生态负效应

植物景观有生态型、观赏型、保健型、文化型、启智型等多种功能类型,不同功能植物群落种植设计方案有所不同。然而在目前的许多规划设计缺乏统一的整体规划,导致强调某一功能的同时忽略了其他功能的发挥,弹性规划意识不足,甚至产生了不良影响。如悬铃木是具有极强生态适应性的环保型树种,但其叶背面的绒毛和其球果破碎后的种子飞絮却会造成污染,危及人们的健康;又如柳树是营造水边景观的重要观赏型树种,但城市水边柳树的大量应用,在柳絮飞扬的春季,会给上呼吸道敏感的人群增添无尽的烦恼。

2) 生态因子顾此失彼,无法满足不同植物生态习性

环境中各生态因子对植物的影响是综合的,缺乏某一因子,或光、或水、或温度、或土壤、或生物,植物均不可能正常生长。因此,掌握环境中各因子与植物的关系是植被生态规划的理论基础。在规划实际工作中,多数设计者会考虑场地的环境特征或植物的生态习性,却常常顾此失彼,欠缺统筹考虑。如在冷季型草坪上种油松、白皮松,开始效果很好,但后期油松、白皮松生长越来越差几乎全部枯死,究其原因是因为冷季型草需要经常喷水,而油松、白皮松却不耐水湿,设计者没有照顾到不同植物不同的生活习性。除此之外,一些植物会通过体外分泌某些化学物质,对邻近植物发生有害或有益的"化感作用",忽略相生相克的生态学基础认知会影响植物生长,违背最初的设计目标。如将"梨花伴月"和"松柏长青"两个主题组合在一起,看似意境很美,却不知梨树与柏树种植在一起便会得"梨桧锈病",导致两种树种均生长不正常。

3) 忽视生态演替规律,引发生态安全隐患

生态系统的演替是动态的,一直处于不断的发展、变化之中。植被生态规划应在遵循生态规律的基础上,分析植物群落所在的生态位以及同一生态位上植物种类之间关系及数量,并预测物种的扩散速度,在认清规划区域内植物未来演替趋势的基础上进行配植,否则规划中盲目引种可能引发生物入侵,危害当地生物多样性的可持续性和生态安全。如加拿大一枝黄花,作优良的切花、地被植物引进我国,但由于其发达的宿根、超强的环境适应性,已经在公路旁、荒地中成片可见,严重阻碍了原生植被物种的自然演替和天然更新能力。又如原产南美的凤眼莲,作为观赏植物和饲料引入我国,现在却在南方许多水体内蔓延成灾,破坏了当地的生态系统平衡。还有如长江入海口的互花米草原是从北美引进的保滩护堤、促淤造陆的植物,由于在湿地中具有超强的繁殖力,破坏了近海生物栖息环境,影响滩涂养殖和海水交换能力,崇明岛东滩三棱藨草和芦苇的生态位被其侵占,威胁本土海岸生态系统。

4) 群落结构单一,维护成本高

物种多样性是群落多样性的基础,它能提高群落的观赏价值,增强群落的抗逆性和适

应性,有利于保持群落的稳定。然而近年来,为了追求视觉效果,大面积草坪、大面积花坛、大面积树阵及小灌木色块的绿化方式,已经成为一种时尚,这种单一的结构虽然可以给人带来一定的视觉冲击力,但其生态效益很低,而且由于植物种类少,形成的群落结构很脆弱,极易逆行演替,导致植物群落退化、病虫害增多。要维持这种简单的群落结构,必须加强肥水管理,及时防治病虫害,定时整形修剪等,继而导致维护成本增高。

5) 乡土植物资源利用率低,地域特征缺乏

乡土植物的运用受到现代植物景观生态设计的推崇,但在实际设计中往往只有少数几种最具代表性的乡土树种得到利用,多数规划设计乡土植物资源利用率极低,而一些生态适应性强的观赏植物则成为不同地域的通用植物,导致不同地域的人工植物景观千篇一律,无法真正体现地域特色。有些地方追求"新奇",引种大量不合地宜的奇花异草,将各种设计风格拼凑、堆砌,以至于种植设计风格混杂,自身的民族风格和地方特色却荡然无存。如适合在热带沿海城市生长的棕榈科植物近来被广泛引种到长江流域的城市,虽然营造出了别致的热带、亚热带风情,但极端气候时会有全军覆没的危险,新奇的临时种植也使得各地失去了地域特征。

3. 一级学科确定后,植物景观设计的新挑战

2011 年,经过国家学位委员会和教育部的批准,风景园林学已被列为一级学科,这是风景园林学科发展史上的一个里程碑。新时期生态文明和科学发展观已成为风景园林建设的重要原则,风景园林规划设计应提高植物生态性与科学性,积极创造中国园林新风格,迎接人居环境建设的新挑战。

1) 新挑战之一:构建植物景观整体生态系统观思维

植物是风景园林设计的根本。植物景观规划设计首先应以自然生态系统的保护与完善为前提,用生态系统论的思想来指导植物景观宏观和微观层面的设计,尊重自然生态,顺应场地原有自然条件,通过人工科学、合理的干预来创造良性循环自维系的生态系统。

虽然园林"以人为本,服务于人",以人类的视角改造第一自然为第二自然,但人类也只是自然系统中的一个组成部分,不能脱离环境而孤立生存。保持自然界生态系统的长期稳定是风景园林的最重要的任务,也是植物景观规划的核心原则。

植物景观是一个演替进化的系统,在设计的过程中要体现动态的观念。植物景观设计应注重植物景观随时间、季节、年龄逐渐变化的特点,强调人工植物群落能够自然生长和自我演替,反对大树移栽和人工修剪等不顾时间因素的设计手法。

2) 新挑战之二:增加植物种类和群落多样性设计

多样性是自然法则中的一个重要规律,是形成植物群落结构稳定、景观形式多样的前提。植物多样性体现在构成风景园林植物种类的多样和植物群落类型的多样两个层面。

早在 20 世纪 90 年代,汪菊渊院士就曾经指出,我国植物造景中存在的突出问题之一即是园林植物种类多样性不足,如国外公园中常用的观赏植物种类有几千种,而我国广州也仅用了 800 多种,杭州、上海 300 余种,北京 200 余种,兰州不足百种。如今风景园林学科又经历了 20 多年的发展,但遗憾的是,我国园林植物名录并没有得到多少更新和补充,大量优秀的野生植物资源的景观价值未被发掘和利用。如原产于我国的杜鹃、蔷薇、山茶、报春等

众多优秀种类,尚未能在植物规划中得到推广,园林植物研究工作仍然整体滞后。

植物群落多样性设计是体现生态化设计的主要内容之一,须具备科学性与艺术性的高度统一,既要满足植物与环境在生态适应性上的统一,又要通过艺术构图的原理,体现出植物个体与群体的形式美及观赏过程中所升华的意境美。"师法自然,植物造景",在分析自然群落构成的基础上,从自然群落的组成、结构、季相等方面遵循自然群落的发展规律构筑多样性植物景观群落,避免反自然、反地域、反气候、反季节的植物景观设计手法。

3) 新挑战之三:突出植物景观地域乡土特色营造

在世界景观趋同的时代,乡土植物景观设计是体现地方景观风格特征的重要元素。快速的城镇化发展中地域特色正在慢慢丧失,文化个性正悄然泯灭。风景园林应主动担负起地域乡土景观风貌重塑的责任,根据不同地区的乡土植物景观特色,重塑城乡植物景观风貌个性。

植物景观地域乡土特色营造已经成为当代植物景观设计中的热点。乡土植物对当地自然气候具有极强的适应性,可以真实地反映当地季节变化所形成的真实的季相景观。乡土多年生花卉、禾本科的草本植物、野生乔灌藤本植物,已成为生态修复的必然选择。

植物景观设计还应与当地地形、水系相结合,充分展现当地的地域性自然景观和人文景观特征,使植物景观更具有地方和场所精神,启迪智慧和心灵,唤醒人们对当地整体自然生态系统的关注。

4. 植物,风景园林永恒的主题

植物作为一种体现生命的自然物,其本身就具有两方面的属性:一是自然属性,如生态习性、形态特征、生物学特性等;二是人文属性,反映人的需要、情感、意境和理想。"天人合一"的思想要求两者完美结合,彰显"源于自然,高于自然的"艺术境界。其本质表现在人对大自然的尊重,强调保护大自然的生境,凭借用地天然的条件成景,将种植设计和造园场地巧妙结合。传统概念上将山、水、环境气候以及除人以外的一切活动归为"天",将思维和劳动创造、改善环境的活动归为"人"。"虽由人作,宛自天开"就是要求经过人的创造,将不同程度的艺术对象进行加工,使其升华到一个更高的艺术境界,使艺术表达形式更加趋于和谐、完美。

通过植物研究,开启当今社会如何继承与发展传统植物景观营造思想课题,以自然为师,发扬具有中国特色、民族文化的植物景观,创造有民族象征、文化内涵和时代精神的当代植物景观。

目　录

第1章 绪 论

本章概要

本章主要阐述了风景园林植物与风景园林植物学的概念与作用,介绍了我国风景园林植物资源的特点,并提出了风景园林植物学的学习内容与学习方法。

1.1 风景园林植物学的概念

风景园林植物通常是指茎、叶、花、果或个体、群体具有一定价值，应用于风景区、旅游区、自然保护区、城市各类型绿地系统和建筑配置，具有生态、景观、文化、社会、经济功能的各类植物的总称。有木本和草本之分，其中木本者称为木本园林植物，草本者称为草本园林植物。广义的风景园林植物还包括菌类、藻类、地衣、苔藓和蕨类植物。

风景园林植物学是研究风景园林植物的分类、生物学特性、生态学特性、观赏特性及其在城市绿色基础设施构建、风景旅游区生态保育、城市绿地规划和绿色建筑中应用的科学。它是一门综合性的学科，与植物分类学、树木学、花卉学、植物学、植物地理学、地植物学、植物造景、城市规划、风景旅游规划、景观规划、生态规划、建筑设计等学科有着密切的关系。

1.2 我国风景园林植物资源特点

中国地域广阔，地跨寒温带、温带和热带，地形条件复杂(图1-1)。复杂多样的自然条件为风景园林植物的繁衍生息创造了优越的生存环境，使我国风景园林植物的野生种质资源相当丰富，仅种子植物就超过 25 000 种以上，其中乔灌木种类8 000多种。很多著名的风景园林植物都以我国为分布中心，为公认的"花卉王国"。欧内斯特·亨利·威尔逊(Ernest Henry Wilson)在《中国，花园之母》(China, Mother of Gardens)一书的序言中写道："中国确是花园之母，因为我们所有的花园都深深受惠于她所提供的优秀植物，从早春开花的连翘、玉兰，夏季的牡丹、蔷薇，到秋天的桂花、菊花，显然都是中国贡献给世界园林的珍贵资源。"

风景园林植物资源是植物造景的基础，中国地大物博，植物资源丰富，其资源可以概括为以下6个特点。

1. 种类繁多

据统计，我国现有蕨类植物 2 600 余种，占世界种数的 21.6%；裸子植物 236 种，占世界种数的 29.5%；被子植物 25 000 种，占世界种

图1-1 中国多样的气候类型与多样的自然环境

（图中文字：阿尔泰山(寒温带)、华北平原(温带)、西双版纳(热带)）

数的 10%,其中,木本植物 8 000 余种,位于世界前茅,草本植物也很丰富,如兰花,世界总数 28 237 种,中国总数约有 1 400 种。我国丰富的种质资源为世界风景园林的景观做出了卓越的贡献。现代园林中应用的许多观赏价值高的植物,追述其历史大多都是利用原产于中国的植物为亲本,经反复杂交育种而成。例如繁花似锦、香气浓郁、四季开花的现代月季,正是由于在杂交育种中引入了中国四季开花的月季花、香水月季、光叶蔷薇、野蔷薇、玫瑰等种质资源,才使得宋代诗人杨万里"只道花无十日红,此花无日不春风"和苏东坡"唯有此花开不厌,一年长占四时春"等诗歌所描述的植物,能够在世界各地园林中广泛应用与栽培(图 1-2)。

图 1-2　以我国为中心分布的著名园林植物

2. 特有科属种多

原产我国的风景园林植物包括若干特有科、属、种,在世界上居突出地位。例如银杏科、报春花科、山茶科、木兰科、北五味子科、水青树科、连香树科、旌节花科、三白草科、木通科、交让木科、金缕梅科、山茱萸科、胡桃科、小檗科、杜仲科(属、种)、杨柳科、黄杨科、槭树科、八仙花科、蜡梅科、樟科、猕猴桃科、三尖杉科、红豆杉科等,或系我国特有,或拥有属、种总数近半或过半;特有属有金钱松属、银杉属、水松属、水杉属、白豆杉属、青钱柳属、青檀属、拟单性木兰属、蜡梅属、石笔木属、金钱槭属、梧桐属、香果树属等;特有种更是不胜枚举,如金钱松、银杉、水松、鸡麻、观光木、珙桐、翠菊、荷花、猬实、南天竹等,而特有种如马褂木、梅花、桂花、菊花、牡丹、紫斑牡丹、月季花、香水月季、黄蔷薇、金花茶等更为世界风景园林的宠儿。(图 1-3)。

图 1-3 我国特有园林植物

3. 孑遗植物多

孑遗植物,也称活化石植物,起源久远,在新生代第三纪或更早有广泛的分布,而目前大部分已经因为地质、气候的变化而灭绝,只存在很小的范围内。这些植物的形状和在化石中发现的植物基本相同,保留了其远古祖先的原始形状,且其近缘类群多已灭绝,因此比较孤立,进化缓慢。

我国地跨五个气候带,气候温和、地形地势变化多,所以园林树木种质资源多。新生代第四纪冰川降临,大冰川从北向南运行,因中欧山脉多属东西走向,以致北方树种为大山阻隔而几乎全部受冻灭绝;而当时我国有不少山区未受冰川的直接影响而形成了避难所,因此许多在欧洲灭绝的树种,在我国仍然生存着,例如百山祖冷杉、笔筒树、长柄双花木、粗榧、杜仲、鹅掌楸、榧树、珙桐、红豆杉、金花茶、领春木、木贼、人参、石松、双蕊兰、水杉、水松、苏铁、穗花杉、桫椤、台湾杉、望天树、崖柏、银杉、银杏、大果青扦等(图 1-4)。

图 1-4 我国拥有的孑遗植物

4. 分布集中

我国是很多著名风景园林植物的科、属的世界分布集中地,在相对较小的地区内,集中了很多原产树种(表 1-1)。

表 1-1 中国原产树种占世界总种数比例

属名	拉丁学名	国产种类	世界总种数	国产占世界比例
金粟兰	Chloranthus	15	15	100%
山茶	Camellia	195	220	89%
猕猴桃	Actinidia	53	60	88%
丁香	Syringa	25	30	83%
石楠	Photinia	45	55	82%
溲疏	Deutzia	40	50	80%
毛竹	Phyllostachys	40	50	80%
蚊母树	Distylium	12	15	80%
杜鹃	Rhododendron	600	800	75%
槭树	Acer	150	205	73%
花楸	Sorbus	60	85	71%
蜡瓣花	Corylopsis	21	30	70%
含笑	Michelia	35	50	70%

5. 丰富多彩

我国地域广袤,环境复杂,植物经过长期的影响形成了许多变异种类。全国有 300 个以上的梅花品种,分属直枝梅类、杏梅类、垂枝梅类、龙游梅类、樱李梅类五大类。杜鹃属植物株型有矮杜鹃高 20 cm,平卧杜鹃高 5~10 cm,巨型杜鹃高 25 m。常绿杜鹃的花序、花形、花色、花香等差异又很大:花序有单花或数朵,或排成多朵花的伞形花序;花朵呈钟形、漏斗形、筒形等;花色有粉红、朱红、紫红、丁香紫、玫瑰红、金黄、淡黄、雪白、斑点、条纹及变色等(图 1-5);花香有淡香、幽香、烈香等。

图 1-5 杜鹃花

6. 文化深邃

我国历史悠久，文化深远，关于园林的古籍，除以分类记载或医药为主的本草集等外，专门论述园林植物、造园理论的典籍亦极多。园林典籍按论述内容分为植物专谱、植物群谱、造园理论三类，专谱如晋代戴凯之所著的《竹谱》，宋代蔡襄的《荔枝谱》、欧阳修的《洛阳牡丹记》、范成大的《梅谱》、韩彦直的《橘录》、沈立的《海棠谱》，此类专谱尤以宋代为胜，单就兰谱、菊谱、牡丹谱不下五六种，梅谱、芍药谱至少三四种；群谱如宋代陈景沂所著《全芳备祖》，明代王象晋所著的《群芳谱》，清代陈淏子所著的《花镜》，汪灏、张逸少、汪隆、黄龙眉等人共同编著的《广群芳谱》，更为园林植物的巨帙；造园理论如明代计成所著《园冶》，著作中阐述了"虽由人作，宛自天成；巧于因借，精在体宜"的造园理论可谓中国造园的最高追求（图1-6）。

图1-6 中国传统园林"虽由人作，宛自天成"

除上述列举的古籍外，散落在民间世代相传而不见经传的优秀传统技术和优良种类亦极为众多，这些都是劳动人民在长期实践中积累的宝贵财富，今后还要发掘、整理和总结，并以现代科学技术理论加以阐述提高，使之发扬光大。

1.3 风景园林植物的作用

风景园林的规划以生态为核心，生态设计以园林植物为核心。植物造景是风景园林设计的永恒主题，植物是园林设计中唯一有生命力的题材。风景园林植物作为植物造景的基本素材，种类繁多，色彩丰富。植物有生态效益，也有综合观赏的特性。它们不但以其色、香、韵、姿、趣等而成为园林和风景区的重要材料，同时还可衬托其他园林要素，形成生机盎然的画面。实践证明，规划设计作品质量的优劣，很大程度上取决于植物的选择和配置。风景园林植物的作用主要体现在以下几个方面。

1. 美化作用

风景园林植物中有以其本身的体态、色彩、芳香、风韵等体现个体美,如枝条轻盈的垂柳、叶色斑斓的变叶木、香气清幽的兰花等;也有以其群体或不同风景园林植物的有机组合而体现群体美,如漫山遍野的竹海;还有一些风景园林植物以其动态、声响以及四季变化体现自然美,如雨中的芭蕉、春天色彩缤纷的杜鹃、夏天浓荫遮天的悬铃木、秋天满山的红枫、冬天雪中的苍松翠柏等。

2. 生态作用

植物能改善环境,调节空气湿度和温度,遮荫,防风固沙,保持水土,维持碳氧平衡;一些植物叶表面有绒毛等附属物,能够滞尘,净化空气;植物群植时,可以吸收噪音,降低噪声污染;某些植物对污染物的反应敏感、强烈,用作环境质量监测指标效果甚佳;一些水生植物能吸收水中的有害物质,如凤眼莲能富集铅、镉、汞,可用于净化工业污水(图 1-7)。

(a) 夹竹桃: 吸收粉尘　　　　(b) 胡杨: 防风固沙

(c) 凤眼莲: 净化污水　　　　(d) 常春藤: 净化空气

图 1-7　植物的生态作用

3. 经济作用

绿色 GDP 成为当今国家发展的重要产业模式。风景园林植物的生产是一项具有较大发展潜力和广阔背景的产业,是出口创汇的重要物资之一,尤其是我国特产园林植物资源极为丰富,一些特产园林植物,如兰州百合、云南山茶花、上海香石竹等,历年均有大量出口。在国外,荷兰的郁金香、日本的百合、新加坡的热带兰等,在各国的出口中也占有重要的地位。另外风景林的非木材产品,包括食用、药用、工艺品素材用、工业原料等,如果品、中药、枝叶工艺产品、油料、胶质、脂类、素类、淀粉、纤维、木栓、饲料、肥料等;以及旅游区的种植结构调整都是促进区域经济发展的主要措施。

4. 社会作用

植物景观具有益于人类文化生活、陶冶情操等功能。其中,文化功能包括纪念、教育、学习、科学研究等;陶冶情操的功能包括游憩(休闲、观光)、保健、治疗等。植物本身就是大自然所创造的艺术品,长久以来中国文人对风景园林植物的叶、花、果实、个体抑或群体进行了大量的艺术创作,歌咏书画作品对人类历史的发展产生了巨大影响。通过与大自然、与风景园林植物的接触,可以净化心灵、疗愈疾病、陶冶情操、美育精神,不仅是高级的精神享受,更是生态文明建设的重要内容。

1.4 当前风景园林植物应用存在的问题

1. 快速城镇化,对自然生态环境造成很大的破坏

近年来,城镇化加速,房地产市场的火爆发展,各地政府形象工程、面子工程大量建设,人们对生存环境品质的要求也在逐步增加。很多项目争相寻找化石级别古树,以有名树、古树为豪。一棵大树在其原生环境中已经生活了几十、几百、几千年,它早已是此生态系统的重要组成部分,更是当地生物链中不可缺少的环节,对它的移植势必造成生态环境的破坏。另外,植物特别是成年大树,对环境、气候、土壤等有很高的要求,移栽古树名木就是改变植物的生活环境,养护成本与技术要求均较高,目前"大树移植死亡"的现象比比皆是。

2. 迅速见效的植物造景模式,违背植物的正常生长规律

在生活节奏飞快的今天,许多规划设计工程为迅速成景,在建造之初,大面积、苗圃化种植植物,忽视植物正常生长的客观规律。迅速成景的植物种植模式压缩了植物后期的生存空间,如果管养不当,势必会影响植物的正常生长,也影响了理想的观赏效果进而影响综合功能的发挥。

3. 地带性植物种类缺乏,景观同质化现象严重

在规划设计中过多的引用非地带性植物,造成了高成本管理,地域特色不明显的现象。虽然目前植物种类众多,但国外引种数量大,城市之间的树种雷同造成了各个城市缺乏个性。3~4种树木成为我国长江流域、黄河流域、华南及西南地区数百个城市的骨干树种,城市逐渐丧失植物景观特色。120余种常用的花镜材料中,90%以上是从国外引进的。5种常见的草花占据我国一二年生草花用花总量的近25%,从哈尔滨到海南岛,主要草花种类

90％是国外园艺公司培育的种类。色叶灌木条带风盛行,仅紫叶小檗、金叶女贞、红叶石楠、红花檵木四种灌木就达到数亿株。

1.5 风景园林植物学的学习方法和学习要求

  风景园林植物学既是一门描述性的科学,也是一门应用科学,因此,学习时必须理论联系实际。不仅要了解植物的分类特征、识别要点,还要了解植物的观赏特性和用途、物候与环境的关系、植物的文化内涵、植物的适用地区等知识。学习时要充分利用本地的各种条件,如植物园、树木园、药圃等,加强实践教学环节,不断积累,以达到熟练应用风景园林植物的目标。

1. 主要的学习方法

  (1)善于观察。通过观察了解园林植物的形态特征、生物学特征和生态习性,为规划设计提供科学依据。不同的植物有不同的分布区,即在纬度、经度和海拔上有所不同。这些差异使植物在漫长的演化过程中,形成了与环境的适应性,从而表现出相应的生物学特性、生态学特性和形态特征,如花的颜色、常绿与落叶性、生长速度、耐阴性、对土壤 pH 值的要求、耐寒性等。

  (2)要学会对知识的梳理,形成纵向和横向的知识构架。通过园林植物的学习,对植物的形态、生态、文化既有横向的相互联系,又有纵向的逻辑体系。

  (3)善于运用比较方法,抓住知识要领。植物的识别是通过形态的比较来区分的,植物的应用是知识的归纳来掌握的。

  (4)在学习中树立动态变化的观念。物种的进化,系统的演变,生命周期的循环,景观效果的空间结构,四季的季相更替无一不是动态中平衡,平衡中变化的统一。

2. 主要的学习要求

  学习园林植物最主要的是要熟悉和了解各种园林植物及其生态习性、观赏特征和生物学特性,而熟悉掌握本地园林植物是最基本的能力和要求。学生学习识别掌握植物应具备以下能力。

  (1)对本地园林植物的学习要求:通过对校园及周边区域、市区栽培的园林植物实地观察,能够准确描述植物形态特征,了解生态习性和观赏特性,知道其科属,掌握每一种植物的主要识别要点。观察植物随季节和生长环境不同而在形态上的差异,做到任何状况下也能识别该种植物的能力,而不是环境变化,或植物形态有变化就无法确认已经认知过的植物。特别要求能够辨别某些器官相似度高的植物,在图片辅助识别植物时更要注意不能仅依靠图片的"一面之词",要以实物为准,结合植物全株形态,甚至包括茎、叶,特别是植物的生殖器官来识别植物。

  (2)对于从未见过的园林植物的学习要求:发现教学上或教材中没有涉及介绍的园林植物,如新引进或引种驯化的园林植物,要求能够准确描述植物形态特征,采集标本,拍摄植物图片。通过使用工具书,结合科属分类知识,确定植物名称和科属,使园林植物学教学效果在学生识别"新"的园林植物实践中发挥作用。

(3)课程结束时,能对常见园林植物写出科、属、中文名和观赏形状。

(4)学会植物拉丁名的基本知识,能够记住一定数量的植物学名,并在园林规划设计的植物名录中能正确引用和标记。

第 2 章　风景园林植物的分类

本章概要

植物分类学是植物科学中历史最为悠久的学科，它的内容包括植物的调查、采集、鉴定、分类、命名以及对植物进行科学的描述、探究植物的起源与进化规律等。对植物进行科学系统地分类，是应用植物的基础与前提。本章所介绍的风景园林植物分类，包括植物分类的基础知识、风景园林植物的类群、风景园林植物的应用分类以及部分常见木本园林植物及草本园林植物。

2.1　风景园林植物的类群

2.1.1　植物界的基本类群

依据动物、植物两界系统和植物在形态结构、生活习性、亲缘关系和对环境适应性等方面的差异，一般将植物界分为藻类植物、菌类植物、地衣植物、苔藓植物、蕨类植物、裸子植物和被子植物七大基本类群。其中藻类植物、菌类植物、地衣植物合称为低等植物，其主要特征是植物体通常无根、茎、叶的分化，生殖器官常为单细胞，合子不形成胚，所以又称无胚植物；与之相反，苔藓植物、蕨类植物、裸子植物和被子植物通常具有根、茎、叶的分化，生殖器官常为多细胞，合子形成胚，合称为高等植物，又称有胚植物。蕨类植物、裸子植物和被子植物三类，因其植物体具有维管组织，称为维管植物；相反，苔藓植物和所有的低等植物无维管组织系统称为非维管植物。裸子植物和被子植物都以种子进行繁殖称为种子植物；苔藓、蕨类和所有的低等植物不产生种子而以孢子繁殖称为孢子植物（图 2-1）。

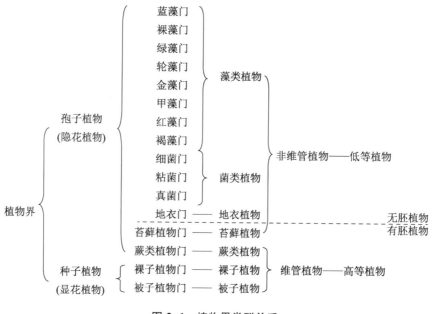

图 2-1　植物界类群关系

2.1.2　风景园林植物的类群

风景园林植物多数为高等植物。裸子植物和被子植物以其优美的形态、色彩、香味等观赏特性而成为风景园林植物的主体，多数叶形美丽的蕨类植物也可作为优良的观叶和地被植物。本书讲述的风景园林植物类群主要为蕨类植物、裸子植物和被子植物三大类。

2.2 植物学分类方法

2.2.1 植物分类法的发展

1. 人为分类法

人为分类法是从人们主观的目的与习惯出发,根据风景园林植物的生长习性、观赏特性、景观绿化用途等方面的差异及共性,不考虑植物种间的亲缘关系和植物系统中的地位等,将风景园林植物主观划分为不同的大类。

1) 李时珍《本草纲目》

我国明代医学家李时珍(1518—1593)所著《本草纲目》,根据植物的外形、习性及用途,将其分为草、木、谷、果、菜五部,共 52 卷,记载植物 1 195 种。

2) 普雷本·雅各布森(Preben Jakobsen)垂直高度分类法

丹麦景观规划师普雷本·雅各布森从人类视觉感受角度出发,将植物按照其高度所对应的人体不同器官,将植物分为五个等级,即地表等级、膝下等级、膝至腰等级、腰至眼等级、眼以上等级(ground level, below knee height, knee-waist height, waist-eye level, above eye level)。每个不同分类等级的植物,会给予观赏者不同的心理感受。

表 2-1 植物界七大基本类群

分类	包含植物种类
地表等级	修剪草坪及其他草本地被类植物
膝下等级	匍匐茎植物、矮生草本植物、低矮灌木
膝至腰等级	中生草本植物、小型灌木
腰至眼等级	高生草本植物、中型灌木
眼以上等级	大型灌木、乔木

在风景园林领域,将植物从应用角度出发,主要分为六大类,参见本章 2.3 风景园林植物的应用分类。

2. 古典植物分类法

尽管人们在生产实践中,很早就有植物分类知识,但成为较系统的分类学,还应从瑞典著名博物学家林奈(Linnaeus)(1707—1778)时代算起。其发表的《自然系统》(*Systema Naturae*)、《植物属志》(*Genera Plantarum*)、《植物种志》(*Species Plantarum*)摆脱了以用途、生境和形态对植物进行分类的偏向,将雄蕊的有无、数目作为纲的分类标准(分为 24 纲,其中 1~23 纲为显花植物,如一雄蕊纲、二雄蕊纲等,第 24 纲为隐花植物),将雌蕊的特征作为目的分类标准,将果实作为门的分类标准。

3. 自然分类法

自然分类法是以植物彼此间亲缘关系的远近程度作为分类标准，能客观地反映植物的亲缘关系和系统发育的分类方法。以达尔文《物种起源》（The Origin of Species）一书中所创立的生物进化论为先导，综合了形态学、解剖学、细胞学、遗传学、生物化学、生态学等多方面依据，对植物进行分类，符合植物界的自然发生和进化规律。自然分类系统即依照自然分类法建立的系统，我国目前常用的自然分类系统有以下三个。

1）恩格勒系统

由德国植物学家恩格勒（A. Engler）（1844—1930）和柏兰特（R. Prantl）于 1897 年在《植物自然分科志》（Die Naturlichen Pflanzenfamilien）一书中发表的，它是分类学史上第一个比较完整的系统，此系统包括了整个植物界，将其分为 13 门，第 13 门为种子植物门，种子植物门再分为裸子植物和被子植物两个亚门，认为被子植物中最原始的为荑荑花序类植物，并且将被子植物亚门分为单子叶植物和双子叶植物两个纲，并将双子叶植物纲分为离瓣花亚纲（古生花被亚纲）和合瓣花亚纲（后生花被亚纲）。

2）哈钦松系统

英国植物学家哈钦松（J. Hutchinson）（1884—1972）在其发表于《有花植物科志》（The Families of Flowering Plants）中的文章认为，多心皮的木兰目、毛茛目是被子植物的原始类群，但过分强调了木本和草本两个来源，认为木本植物均由木兰目演化而来，草本植物均由毛茛目演化而来，属毛茛学派，即真花学派的代表。但此分类系统使得亲缘关系很近的一些科在系统位置上都相隔很远，这种观点亦受到现代多数分类学家反对。

3）克朗奎斯特系统

美国学者克朗奎斯特（A. Cronquist）在其 1988 年出版的著作《有花植物的进化和分类》（The Evolution and Classification of Flowering Plants）中提出了克朗奎斯特系统。此系统采用真花学说及单元起源的观点，认为有花植物起源于已灭绝的种子蕨，木兰目是被子植物的原始类型。其主要特点是：①采用被子植物单起源观点，认为有花植物起源于一类已灭绝的种子蕨；②被子植物最原始的类型是木兰目，荑荑花序各自起源于金缕梅目；③单子叶植物起源于类似现代睡莲目的祖先。

2.2.2 植物分类单位

植物分类单位又可称为植物分类等级，按照高低和从属关系的顺序排列，主要包括界、门、纲、目、科、属、种，有时在某等级下不能确切的包括其系统关系时，又可增设亚门、亚纲、亚目、亚科、族、亚属、亚种、变种等。在植物分类的基本单位中，常用的单位有 3 个，即种、属、科。表 2-2 以白玉兰为例，说明植物分类的主要等级。

表 2-2　植物分类基本单位

中文	拉丁文	英文	中文	拉丁文
界	*Regnun*	Kingdom	植物界	*Regnum vegetabile*
门	*Divisio*	Division	被子植物门	*Angiospermae*
纲	*Classis*	Class	双子叶植物纲	*Dicotyledoneae*
目	*Ordo*	Order	木兰目	*Magnoliales*
科	*Familia*	Family	木兰科	*Magnoliaceae*
属	*Genus*	Genus	木兰属	*Magnolia*
种	*Species*	Species	白玉兰	*Magnolia denudata*

1. 种

种,也叫物种,是分类系统中最基本的单位。

生物学上种的概念:生物的种是具有一定形态特征和生理特性及一定自然分布区的生物类群。一个物种中的个体一般不能与其他物种中的个体交配,或交配后一般不能产生有生殖能力的后代,强调的是物种间的生殖隔离。

形态学上种的概念:认为种是根据表型特征识别和区分自然界不同生物类群的基本单位。划分不同物种的主要标准是植物的形态差异,尤其是花和果实的差异,强调的是物种间形态方面的差异。

如果在种内的某些个体之间,由于分布区生境条件的差异,导致种群分化为不同的生态型、生物型及地理宗,可视差异的大小,分为亚种、变种、变型等。亚种(subspecies)是指不同分布区的同一物种,由于生境的不同导致个体间在形态结构或生理功能上差异的类群,学名中缩写为 ssp. 。变种(varietas)是指具有相同分布区的同一物种,由于小生境的不同导致个体间在形态上有稳定遗传的异常特征的变异类群,变种是种下最常用的分类等级,学名中缩写为 var. 。变型(forma)是指种内变异较小而又很稳定的类群,无特定的分布区,一般用于零星分布的个体,学名中缩写为 f. 。

在风景园林植物分类实践中,还有品种、品系两个常用单位。品种是指通过自然变异和人工选择所获得的栽培植物群体;品系是源于同一祖先,与原品种或亲本性状有一定差异,但尚未正式鉴定命名为品种的变异类型,它不是品种的构成单位,而是品种形成的过渡类型。所以,品种、品系不存在于野生植物。

2. 属

属,是指形态特征相近同时具有密切关系的种的集合。

3. 科

科,包含属、种的大的分类单位,同科植物具有共同的基本特征,每个科在形态上也有自己的特征和表型。

2.2.3　植物的命名

植物的名称分为俗名和学名。不同地域、不同民族、不同国家间的植物俗名不尽相同，容易造成"同物异名"和"同名异物"的现象，不利于学术交流和规划设计上的应用。为解决此种混乱的现象，1867 年在巴黎召开了第一次国际植物学会。会中根据瑞典博物学家林奈于 1753 年发表的《植物种志》，在其双名法的植物学命名法基础上，加以修改和完善，制定了《国际植物命名法规》。

植物任何一级分类单位，均须按照《国际植物命名法规》，用拉丁文或拉丁化的词进行命名，这样的名称即称为学名。植物学名是世界范围通用的唯一正式名称，其他任何文字的命名都不能称作学名。

1. 种的命名

种的命名采用林奈所创立的双名法。即每种植物的学名由两个拉丁文单词组成，第一个单词是属名，为名词，第一个字母大写；第二个单词为种加词，为形容词，均为小写。完整的学名应在种加词后附上命名人的姓氏或其缩写；若命名人为两人，则在两人名间用"et"相连；若由一人命名，另一人发表，则命名人在前、发表人在后，中间用"ex"相连。书写形式为：属名、种加词用斜体书写，命名人姓名或其缩写用正体书写。以玫瑰、红豆树、白皮松为例，学名书写方法如下：

玫　瑰：*Rosa rugosa* Thunb.
　　　　　属名　种加词　命名人

红豆树：*Ormosia hosiei* Hemsl. et Wils.
　　　　　属名　种加名　命名人1　命名人2

白皮松：*Pinus bungeana* Zucc. ex Endl.
　　　　　属名　种加词　命名人　发表人

2. 亚种、变种、变型的命名

亚种、变种、变型的命名采用三名法。这些分类等级的学名表示法，为原种名后加亚种的缩写，其后写亚种名（又称亚种加词）及亚种命名人。变种和变型也是同样的表示法。如：

大王杜鹃的亚种：可爱杜鹃（*Rhododendron rex* Levl. subsp. *gratum.*）

丁香的变种：白丁香（*Syringa oblata* Lindl. var. *alba* Rehd.）

槐树的变型：龙爪槐（*Sophora japonica* L. f. *pendula* Loud.）

3. 品种的命名

品种的命名是在原种的学名之后，加上 cv. 和品种名，或将品种名置于''之中，这两种写法后均不附品种命名人的姓名。如夹竹桃的白花品种：

白花夹竹挑（*Nerium indicum* Mill cv. *Paihua* 或 *Nerium indicum* Mill 'Paihua'），目前''更为通用。

16

4. 属的命名

属名通常根据植物的特征、特性、原产区地方名、生长习性或经济用途而命名。由属名加命名人组成。如柳属的学名为 *Salix* Linn.；桑属的学名为 *Morus* Linn.。

5. 科的命名

科的学名是以该科模式属的学名去掉词尾，加-aceae 组成。如蔷薇科的学名为 Rosaceae，是模式属蔷薇属的学名 Rosa 去掉词尾 a 加上-aceae 而成。杨柳科的学名为 Salicaceae，是模式属柳属的学名 Salix 去掉词尾 x 加上-aceae 而成。

6. 国际植物命名法规纲要

为了统一植物的名称，1867 年在巴黎召开了第一次国际会议并颁布了简要的法规，以后每届会议对其进行讨论并修订。1975 年第 12 届会议颁布的《国际植物命名法规》的主要内容包括以下 5 部分。

（1）分类群的名称种采用双名法命名；属以上（含属）等级名称第一个字母必须大写；种和属的名称后应列上作者（命名人）名。

（2）新分类群必须是在公开的专业刊物上发表；名称符合法规；应有拉丁文描述及特征简介；标出命名模式。

（3）优先律原则：由于信息交流的阻隔，一种植物或某一分类群往往有一个以上的名称，但只能承认其发表最早的合法名称为正确名称，其他的称为异名。但早期植物学文献很难考证，故规定以林奈《植物种志》出版日（1753 年 5 月 1 日）为界限。优先律只适用同等级的科（含科）以下等级。此外，由于习惯的原因，对某些科名或属名仍采用保留名称。

（4）模式方法：科和科以下等级名称发表时必须指定一命名模式，种和种以下等级的发表必须注明单份模式标本，发表新属必须指定一模式种，发表新科必须有模式属。常用的模式名称有主模式等。

（5）名称的改变，植物学名的变动一般由下列原因引起，并应给予改变。

- 根据法规应除掉同名和异名。同名是指异物同名，如同一属内不同物种有相同名称，则后命名的名称必须改变，另给新名。异名是指同物异名，如同一物种被重复发表名称，按优先律原则，后发表的为异名，应予去除。
- 改组或等级升降引起的变动。即某种植物原置于甲属，后经研究后改置于乙属，则名称发生变动。如杉木在 1803 年被英国 A. B. Lambert 置于松属，给予学名 *Pinus lanceolata* Lamb.，后来 W. J. Hooker 将其归于杉木属，学名更改为 *Cunninghamia lanceolata* Lam. Hook. 等级升降引起的学名变动最常见的是某变种提升为种，或某等级降级为变种。

2.2.4　植物检索表

检索表是鉴定植物种类的有效工具，根据二歧分类原理编制而成，即用一对相对的特征把植物分成两组，每一组再用相对的特征分成两组，如此继续下去，直至区分到科、属或种的名称为止。用以区分科的称为分科检索表，每个科下有分属检索表，每个属下有分种检索表。

常用的检索表有两种形式：定距式检索表和平行式检索表。

1. 定距式检索表

每一对相对特征写在左边等同的位置，并编以相同的序号，下一级出现的序号比先出现的序号向右退一格，逐级编制。如：

1. 植物无花，无种子，以孢子繁殖。
    2. 小型绿色植物，结构简单，仅有茎、叶之分或有时仅为扁平的叶状体，不具真正的根和维管束 ·· 苔藓植物门 Bryophyta
    2. 通常为中型或大型草本，很少为木本植物，分化为根、茎、叶，并有维管束
    ··· 蕨类植物门 Pteridophyta
1. 植物有花，以种子繁殖。
    3. 胚珠裸露，不为心皮所包 ·················· 裸子植物门 Gymnospermae
    3. 胚珠被心皮构成的子房包被 ············· 被子植物门 Angiospermae

2. 平行式检索表

每对两个相对的特征编写相同的编号，平行排列在一起，在每个分支之末，再编写出名称或序号。此名称为需要已查到对象的名称（中文名和学名）；序号为下一步依次查阅的序号，并重新书写在相对应的分支之前。如：

1. 植物无花，无种子，以孢子繁殖 ·· 2
1. 植物有花，以种子繁殖 ··· 3
2. 小型绿色植物，结构简单，仅有茎、叶之分或有时仅为扁平的叶状体，不具真正的根和维管束 ································· 苔藓植物门 Bryophyta
2. 通常为中型或大型草本，很少为木本植物，分化为根、茎、叶，并有维管束 ·· 蕨类植物门 Pteridophyta
3. 胚珠裸露，不为心皮所包被 ··············· 裸子植物门 Gymnospermae
3. 胚珠被心皮构成的子房包被 ············· 被子植物门 Angiospermae

2.3 风景园林植物的应用分类

2.3.1 依据生物学特性和生长习性分类

风景园林植物按其生长型、生长习性或体型可分为木本园林植物和草本园林植物两大

类。木本园林植物又可分为乔木类、灌木类、藤本类、棕榈类、竹类等。草本园林植物又可分为一二年生草本园林植物、多年生草本园林植物、草坪与地被植物、蕨类植物以及温室植物。

2.3.2 依据自然分布习性分类

1. 热带木本园林植物

在脱离原产地后,需进入高温温室越冬的木本植物。如大王椰子、袖珍椰子、榕树、龙血树等。

2. 热带雨林园林植物

要求夏季高温,冬季温暖,空气相对湿度在 80% 以上的荫蔽环境。在栽培中夏季需进入荫蔽养护,冬季需进入高温温室越冬。如热带兰类、海芋、龟背竹等。

3. 亚热带园林植物

喜温暖而湿润的气候条件,在华南、江南露地栽培,在温带冬季要在中温温室越冬,盛夏季节需适当遮荫防护。如香樟、广玉兰、栀子、杨梅、米兰、白兰花等。

4. 暖温带园林植物

在我国北方可在人工保护下露地越冬,在黄河流域及其以南地区,均可露地栽培。如栾树、桃、月季等。

5. 亚寒带园林植物

在我国北方可露地自然越冬。如紫薇、丁香、榆叶梅、连翘等。

6. 亚高山园林植物

大多原产在亚热带和暖温带地区,但多生长在海拔 2 000 m 以上的高山上,因此,既不耐暑热,也怕严寒。如倒挂金钟、仙客来、朱蕉等。

7. 热带及亚热带沙生园林植物

喜充足的阳光、夏季高温而又干燥的环境条件,常作温室草本园林植物来栽培。如仙人掌、龙舌兰、光棍树等。

8. 温带和亚寒带沙生园林植物

在我国多分布于北部和西北部的半荒漠中,可在全国各地露地越冬,但不能忍受南方多雨的环境条件。如沙拐枣、麻黄等。

2.3.3 依据园林绿化用途分类

1. 庭荫树

冠大荫浓,在园林绿化中起庇荫和装点空间作用的乔木。庭荫树应具备树形优美、枝叶茂密、冠幅较大、有一定的枝下高、有花果可赏等特征。常用的庭荫树有合欢、二球悬铃木、香樟、国槐、枫杨等(图2-2)。

2. 孤赏树

具有较高观赏价值,在绿地中能独自构成景致的树木,称为孤植树或标本树。孤赏树主要展现树木的个体美,一般要求树体雄伟高大,树形美观。常用的孤赏树有银杏、枫香、雪松、凤凰木、榕属植物等(图2-3)。

图2-2　庭荫树(香樟)　　　　图2-3　孤赏树(雪松)

3. 行道树

种植在道路两侧及分车带的树木总称。主要作用是为车辆和行人庇荫,减少路面辐射和反射光,降温、防风、滞尘、降噪,装饰和美化街景。一般来说行道树具备树形高大、冠幅大、枝叶繁茂、分支点高等特点。常用的行道树有无患子、银杏、香樟、二球悬铃木、国槐、榕树、毛白杨、欧洲七叶树、北美鹅掌楸等(图2-4)。

4. 花灌木

花、叶、果、枝或全株可供观赏的灌木。此类树种具有美化和改善环境的作用,是构成园景的主要素材,在

图2-4　行道树(悬铃木)

风景园林植物的应用中最为广泛。如园林绿化中用于连接特殊景点的花廊、花架、花门,点缀山坡、池畔、草坪、道路的丛植灌木等。常用的花灌木有八仙花、火棘、棣棠、金钟花、绣线菊等(图2-5)。

5. 绿篱植物

园林规划中用于密集栽植形成生物屏障的植物,多为木本植物,主要功能有分隔空间、屏蔽视线、衬托景物等,一般要求枝叶密集、生长缓慢、耐修剪、耐密植、养护简单。常用的绿篱植物有冬青卫矛、金叶女贞、红花檵木、珊瑚树、侧柏、蚊母等(图 2-6)。

图 2-5　花灌木(八仙花)　　图 2-6　绿篱植物(金森女贞)

6. 攀援植物

茎蔓细长、不能直立生长,需利用其吸盘、卷须、钩刺、茎蔓或吸附根等器官攀附支持物向上生长的植物。主要用于垂直绿化,可植于墙面、山石、枯树、灯柱、拱门、棚架、篱垣等旁边,使其攀附生长,形成各种立体的绿化效果。常用的攀援植物有木香、紫藤、地锦、常春藤、铁线莲、炮仗花、叶子花等(图 2-7)。

7. 草坪和地被植物

草坪植物是指植株能覆盖地表的低矮植物,大多指禾本科、莎草科草本植物,如狗牙根、高羊茅、黑麦草、早熟禾、剪股颖、结缕草、羊胡子草等。地被植物是指那些株丛密集、低矮,经简单管理即可用于代替草坪覆盖在地表、防止水土流失,能吸附尘土、净化空气、减弱噪声、消除污染并具有一定观赏和经济价值的植物,如紫金牛、马蹄金、酢浆草、白三叶、铺地柏等(图 2-8)。

8. 切花草本植物

切花是从植株上剪下的带有茎叶的花枝,常用的切花草本园林植物有唐菖蒲、非洲菊、月季、马蹄莲、百合、香石竹、霞草等(图 2-9)。

9. 花坛、盆栽草本植物

花坛植物是指耐性强、生长力强、植株整齐饱满、花期一致、花色花相丰富的具有观赏功能的植物的总称。常用的花坛植物有万寿菊、孔雀草、矮牵牛、夏堇等。盆栽草本园林植物是指种植于固定的容器中用于观赏的植物。常用的盆栽植物有观赏松、何首乌、竹芋等(图 2-10)。

图 2-7　　　　　　图 2-8　　　　　　图 2-9　　　　　　图 2-10
攀援植物(铁线莲)　地被植物(酢浆草)　切花植物(马蹄莲)　花坛植物(矮牵牛)

2.3.4　依据观赏部位和特性分类

1.　观花类

将花形花色与花香作为园林植物主要的观赏要素。其中大多数风景园林观花类植物花色鲜艳,花期较长。该类植物花的形状、大小、色彩多种多样,花期差异也较大。

(1) 赏形:多数植物的花形为常见的钟形、十字形、坛形、辐射形、蝶形等,但也有部分植物的花发生变化形成奇异花形,如凤仙花、紫堇、耧斗菜具有特殊的距,珙桐花具白色巨形苞片等。

(2) 观色:红色花系(红色、粉色、水粉),如合欢、海棠、桃、石榴、夹竹桃、一串红等(图 2-11);

(a) 红花檵木　　　　　　(b) 樱花　　　　　　(c) 海棠
图 2-11　红色花系

蓝紫色花系(蓝色、紫色),如泡桐、紫玉兰、紫丁香、紫藤、二月兰、鸢尾、八仙花、醉鱼草、夏堇等(图 2-12);

(a) 八仙花　　　　　　(b) 铁线莲　　　　　　(c) 菊花
图 2-12　蓝紫色花系

黄色花系(黄、浅黄、金黄),如鹅掌楸、金桂、迎春花、连翘、蜡梅、黄木香等(图 2-13);

(a) 山茱萸

(b) 桂花

(c) 硫华菊

图 2-13 黄色花系

白色花系,如茉莉、白玉兰、珍珠梅、毛樱桃、琼花、女贞等(图 2-14);

(a) 毛樱桃

(b) 琼花

(c) 夏蜡梅

图 2-14 白色花系

彩斑色系,如三色堇、矮牵牛、香石竹、勋章菊等(图 2-15)。

(a) 三色堇

(b) 勋章菊

(c) 香石竹

图 2-15 彩斑类花系

(3) 闻香:花香大致可分为清香,如茉莉、蜡梅、香雪兰等;甜香,如桂花;浓香,如白兰花、栀子;淡香,如玉兰、丁香等;幽香,如兰花;暗香,如梅花等。

(4) 识相:花或花序着生在树冠上的整体表现形貌,特称为"花相"。木本园林植物的花相有以下几类(图 2-16)。

• 独生花相——本类较少、形较奇特,如苏铁类。

- 线条花相——花排列于小枝上,形成长形的花枝。由于枝条生长习性之不同,有呈拱状花枝的,有呈直立剑状的,有略短曲如尾状的,如连翘、金钟花等。
- 星散花相——花朵或花序数量较少,且散布于全树冠各部,如珍珠梅、鹅掌楸等。
- 团簇花相——花朵或花序形大而多,就全树而言,花感较强烈,但每朵或每个花序的花簇仍能充分表现其特色,如玉兰、木兰等。
- 覆被花相——花或花序着生于树冠的表层,形成覆伞状,如栾树、七叶树等。
- 密满花相——花或花序密生全树各小枝上,使树冠形成一个整体的大花团,花感最为强烈,如榆叶梅、火棘等。
- 干生花相——花着生于茎干上,如紫荆、槟榔、枣椰、可可等。

(a) 独生花相(苏铁)　　(b) 线条花相(绣线菊)　　(c) 星散花相(鹅掌楸)　　(d) 团簇花相(玉兰)

(e) 覆被花相(七叶树)　　　　(f) 密满花相(映山红)　　　　(g) 干生花相(紫荆)

图 2-16　植物花相

（5）寻期:春季开花的风景园林植物有梅花、芍药、郁金香、鸢尾、风信子、樱花、桃、海棠等;夏季开花的有石竹、萱草、百合、大花美人蕉、睡莲、夹竹桃、八仙花等;秋季开花的有翠菊、旱金莲、大丽花等;冬季开花的有蜡梅、一品红、仙客来、瓜叶菊;四季开花的有四季桂、天竺葵、月季等。

2. 观果类

将果形果色作为园林植物主要的观赏要素。

（1）果实的形状体现在"奇""巨""丰"三方面。"奇"指形状奇特,造型具趣味,例如五指茄的果实形似手指、秤锤树的果实如秤锤;"巨"指果实单体体积较大,如柚、椰子;"丰"就全

树而言,无论果实单体或者果序均有丰硕的数量,可收到引人注目的效果,如火棘、花楸
(图 2-17)。

(a) "奇"(五指茄)　　　　(b) "巨"(柚树)　　　　(c) "丰"(火棘)

图 2-17　观果形植物

（2） 果实的色彩根据颜色不同可分为:红色,如荚蒾、桃叶珊瑚、南天竹、石榴、樱桃、花
楸、火棘等;黄色,如银杏、梨、杏、木瓜、甜橙、佛手、金柑等;蓝紫色,紫珠、葡萄、沿阶草、蓝
果忍冬、桂花、豪猪刺、十大功劳等;黑色,如女贞、小蜡、常春藤、君迁子、鼠李、金银花等;白
色,如红瑞木、雪果、湖北花楸、陕甘花楸等(图 2-18)。

(a) 红色果实(石榴)　(b) 黄色果实(杏)　(c) 紫色果实(紫珠)　(d) 黑色果实(鼠李)　(e) 白色果实(乌桕)

图 2-18　观果色植物

3. 观叶类

将叶形、叶色、质地作为园林植物主要的观赏要素。根据叶的大小可以将风景园林树
木分为小型叶类、中型叶类、大型叶类,同时每个类型都具有多种叶形,如披针形、钻形、鳞
形、圆形、扇形、条形等。

叶的颜色丰富,观赏价值高,根据叶色的深浅、随季节的变化等特点可以分为以下几
类:绿叶类、春色叶类、秋色叶类、常色叶类、双色叶类、斑色叶类。

4. 观芽类

芽是幼态未伸展的枝、花或花序,包括茎尖分生组织及其外围的附属物。此类观赏特
性由于观赏期较短而种类较少,如银芽柳等(图 2-19)。

5．观干类

将树木的枝条、树皮、树干以及刺毛的颜色、类型作为园林植物主要的观赏要素。尤其在树木落叶后，枝干的颜色更为醒目，具有特殊的观赏价值。常见的观干类植物有白桦、梧桐、悬铃木、白皮松等（图2-20）。常见的观干类植物有红瑞木、棣棠、光棍树、紫茎等（图2-21）。

图 2-19	图 2-20	图 2-21
观芽类（银芽柳）	观干类（白桦）	观枝类（红瑞木）

6．赏根类

风景园林植物裸露的根部或特化的根系有一定的观赏价值，尤其是一些多年生的木本植物，如松树、朴树、梅花、榕树、银杏、山茶、蜡梅、四数木等。

7．赏株形

树木株形一般指成年树冠整体形态的类型，由干、茎、枝、叶组成，对株形起着决定性作用。常可分为圆柱形、尖塔形、伞形、棕榈形、丛生形、球形、馒头形、拱枝形、苍虬形、风致形等（图2-22）。

2.3.5 依栽培方式分类

1．露地风景园林植物

在自然条件下，完成全部生长过程。如鸡冠花、大丽花等。

2．温室风景园林植物

原产热带、亚热带温暖地区的风景园林植物，在北方寒冷地区栽培必须在温室内培养，或冬季需要在温室内保护越冬。如君子兰、花叶芋、一品红、芒果、蒲桃、椰子、假槟榔等。

2.3.6 依据经济用途分类

风景园林植物按其经济用途分类，可以分为食用植物，如椰子、苹果等；油料植物，如棕桐、芸苔等；药用植物，如人参、杜仲等；香料植物，如玫瑰、八角等；材用植物，樟子松、青檀等；树脂植物，油松、漆树等。

2.4　木本园林植物

木本植物指根和茎因增粗生长形成大量的木质部，而细胞壁也多数木质化的坚固植物，地上部为多年生。木本园林植物则是木本植物中具有观赏价值的植物总称。

2.4.1　乔木

乔木通常指主干单一明显的树木，主干生长离地面较高处始分枝，树冠具有一定的形态(图 2-22)，如银杏、雪松、水杉、香樟、垂柳等。可依其高度而分为大乔木(12 m 以上)、中乔木(6~12 m)、小乔木(6 m 以下)。

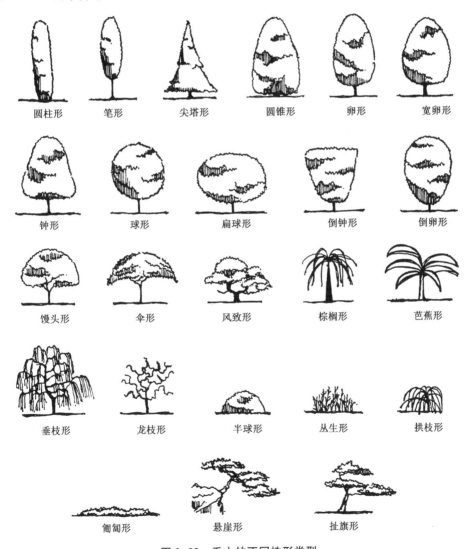

圆柱形	笔形	尖塔形	圆锥形	卵形	宽卵形
钟形	球形	扁球形	倒钟形	倒卵形
馒头形	伞形	风致形	棕榈形	芭蕉形
垂枝形	龙枝形	半球形	丛生形	拱枝形
匍匐形	悬崖形	扯旗形

图 2-22　乔木的不同株形类型

1. 常绿针叶乔木

常绿树是指终年具有绿叶的乔木，每年都有新叶长出，新叶长出时部分旧叶脱落，陆续更新，终年保持常绿，如香樟、紫檀、马尾松等。针叶是裸子植物常见的叶子外形，常绿针叶乔木是指常绿乔木中具有针形叶或条形叶的乔木，多为裸子植物，针叶植物较阔叶植物更耐寒。

南洋杉科：南洋杉；松科：雪松、油杉、冷杉、日本冷杉、辽东冷杉、白杆、青杆、日本云杉、云杉、黄杉、马尾松、湿地松、黑松、油松、赤松、白皮松、日本五针松、火炬松、华山松、黄山松；杉科：金松、杉木、柳杉、日本柳杉、北美红杉；柏科：圆柏、龙柏、北美圆柏、香柏、柏木、中山柏、日本花柏、日本扁柏、刺柏、杜松、侧柏、千头柏、福建柏；罗汉松科：罗汉松、竹柏；三尖杉科：三尖杉、粗榧；红豆杉科：榧树、香榧、红豆杉、南方红豆杉。

2. 落叶针叶树

落叶针叶乔木是指每年秋冬季节或干旱季节叶全部脱落的，以适应寒冷或干旱的具有针形叶或条形叶的乔木，多为裸子植物。落叶是植物减少蒸腾、度过寒冷或干旱季节的一种适应，这一习性是植物在长期进化过程中形成的。

松科：金钱松、落叶松、华北落叶松；杉科：水松、水杉、落羽杉、墨西哥落羽杉、池杉、东方杉、中山杉。

3. 常绿阔叶树

常绿阔叶树是指常绿乔木中叶型较大的乔木，四季常绿，叶片多革质、表面有光泽，叶片排列方向垂直于阳光。多集中于壳斗科、樟科、山茶科、木兰科。

杨梅科：杨梅；壳斗科：苦槠、青冈栎、石栎；山龙眼科：银桦；木兰科：木莲、广玉兰、白兰花、深山含笑、阔瓣含笑、乐昌含笑；八角科：莽草；樟科：香樟、肉桂、浙江楠、紫楠；金缕梅科：蚊母树；蔷薇科：椤木石楠、枇杷；豆科：洋紫荆、花榈木；芸香科：柑橘、柚；冬青科：冬青、大叶冬青、枸骨；木犀科：桂花、女贞；杜英科：山杜英。

4. 落叶阔叶树

落叶阔叶树是指冬季叶片全部脱落以适应寒冷或干旱的环境，叶片较大、非针形或条形的乔木。它们冬季以休眠芽的形式过冬，叶和花等脱落，待春季转暖，降水增加的时候纷纷展叶，开始旺盛的生长发育过程。

银杏科：银杏；杨柳科：毛白杨、银白杨、加杨、小叶杨、旱柳、绦柳、馒头柳、龙爪柳、垂柳；胡桃科：胡桃、核桃楸、美国山核桃、枫杨；桦木科：白桦；壳斗科：板栗、锥栗、麻栎、栓皮栎；榆科：榆树、垂枝榆、榔榆、榉树、朴树、小叶朴、青檀；桑科：桑树、构树、黄葛树；木兰科：鹅掌楸、北美鹅掌楸、杂交马褂木、白玉兰、黄山木兰、厚朴、天女花；金缕梅科：枫香；杜仲科：杜仲；豆科：槐树、龙爪槐、刺槐、香花槐、红豆树、合欢、山合欢、皂荚、山皂荚、黄檀；悬铃木科：法桐、英桐、美桐；蔷薇科：木瓜、杏、梅、桃、碧桃、紫叶李、山樱花、东京樱花、日本晚樱、苹果、湖北海棠；苦木科：臭椿；楝科：苦楝、香椿；大戟科：乌桕、重阳木；漆树科：黄连木、火炬树、盐肤木、漆树;卫矛科:丝棉木;槭树科:三角枫、五角枫、茶条槭;七叶树科:七叶树;无患子科:栾树、全缘栾树、无患子;鼠李科:枳椇、冻绿;椴树科:南京椴;梧桐科:梧桐;柿树科:柿树、君迁子;木犀科:流苏树、白蜡树、丁香、暴马丁香、雪柳;玄参科:泡桐、毛泡桐;胡颓子科:沙枣;蓝果树科:喜树、珙桐;五加科:刺楸;山茱萸科:灯台树、毛梾;紫葳科:梓树、楸树;蓝花楹。

2.4.2 灌木

灌木通常指低矮的、近似丛生、主干不明显、在地面处分歧成多数树干、树冠不定型、矮小的木本植物。如蜡梅、含笑、冬青、卫矛、六月雪、茶梅等。

1. 常绿针叶灌木

常绿灌木是指四季保持常绿的丛生木本植物。在华南常见,耐寒力较弱,北方多温室栽培,种类众多。常绿针叶灌木是指常绿灌木中叶为针形、条形的灌木。

苏铁科:苏铁;柏科:鹿角桧、铺地柏、沙地柏。

2. 常绿阔叶灌木

常绿阔叶灌木是指常绿灌木中叶形较为大型,非针形或条形的灌木。

小檗科:南天竹、十大功劳、阔叶十大功劳;木兰科:含笑;蜡梅科:山蜡梅;海桐科:海桐;金缕梅科:檵木、红花檵木;蔷薇科:火棘、石楠、红叶石楠;卫矛科:冬青卫矛、北海道黄杨;黄杨科:黄杨、锦熟黄杨、雀舌黄杨;冬青科:龟甲冬青;藤黄科:金丝桃;胡颓子科:胡颓子;桃金娘科:红千层;五加科:八角金盘;瑞香科:瑞香;山茱萸科:洒金桃叶珊瑚、桃叶珊瑚;杜鹃花科:杜鹃、马醉木;木犀科:小蜡、水蜡、小叶女贞;山茶科:木荷、厚皮香、山茶花、茶梅、油茶、浙江红花油茶;夹竹桃科:夹竹桃;茜草科:栀子花、六月雪;忍冬科:珊瑚树;百合科:凤尾丝兰、丝兰。

3. 落叶阔叶灌木

落叶灌木是指灌木中冬季落叶以度过寒冷季节的种类。其分布广,种类多,用途广泛,许多种类都是优秀的观花、观果、观叶、观干树种,被大量用于地栽、盆栽观赏。落叶阔叶灌木是指叶形较大,如卵形、披针形等非针形叶或条形叶的冬季叶全部落光的灌木。

桑科:无花果;毛茛科:牡丹;小檗科:小檗、紫叶小檗;木兰科:紫玉兰、二乔玉兰;蜡梅科:蜡梅;虎耳草科:山梅花、溲疏;蔷薇科:白鹃梅、笑靥花、珍珠花、麻叶绣线菊、菱叶绣线菊、粉花绣线菊、珍珠梅、黄刺玫、棣棠、鸡麻、榆叶梅、郁李、山楂、贴梗海棠、垂丝海棠、西府海棠、沙梨;豆科:紫荆、毛刺槐、紫穗槐、锦鸡儿、胡枝子;芸香科:花椒、枸橘;漆树科:黄栌;槭树科:鸡爪槭、红枫、羽毛枫、红羽毛枫;锦葵科:木槿、木芙蓉;柽柳科:柽柳;瑞香科:结香;胡颓子科:秋胡颓子;千屈菜科:紫薇、大花紫薇;山茱萸科:红瑞木、四照花;木犀科:迎春、连翘、金钟花;马钱科:醉鱼草;马鞭草科:紫珠;忍冬科:锦带花、海仙花、琼花、蝴蝶树、天目琼花、香荚蒾、金银木、接骨木。

2.4.3　藤本植物

有缠绕茎和攀缘茎的植物统称为藤本植物,它是指茎细长、缠绕或攀援它物上升的植物。茎木质化的称为木质藤本,如紫藤、凌霄、北五味子、葛藤、木通、猕猴桃、葡萄、炮仗花等;茎草质的称为草质藤本,如啤酒花、何首乌、羽叶茑萝、牵牛花、锦屏藤等。该类植物常用于垂直绿化,主要分布在桑科、葡萄科、猕猴桃科、五加科、葫芦科、豆科、夹竹桃科等科中。

桑科:薜荔;紫茉莉科:叶子花;毛茛科:铁线莲;大血藤科:大血藤;木通科:木通、三叶木通、鹰爪枫;五味子科:五味子、华中五味子、南五味子;蔷薇科:野蔷薇、七姊妹、金樱子、小果蔷薇、木香;豆科:紫藤、常春油麻藤、葛藤;葡萄科:葡萄、蛇葡萄、地锦、五叶地锦、乌蔹莓;猕猴桃科:中华猕猴桃;西番莲科:西番莲;五加科:常春藤、中华常春藤;卫矛科:扶芳藤、胶东卫矛、南蛇藤;夹竹桃科:络石;木犀科:野迎春;忍冬科:金银花、盘叶忍冬、贯月忍冬;紫葳科:凌霄、美国凌霄、粉花凌霄、炮仗花。

2.4.4　竹类植物

为禾本科竹亚科高大乔木状禾草类植物的通称,多年生常绿树种。主要产地为热带、亚热带,少数产温带,我国主要分布于秦岭、淮河流域以南地区。常见竹类如下:

簕竹属:粉单竹、孝顺竹、花孝顺竹、凤尾竹、佛肚竹、黄金间碧玉竹;方竹属:方竹;箬竹属:阔叶箬竹;矢竹属:茶秆竹、矢竹;苦竹属:苦竹、大明竹;刚竹属:毛竹、桂竹、斑竹、刚竹、罗汉竹、紫竹、淡竹、早园竹、黄槽竹、乌哺鸡竹、篌竹、金镶玉竹、早竹、龟甲竹、金竹;慈竹属:慈竹;赤竹属:菲白竹、菲黄竹;鹅毛竹属:鹅毛竹;短穗竹属:短穗竹。

2.4.5　棕榈类植物

树形较特殊的一类木本园林植物,常用于营造热带风情植物景观。常绿,树干直,多无分枝,叶大型、掌状裂或羽状分裂,聚生茎端。主要分布于热带及亚热带地区,性不耐寒,适应性强,观赏价值高,在我国主要产于南方。

棕榈属:棕榈;棕竹属:棕竹、筋头竹;箬棕属:小箬棕;蒲葵属:蒲葵;王棕属:大王椰子;桄榔属:桄榔;假槟榔属:假槟榔;鱼尾葵属:鱼尾葵、短穗鱼尾葵;刺葵属:银海枣、海枣、加拿利海枣;油棕属:油棕;酒瓶椰属:酒瓶椰子;丝葵属:丝葵、华盛顿棕;槟榔属:槟榔;椰子属:椰子;散尾葵属:散尾葵;西棕属:国王椰子;弓葵属:布迪椰子;霸王棕属:霸王棕;香棕属:香棕;贝叶棕属:贝叶棕;袖珍椰子属:袖珍椰子;狐尾椰子属:狐尾椰子;银扇葵属:老人葵。

2.5　草本园林植物

2.5.1　草本园林植物定义

花是植物的繁殖器官,卉是草的总称。这些花草随着自然系统发育和人为驯化栽培,形成了千姿百态、花色丰富、气味芬芳的风景园林植物,被人们称为花卉。凡是具有一定观赏价值,达到观叶、观花、观茎、观根、观果的目的,并能美化环境,丰富人们文化生活的草本、木本、藤本植物统称草本园林植物。本书中所述的草本园林植物仅指草本风景园林植物。草本植物指有草质茎的植物。茎的地上部分在生长期终了时就枯死。其维管束不具有形成层,不能增粗生长,因而不能像树木一样逐年变粗。

2.5.2　草本园林植物的分类

草本园林植物分为露地草本园林植物和温室草本园林植物,依据生态学习性和生活型的不同它们又分别分为一二年生草本园林植物、宿根草本园林植物、球根草本园林植物、水生植物、草坪与地被植物几大类。

1. 露地草本园林植物

露地草本园林植物是指在自然条件下能顺利完成全部生长过程,不需要保护物栽培的草本园林植物,如万寿菊、美人蕉等。

1) 露地一年生草本园林植物

典型的一年生草本园林植物是指在一个生长季内完成全部生活史的草本园林植物,播种、开花、死亡在当年内进行。而多年生作一年生栽培的草本园林植物在当地露地环境中多年生栽培时,对气候不适应,怕冷,生长不良或两年后生长差,具有容易结实、当年播种就可以开花的特点。如藿香蓟、一串红。

蓼科:红蓼、荞麦;藜科:地肤、藜;苋科:千日红、鸡冠花、三色苋、红叶苋、五色草;紫茉莉科:紫茉莉、马齿苋科:大花马齿苋、半支莲;石竹科:霞草;毛茛科:还亮草;锦葵科:黄蜀葵;花葱科:福禄考;紫草科:勿忘草;旋花科:牵牛花、槭叶茑萝、羽叶茑萝;大戟科:银边翠;凤仙花科:凤仙花;唇形科:一串红、一串白;玄参科:猴面花、夏堇;菊科:心叶藿香蓟、翠菊、百日草、波斯菊、硫华菊、万寿菊、孔雀草、麦秆菊;山梗菜科:六倍利。

2) 露地二年生草本园林植物

典型的二年生草本园林植物是指在两个生长季完成生活史的草本园林植物。第一年营养生长,第二年开花、结实,在炎夏到来时死亡。此类草本园林植物要求严格的春化作用,如须苞石竹、金盏菊等。多年生作二年生栽培的草本园林植物大多是多年生草本园林植物中喜欢冷凉的种类,它们在当地露地栽培时对气候不适应,怕热,生长不良或两年后生长差,有容易结实,当年播种就可以开花的特点。

藜科:红叶甜菜;毛茛科:飞燕草、石龙芮;石竹科:矮雪轮、高雪轮、石竹、须苞石竹;罂粟科:虞美人、罂粟、花菱草;十字花科:香雪球、羽衣甘蓝、紫罗兰、桂竹香;景天科:瓦松;锦葵科:锦葵;堇菜科:三色堇;柳叶菜科:月见草、美丽月见草、待霄草;马鞭草科:美女樱、细叶美女樱;茄科:矮牵牛;玄参科:金鱼草、毛地黄、毛蕊花;桔梗科:风铃草;菊科:雏菊、蛇目菊、金盏菊、水飞蓟、矢车菊。

3) 露地宿根草本园林植物

露地宿根草本园林植物是指地下部分的形态正常,不发生变态现象,以根或地下茎的形式越冬,地上部分表现出一年生或多年生性状的露地草本园林植物,冬季地上部分枯死,根系在土壤中宿存而不膨大,来年重新萌发生长的多年生草本园林植物。

百合科:火炬花、土麦冬、阔叶麦冬、万年青、萱草、黄花菜、沿阶草、吉祥草、玉簪、紫萼;鸭跖草科:紫露草;鸢尾科:射干、德国鸢尾、鸢尾、蝴蝶花、小花鸢尾、黄菖蒲、花菖蒲、溪荪、燕子花;蓼科:火炭母、虎杖;石竹科:石碱花、剪秋罗、常夏石竹、瞿麦、香石竹;毛茛科:乌头、楼斗菜、唐松草、白头翁、芍药、铁线莲;罂粟科:荷包牡丹;十字花科:二月兰;景天科:费菜、垂盆草、佛甲草、景天、凹叶景天;虎耳草科:落新妇、虎耳草;蔷薇科:蛇莓;豆科:多叶羽扇豆、白三叶、紫花苜蓿;酢浆草科:红花酢浆草;亚麻科:蓝亚麻;堇菜科:紫花地丁;锦葵科:蜀葵;柳叶菜科:山桃草;报春花科:金叶过路黄;花葱科:宿根福禄考、丛生福禄考;唇形科:美国薄荷、随意草;玄参科:钓钟柳;桔梗科:桔梗;菊科:紫菀、荷兰菊、金光菊、黑心金光菊、大花金鸡菊、紫松果菊、宿根天人菊、一枝黄花、蓝目菊、菊花、白晶菊、滨菊。

4) 露地球根草本园林植物

露地球根草本园林植物是指植株地下部分的根或茎发生变态,肥大呈球状或块状的多年生草本植物。它们以地下球根的形式渡过其休眠期,至环境适宜时,再度生长并开花。

(1) 按球根类型分类:鳞茎类、球茎类、块茎类、根茎类、块根类。

- 鳞茎类:地下茎呈鳞片状,外被纸质外皮的叫做有皮鳞茎。如郁金香、水仙、朱顶红等。在鳞片的外面没有外皮包被的叫做无皮鳞茎,如百合等。

百合科:百合、湖北百合、卷丹、麝香百合、浙贝母、大花葱、风信子、葡萄风信子、郁金香;石蒜科:葱兰、韭兰、石蒜、忽地笑、水仙、晚香玉、雪滴花;兰科:白芨。

- 球茎类:地下茎呈球形或扁球形,外被革制外皮等。

鸢尾科:番红花、唐菖蒲、西班牙鸢尾。

- 块茎类:地下茎呈不规则的块状或条状。

天南星科:马蹄莲;毛茛科:毛茛、秋牡丹、银莲花。

- 根茎类:地下茎肥大呈根状,上面有明显的节,新芽着生在分枝顶端。

百合科:铃兰;美人蕉科:大花美人蕉。

- 块根类:块根为根的变态,地下主根由侧根或不定根膨大而成,肥大呈块状,根系从块根的末端生出。块根无节、无芽眼,只在根颈部有发芽点。

菊科:大丽花、蛇鞭菊;毛茛科:花毛茛。

(2) 按适宜的栽植时间分类:分为春植球根草本园林植物、秋植球根草本园林植物。

- 春植球根草本园林植物:春天栽植,夏秋开花,冬天休眠。花芽分化一般在夏季生长期进行。如大丽花、唐菖蒲、美人蕉、晚香玉等。
- 秋植球根草本园林植物:秋天栽植,在原产地秋冬生长,春天开花,炎夏休眠;花芽分化一般在夏季休眠期进行,如水仙、郁金香、风信子、花毛茛等。少数种类花芽分化在生长期进行,如百合类。

5) 草坪及地被植物

(1) 草坪植物是指由人工建植或是天然形成的多年生低矮草本植物经养护管理而形成的相对均匀、平整的草地植被。按草坪草生长的适宜气候条件和地域分布范围可将草坪草分为冷季型草坪草和暖季型草坪草。

- 冷季型草坪草：也称为冬型草，主要属于早熟禾亚科。适宜的生长温度在 15～25℃ 之间，气温高于 30℃ 则生长缓慢，在炎热的夏季，冷季型草坪草进入了生长不适阶段，有些甚至休眠。主要分布于华北、东北和西北等长江以北的我国北方地区。

黑麦草属：多花黑麦草；剪股颖属：匍匐剪股颖、绒毛剪股颖；羊茅属：羊茅、蓝羊茅、高羊茅；画眉草属：画眉草；早熟禾属：草地早熟禾、细叶早熟禾。

- 暖季型草坪草：也称为夏型草，主要属于禾本科、画眉亚科的一些植物，最适合生长的温度为 20～30℃，在 −5～42℃ 范围内能安全存活，这类草在夏季或温暖地区生长旺盛，主要分布在长江流域及以南较低海拔地区。

结缕草属：结缕草、马尼拉草；假俭草属：假俭草；野牛草属：野牛草；燕麦属：野燕麦；地毯草属：地毯草；狗牙根属：狗牙根。

（2）地被植物是指那些株丛密集、低矮，经简单管理即可用于代替草坪覆盖在地表、防止水土流失，能吸附尘土、净化空气、降低噪声、消除污染并具有一定观赏和经济价值的植物。常见的一二年生草本园林植物、宿根草本园林植物、球根草本园林植物多可做地被植物，如虎耳草、白三叶、二月兰、红花酢浆草、金叶过路黄等。

6）水生植物

水生植物是指植物体全部或部分在水中生活的植物，还包括适应于沼泽或低湿环境中生长的一切可观赏的植物。根据生活型的不同可以将水生植物分为：挺水植物、浮水植物、沉水植物和漂浮植物。

苹科：田字萍；香蒲科：香蒲、水烛；泽泻科：慈菇、泽苔草、泽泻；水蕹科：水蕹；花蔺科：花蔺、黄花蔺、水罂粟；水鳖科：水鳖、水车前、苦草；禾本科：芦竹、花叶芦竹、芦苇、荻、蒲苇、茭白、薏苡；莎草科：水葱、花叶水葱、藨草、荸荠、旱伞草、纸莎草、灯心草；天南星科：菖蒲、石菖蒲、金线石菖蒲、大薸；雨久花科：凤眼莲、雨久花、梭鱼草；竹芋科：再力花；三白草科：三白草；蓼科：水蓼；睡莲科：荷花、睡莲、莼菜、萍蓬草、王莲、芡实；金鱼藻科：金鱼藻；千屈菜科：千屈菜、节节菜；菱科：菱；龙胆科：荇菜；水马齿科：水马齿；小二仙草科：狐尾藻。

2. 温室草本园林植物

温室草本园林植物是指在自然条件下不能顺利完成全部生长过程，需要保护物栽培的草本园林植物。根据上海地区是否能露地越冬，温室草本园林植物可分为以下几大类。

1）温室一、二年生草本园林植物

凤仙花科：非洲凤仙；报春花科：报春花、四季报春、多花报春、欧洲报春；唇形科：彩叶草；茄科：蛾蝶花；玄参科：蒲包花；菊科：瓜叶菊。

2）温室宿根草本园林植物

鸭跖草科：吊竹梅、白花紫露草；石蒜科：大花君子兰、垂笑君子兰；旅人蕉科：鹤望兰；龙舌兰科：虎尾兰；胡椒科：豆瓣绿；凤仙花科：新几内亚凤仙；秋海棠科：四季秋海棠、银星秋海棠、蟆叶秋海棠、铁甲秋海棠。

3）温室球根草本园林植物

天南星科：马蹄莲；百合科：虎眼万年青；石蒜科：朱顶红、文殊兰、红花文殊兰、蜘蛛兰、网球花；报春花科：仙客来；鸢尾科：香雪兰。

4）兰科草本园林植物

兰花广义上是兰科草本园林植物的总称。兰科是仅次于菊科的一个大科，是单子叶植物中的第一大科。兰科植物分布极广，但85％集中分布在热带和亚热带。兰科植物从植物形态上可分为三类。

（1）地生兰：生长在地上，花序通常直立或斜上生长。亚热带和温带地区原产的兰花多为此类。中国兰和热带兰中的兜兰属草本园林植物属于这类。

（2）附生兰：生长在树干或石缝中，花序弯曲或下垂。热带原产的一些兰花属于这类。

（3）腐生兰：无绿叶，终年寄生在腐烂的植物体上生活。如中药天麻。

兰属：春兰、蕙兰、建兰、墨兰、寒兰、虎头兰；石斛属：石斛、密花石斛；蝴蝶兰属：蝴蝶兰；万带兰属：万带兰；兜兰属：杏黄兜兰；虾脊兰属：虾脊兰。

5）蕨类植物

蕨类植物也称羊齿植物，为高等植物中比较低级而又不开花的一个类群，多为草本，是最早有维管组织分化的陆生植物，由于输导组织的成分主要是管胞和筛胞，受精作用仍离不开水，因而在陆地上的发展和分布仍受到一定的限制。与其他高等植物相比，其最重要的特征是：生活史中以孢子体占优势，孢子体和配子体均能独立生活。孢子体为多年生植物，是观赏部分，有根、茎、叶之分。根为须根状，茎多为根状茎，在土壤中横走，上升或直立，叶的形态特征因种而异，千变万化。蕨类植物是优良的室内观叶植物之一。

石松科：石松；卷柏科：卷柏；阴地蕨科：阴地蕨；观音座莲科：福建观音座莲；紫萁科：紫萁；里白科：光里白、芒萁；凤尾蕨科：凤尾蕨、井栏边草；铁线蕨科：铁线蕨；铁角蕨科：巢蕨；肾蕨科：肾蕨；水龙骨科：盾蕨。

6）多浆植物及仙人掌

多浆植物（又叫多肉植物）是指植物的茎、叶具有发达的贮水组织，呈现肥厚多浆的变态状植物，多数原产于热带、亚热带干旱地区或森林中。多浆植物主要包括仙人掌科、番杏科、景天科、大戟科、菊科、百合科、龙舌兰科等植物。仙人掌类原产南、北美热带大陆及附近一些岛屿，部分生长在森林中，而多浆植物多数原产南非，仅少数分布在其他州的热带和亚热带地区。

仙人掌科：昙花、量天尺、令箭荷花、仙人掌、木麒麟；番杏科：佛手掌；龙舌兰科：龙舌兰；景天科：八宝景天、长寿花。

7）竹芋科植物

竹芋属：竹芋；肖竹芋属：肖竹芋、圆叶竹芋、孔雀竹芋、彩虹肖竹芋。

8）凤梨科植物

凤梨科植物为陆生或附生，无茎或短茎草本。叶通常基生，密集成莲座状叶丛，狭长带状，茎直，全缘或有刺状锯齿，基部常扩展，并具鲜明的颜色，是一种观赏性很强的观花观叶植物，尤其可栽培于室内，常见的栽培种类有水塔花属的部分植物。水塔花属原产于墨西哥至巴西南部和阿根廷北部丛林中，约50种，多为地生性，叶为镰刀状，上半部向下倾斜，以5～8片排列成管形的莲座状叶丛，常见品种有光萼荷等。

姬凤梨属：姬凤梨；凤梨属：凤梨；赪凤梨属：五彩凤梨、同心彩叶凤梨；铁兰属：铁兰；丽穗凤梨属：彩苞凤梨；果子蔓属：果子蔓；巢凤梨属：巢凤梨；光萼荷属：光萼荷；水塔花属：水塔花;羞凤梨属:美艳羞凤梨;雀舌兰属:短叶雀舌兰。

9）姜科植物

多年生草本,通常具芳香、匍匐或块状的根状茎,或有时根的末端膨大呈块状。叶基生或茎生、通常二列,叶片大、披针形或椭圆形,花单生、两性、具苞片,浆果。约52属1 200种,分布于热带、亚热带地区,以亚洲热带地区的种类最为繁多,常生于林下阴湿处;中国约有21属近200种,分布于东南部至西南部各省区,以广东、广西和云南的种类最多。

山姜属:艳山姜、花叶艳山姜、山姜、益智;姜花属:姜花、红姜花;郁金属:郁金;姜属:红球姜;火炬姜属:火炬姜;舞花姜属:舞花姜;闭鞘姜属:闭鞘姜;山奈属:海南三七;象牙参属:象牙参、早花象牙参。

10）天南星科植物

单子叶植物,陆生或水生草本,或木质藤本,常具块茎或根状茎,肉穗花序,果为浆果。植物体多含水质、乳质或针状结晶体,汁液对人的皮肤或舌或咽喉有刺痒或灼热的感觉。115属,2 000余种,广布于全世界,但92%以上产热带,我国有35属,206种(其中有4属,20种系引种栽培的),南北均有分布,有些供药用,有些种类的块茎含丰富的淀粉供食用,有些供观赏用。

花烛属:花烛;麒麟叶属:麒麟叶;花叶万年青属:花叶万年青;花叶芋属:花叶芋;海芋属:海芋;藤芋属:绿萝;龟背竹属:龟背竹;广东万年青属:广东万年青;芋属:象耳芋;海芋属:海芋;魔芋属:魔芋;半夏属:半夏、滴水珠;天南星属:一把伞南星、灯台莲;苞叶芋属:白鹤芋;合果芋属:合果芋。

第3章　风景园林植物的器官

本章概要

本章主要介绍了植物的根、茎、叶、花、果等器官的定义、功能、形态特征、分类及变态类型。通过掌握植物各器官的功能、基本形态以及变态类型,将其与环境相互联系,能够达到识别植物的目的,发现与利用植物各器官的形态特征与观赏价值,合理地利用园林植物的景观特质与生态功能。

3.1 概　述

　　植物体上由多种组织构成的,行使一定机能的结构单位称为器官。通常多数高等植物的植物器官可分为根、茎、叶、花、果五种类型,每个器官有着各自的特性。

　　植物的器官是植物鉴别的重要依据,认识植物的某个器官并不代表对整株植物的认识,需将植物的各个部分联系起来,通过比较,才能对植物有更为深刻的认识。如同属的植物,通常在植物的外观上相差不大,仅靠茎、叶是很难鉴别的,这时只有通过茎、叶、花、果的结合,甚至解剖来进行比较和鉴别。

　　植物是风景园林规划设计的核心元素。识别植物、熟悉植物习性并很好地应用植物,是学习风景园林植物的目的之一。认识植物,要从植物的器官开始,应正确地认识植物的根、茎、叶、花、果;了解并掌握植物各器官的功能、基本形态以及变态类型;将植物的各器官联系起来,比较认识,从而能够达到识别植物的目的;从感性的层面去体会各器官在应用中的观赏价值。

3.2 风景园林植物的根

　　根是植物长期演化过程中为适应陆生生活发展起来的器官。其主要功能表现在以下几个方面:支持和固定作用、吸收和输导作用、合成和转化作用、贮藏作用和繁殖作用。

3.2.1 根的种类

按照根的来源,可以分为定根和不定根两种。

1. 定根

　　当种子萌发时,胚根首先突破种皮向地生长,形成主根,然后从主根上可以产生侧根。不论主根或侧根,它们都来源于胚根,位置固定,所以称为定根。

2. 不定根

　　从茎、叶上产生根,这种不是由根部产生,位置也不固定的根,统称为不定根。

3.2.2 根系的类型

　　植物根的总合称为根系。根系可分为直根系和须根系两类(图3-1)。

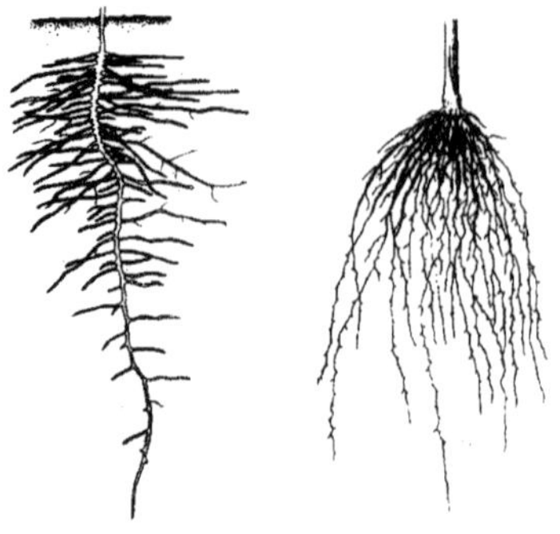

(a) 直根系　　　(b) 须根系

图3-1　根系类型

1. 直根系

植物的根系由一明显的主根（由胚根形成）和各级侧根组成，主根发达，较各级侧根粗壮、能明显区别出主根和侧根的根系称为直根系。大多数双子叶植物和裸子植物的根系为直根系，如雪松、金钱松、马尾松、杉木、侧柏、圆柏、银杏、白玉兰、香樟、栾树、枫杨、马褂木、紫叶李、鸡爪槭、蒲公英、油菜等。

2. 须根系

植物的须根系由许多粗细相近的不定根（由胚轴和下部的节上长出）组成。在根系中不能明显地区分出主根（这是由于胚根形成主根生长一段时间后，停止生长或生长缓慢造成的）。主根不发达或早期停止生长，由茎基部生出的不定根组成的根系为须根系。如香蒲、黄花蔺、水鳖、粉条儿菜、百合、芒、荻、灯心草、羊茅等大部分单子叶植物的根系均为须根系。

3.2.3　根的变态

植物的根由于生态环境的不同，在长期发展过程中，其形态与功能发生了变化，这种变化特性稳定，且可代代遗传，称为根的变态，这种现象也可成为这类植物的鉴别特征。

1. 贮藏根

主要是一些二年生或多年生草本植物的地下越冬器官，贮藏有大量营养物质，通常肉质肥大，形态多样，大致可分两类。

（1）肉质直根：由主根发育而成，粗大，一般不分枝，仅在肥大的肉质直根上有细小须状的侧根，外形有圆柱形、圆锥形、纺锤形（图 3-2）。如蒲公英、菊苣、胡萝卜、萝卜等。

（2）块根：由不定根或侧根的局部膨大而成的，一株上可形成多个块根。块根的形状也很多，有不规则块状、纺锤状、圆柱状、掌状、串珠状（图 3-3）。如何首乌、大丽花、马铃薯等。

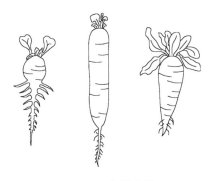

图 3-2　肉质直根　　　　　　　　图 3-3　块根

2. 气生根

气生根指由植物茎上发生的，生长在地面以上的、暴露在空气中的不定根，一般无根

(a) 支持根   (b) 呼吸根   (c) 攀援根

图 3-4　气生根

毛。根据其生理功能的不同，又可分为支持根、攀援根、呼吸根和板状根（图3-4）。

（1）支持根：由接近地面的节产生一种具有支持作用的变态的不定根，叫做支持根。如甘蔗、玉米、高粱等禾本科植物。

（2）攀援根：通常从藤本植物的茎上长出，用于攀附其他物体或固着在其他树干、山石或墙壁表面，这类不定根称为攀援根，常见于木质藤本植物，如常春藤、凌霄、薯蓣等。

（3）呼吸根：有些生长在沿海或沼泽地带的植物，为了增强呼吸作用，一部分根从泥中向上生长，暴露在空气中，以帮助植物体进行气体交换，形成呼吸根，像热带红树林的一些植物如红树、水松、落羽杉、池杉等。还有些植物则从树枝上发出许多向下垂直的呼吸根，如榕树等。

（4）板状根：热带、亚热带树木在干基与根茎之间形成板壁状凸起的根，起支持作用，如中山杉、人面子、野生荔枝、四数木等。

3. 寄生根

高等植物中的寄生植物通过根发育出的吸器伸入寄主植物的根或茎中获取水分和营养物质，这种结构称为寄生根（图3-5）。如菟丝子、桑寄生、槲寄生等属于茎寄生植物；列当、肉苁蓉、檀香树等则属于根寄生植物。

寄生根

寄生根

图 3-5　寄生根

3.3　风景园林植物的茎

茎是种子幼胚的胚芽向上伸长的部分，通常在叶腋生有芽，芽萌发后形成分枝（或开花）。茎和枝上着生叶的部位叫节；两节之间的茎、枝叫节间；叶柄与茎、枝相交的内角叫叶腋。

3.3.1　茎的基本类型

1. 直立茎

直立茎垂直于地面生长。大多数植物的茎为这种类型，在具有直立茎的植物中，可以是草质茎，也可以是木质茎，如雪松、金钱松、杉木、柳杉、侧柏、圆柏、马褂木、柳树、紫叶李、西府海棠、红枫、蓖麻、向日葵等。

2. 缠绕茎

缠绕茎不能直立生长，靠茎本身缠绕他物上升，不同植物茎旋转的方向各不相同，如紫藤、常春油麻藤、菜豆和旋花的茎由左向右旋转缠绕，叫左旋缠绕茎；而葎草、叶子花的茎则是从右向左缠绕,叫右旋缠绕茎;还有左右均可旋转的,称为左右旋缠绕茎(图 3-6a)。

3. 攀援茎

植物用小根(气生根)、叶柄或卷须等特有的变态器官攀援他物上升的茎称为攀援茎,如地锦、常春藤、绿萝、薜荔、海金沙等(图 3-6b)。

4. 平卧茎

平卧茎平卧贴地生长,枝间不再生根,如铺地柏、平枝枸子、酢浆草等(图 3-6c)。

5. 匍匐茎

匍匐茎细长柔弱,平卧地面,蔓延生长,一般节间较长,节上能生不定根,如石松、肾蕨、翠云草、火炭母、活血丹、虎耳草、积雪草、委陵菜、香蒲、水鳖、加拿大早熟禾、匍匐剪股颖、野牛草、地毯草、草莓、蔓长春花、地瓜藤(图 3-6d)。

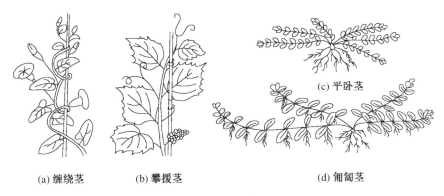

(a) 缠绕茎　　(b) 攀援茎　　　　　　(c) 平卧茎　　(d) 匍匐茎

图 3-6　茎的类型

3.3.2　茎的分枝方式

枝通常由顶芽和腋芽发育而来。由于各种植物芽的性质和活动情况不同,所产生的枝的组成和外部形态也不同,从而分枝方式各异。植物常见的分枝方式有以下几种类型(图 3-7):

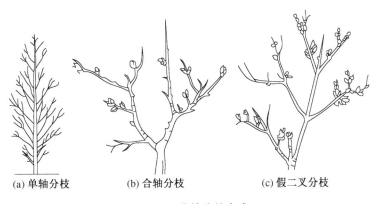

(a) 单轴分枝　　　　(b) 合轴分枝　　　　(c) 假二叉分枝

图 3-7　茎的分枝方式

1. 单轴分枝

单轴分枝或称总状分枝。此类分枝方式的植物,顶端优势明显,侧芽不发达,主干极显著,主干的伸长和加粗比侧枝强得多。被子植物中很多乔木如杨树、山毛榉、香樟等,裸子植物中如银杏、雪松、马尾松、金钱松、水杉等均属单轴分枝类型。

2. 合轴分枝

合轴分枝方式的植物主茎的顶芽在生长季节生长迟缓或死亡,或顶芽分化为花芽,由紧接顶芽下面的腋芽生长,代替原顶芽,如此每年重复生长、延伸主干。这种主干是由许多腋芽发育而成的侧枝联合组成,故称为合轴分枝。如无花果、桑树、梧桐、葡萄、桃、梅等。

3. 假二叉分枝

具有对生叶(芽)的植物,在顶芽停止生长或顶芽分化为花芽后,由顶芽下的两侧腋芽同时发育成二叉状分枝。它是合轴分枝的一种特殊形式,如苔藓植物中的石松、卷柏等,被子植物中的石竹、繁缕、丁香、茉莉、接骨木、泡桐、梓树等。

3.3.3 茎的变态

大多数风景园林植物的茎生长在地面以上,但有些植物的茎为适应不同的环境,形态、结构上发生一些变化,从而形成很多形态各异、功能多样的变态茎。茎的变态分为地上茎的变态和地下茎的变态。

1. 地上茎的变态

(1) 肉质茎:茎肥大多汁,绿色,能贮藏养分和水分,可进行光合作用,茎的形态多种,有球状、圆柱状或饼状的,如图 3-8(a)所示。如球茎甘蓝、茭白、许多仙人掌科植物的变态茎。

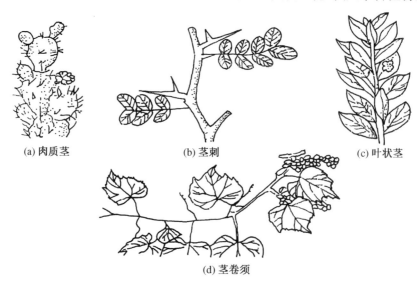

(a) 肉质茎 　　　 (b) 茎刺 　　　 (c) 叶状茎

(d) 茎卷须

图 3-8　地上茎的变态

（2）茎刺：或称为枝刺，是由茎转变为刺，常位于叶腋，由叶芽发育而成，具有保护作用，如图 3-8（b）所示。如柑橘、梅、柑橘、山楂、酸橙的单刺，皂荚茎干上的枝刺。而月季、蔷薇、悬钩子等茎上的刺是由茎表皮的突出物发育而来的，称皮刺。

（3）叶状茎：叶完全退化或不发达或退化成刺，由茎变成扁平绿色的叶状体，常呈绿色而具有叶的功能，代替叶进行光合作用，称为叶状茎（枝），如图 3-8（c）所示。如假叶树、竹节蓼、文竹、仙人掌、蟹爪兰、昙花、天门冬等。

（4）茎卷须：许多攀援植物的卷须是由枝变态而来，用以攀附他物上升，如图 3-8（d）所示。茎卷须又称枝卷须，其位置或与花枝的位置相当（如葡萄、秋葡萄），或生于叶腋（如南瓜、黄瓜）。

2. 地下茎的变态

（1）根状茎：地下茎呈根状肥大，具有明显的节与节间，节上有芽并能发生不定根，所以可分割成段用于繁殖。其顶芽能发育形成花芽开花，侧芽则形成分枝。如红花酢浆草、紫花地丁、薯草、香蒲、花蔺、菖蒲、石菖蒲、白穗花、铃兰、花叶水葱、美人蕉、荷花、睡莲、鸢尾类、姜花等。

(a) 鳞茎　　　　　　　　　　(b) 球茎　　　　　　　　　　(c) 块茎

图 3-9　地下茎的变态

图片来源：李先源，智丽主编.《观赏植物学》

（2）块茎：地下茎膨大，呈不规则的块状或球状，其上具明显的芽眼，往往呈螺旋状排列，可分割成许多小块茎，用于繁殖，如图 3-9（c），如马铃薯。但另一类块茎类草本园林植物，如仙客来、球根秋海棠、大岩桐等，其芽着生于块状茎的顶部，须根则着生于块状茎的下部或中部，块状茎能多年生长，但不能分成小块茎用于繁殖，所以也有人把后者划为块根类。

（3）球茎：地下茎短缩膨大呈实心球状或扁球形，其上着生环状的节，节上具褐色膜状物，即鳞叶，球茎底端根着生处生有小球茎，如图 3-9（b），如唐菖蒲、香雪兰、番红花、观音兰、魔芋、慈菇等。

（4）鳞茎：地下茎短缩为圆盘状的鳞茎盘，其上着生多数肉质膨大的鳞片，能适应干旱炎热的环境条件，整体呈球形，如图 3-9（a），如郁金香、风信子、网球花、百合、大花葱、葡萄风信子、葱兰、韭兰、水仙等。

（5）竹类地下茎：竹类植物地下茎的分支类型多种多样，主要有如下几种类型。

- 合轴丛生型：无真正的地下茎，由秆基的大型芽直接萌发出土成竹，不形成横向生长的地下茎，秆柄在地下也不延伸，不形成假鞭，竹秆在地面丛生，又称为丛生竹。如刺竹属、牡竹属等。
- 合轴散生型：秆基的大型芽萌发时，秆柄在地下延伸一段距离，然后出土成竹，竹秆在地面散生，延伸的秆柄形成假地下茎（假鞭）。假鞭与真鞭（真正的地下茎）的区别是，假鞭有节，但节上无芽，也不生根。秆柄延伸的距离因竹种不同而有很大差异，有些种为数十厘米，有些可达几米。如箭竹属等。
- 单轴散生型：有真正的地下茎（即竹鞭），鞭上有节，节上生根，每节着生一侧芽，交互排列。侧芽或出土成竹，或形成新的地下茎，或呈休眠状态。顶芽不出土，在地下扩展，地上茎（竹秆）在地上散生，又称散生竹。如刚竹属、方竹属、酸竹属等。
- 复轴混生型：有真正的地下茎，间有散生和丛生两种类型，既可从竹鞭抽笋长竹，又可从秆基萌发成笋长竹。竹林散生状，而几株竹株又可以相对成丛状，故又称为混生竹。如赤竹属、箬竹属等。

3.4 风景园林植物的叶

叶是由芽的叶原基发育而成的，是植物进行光合作用、蒸腾水分及气体交换的主要器官，还具有吸收、分泌、繁殖、贮藏等功能。

叶一般由叶片、叶柄和托叶三部分组成。叶片是叶的主要部分，常为绿色的扁平状；柄是连接茎（枝）和叶片的部分，常呈圆柱状或扁平或具沟槽；托叶是叶柄基部两侧的叶状附属物。具叶片、叶柄和托叶三部分的叶，称为完全叶。缺少其中的一个或两个部分，称为不完全叶。

3.4.1 叶片的形状

叶片的形状主要是以叶片的长宽比和最宽处的位置来决定的。常见的叶片形状有以下几种（图 3-10）：

（1）针形：叶细长，先端尖锐，这种叶形以松科植物最多，如雪松、黑松、华山松、白皮松、油松、长叶松、马尾松、火炬松、湿地松、黄山松、日本五针松等。

（2）披针形：叶片中部以下最宽向上渐狭，称为披针形叶，如柳、桃、紫叶鸭跖草、麝香百合、浙贝母、郁金香、益智；中部以上最宽，向下渐狭，称为倒披针形叶，如杨梅、金光菊、滨菊、万年青。

（3）矩圆形（或长圆形）：长 2～4 倍于宽，两边近平行，两端均圆形，如紫穗槐、山合欢、洒金桃叶珊瑚、毛蕊花、郁金、铁甲秋海棠。

（4）椭圆形：叶片中部最宽，两端较窄，两侧叶缘成弧形，如长叶肾蕨、胡桃、枫杨、板栗、苦槠、石栎、青冈栎、樟树、苹果、深山含笑、薜荔、火炭母、肖竹芋、石斛。

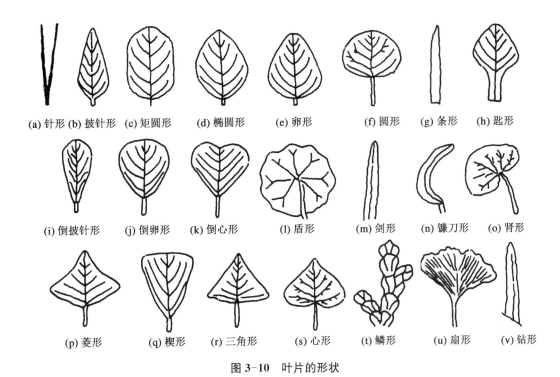

(a) 针形 (b) 披针形　(c) 矩圆形　(d) 椭圆形　(e) 卵形　(f) 圆形　(g) 条形　(h) 匙形

(i) 倒披针形　(j) 倒卵形　(k) 倒心形　(l) 盾形　(m) 剑形　(n) 镰刀形　(o) 肾形

(p) 菱形　(q) 楔形　(r) 三角形　(s) 心形　(t) 鳞形　(u) 扇形　(v) 钻形

图 3-10　叶片的形状

（5）卵形：叶端为小圆，叶基呈大圆，叶身最宽处在中央以下，且向叶端渐细，如冬青卫矛、稠李、垂丝海棠、落新妇、溲疏、英桐、洋紫荆、非洲凤仙、枳椇。

（6）圆形：长宽近相等，形如圆盘，如黄栌、芡实、山麻秆、圆叶榕、小檗、睡莲。

（7）条形：叶片狭长，两侧叶缘近平行，如冷杉、麦冬、吉祥草、蛇鞭菊、水烛、苦草、高羊茅、草地早熟禾、芒、巢凤梨。另外，杉科植物中的叶大多为条形叶。

（8）匙形：形似勺，先端圆形向基部变狭，如补血草、羽衣甘蓝、凹叶景天。

（9）倒披针形：叶片倒披针形或倒卵形，顶端急尖或钝，基部渐狭成长柄，如雀舌黄杨。

（10）倒卵形：叶端为小圆，叶基呈大圆，叶身最宽处在中央以下，且向叶端渐细，如二乔玉兰、天女花、海桐、金心冬青卫矛、白三叶草。

（11）倒心形：叶尖具较深的尖形凹缺，而叶两侧稍内缩，如酢浆草。

（12）盾形：凡叶柄着生在叶片背面的中央或近中央（非边缘），不论叶形如何，均称为盾形叶，如莲、旱金莲、蓖麻。

（13）剑形：长而稍宽，先端尖，常稍厚而强壮，形似剑，如香蒲、龙血树、墨兰、鸢尾属植物。

（14）镰刀形：镰刀形弯曲，如扭叶镰刀藓。

（15）肾形：叶片基部凹形，先端钝圆，横向较宽，似肾形，如锦葵、积雪草、冬葵。

（16）菱形：叶片成等边斜方形，如菱叶绣线菊、菱、乌桕、秋丹参。

（17）三角形：基部宽呈平截状，三边或两侧边近相等，如加拿大杨、意大利杨、野荞麦、圆盖阴石蕨。

（18）心形：与卵形相似，但叶片下部更为广阔，基部凹入，似心形，如紫荆、泡桐、虎耳草、雨久花。

（19）鳞形：叶状如鳞片，如日本香柏、侧柏、千头柏、柏木、日本花柏、砂地柏、圆柏等大多数柏科植物。

（20）扇形：形状如扇，如银杏。

（21）钻形（或锥形）：锐尖如锥或短且窄的三角形状，叶常革质，如柳杉、池杉、丛生福禄考。

3.4.2　叶尖的形态

叶尖指叶片的顶端（图 3-11），常见的形状如下。

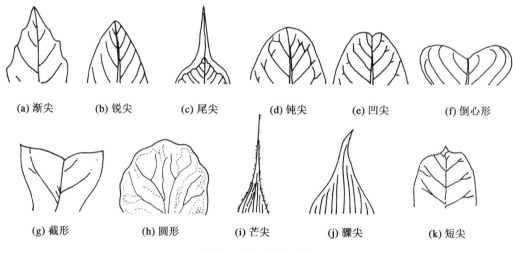

图 3-11　叶尖的形态

（1）渐尖：叶端尖头稍延长，渐尖而有内弯的边，如三尖杉、红豆杉、毛白杨、加拿大杨、旱柳、阔瓣含笑、小叶朴、鹰爪枫、榆叶梅、桃叶珊瑚、水蓼、秋牡丹、三白草。

（2）锐尖：尖头成锐角，叶片两侧缘近直，如丝棉木、南天竹、何首乌、荞麦、粉花绣线菊、球根秋海棠、花叶万年青、绒叶喜林芋。

（3）尾尖：叶端渐狭长成长尾状附属物，如梅、日本晚樱、乐昌含笑、郁李、菩提树。

（4）钝尖：叶端钝而不尖或近圆形，如冬青、厚朴、红楠、福建紫薇、琼花、多花黄金。

（5）尖凹：叶端微凹入，如苜蓿、酢浆草、三叶木通、凹叶厚朴、雀舌黄杨。

（6）倒心形：叶端凹入，形成倒心形，如酢浆草、心叶球兰。

（7）截形：叶尖如横切成平边状，如鹅掌楸叶。

（8）圆形：先端圆形，如香菇草、金叶过路黄、蚕豆。

（9）芒尖：叶顶尖具芒或刚毛，如蒙桑、无刺构骨。

（10）骤尖：叶尖尖而硬，具尖突状利尖头，如补血草、虎杖、吴茱萸、观光木、香港四照花、菩提树。

（11）短尖：叶尖具有突生的短锐尖，如树锦鸡儿、小叶杨、巨紫荆、黄斑竹芋、吊竹梅、雨久花。

3.4.3　叶基的形态

叶基指叶片的基部(图 3-12),常见的类型如下所列。

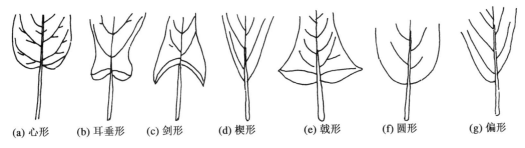

(a) 心形　　(b) 耳垂形　　(c) 剑形　　(d) 楔形　　(e) 戟形　　(f) 圆形　　(g) 偏形

图 3-12　叶基的形态

(1) 心形:叶基圆形而中央微凹,呈心形,如梧桐、珙桐、丁香、巨紫荆、洋紫荆、山麻杆、五角枫、葡萄、蛇葡萄、地锦、木芙蓉、金叶过路黄。

(2) 耳垂形:叶基两侧的裂片钝圆,下垂如耳,如芋、紫芋、白英、牛皮消。

(3) 剑形:叶基两侧的小裂片尖锐,向下,形似箭头,如慈菇、旋花。

(4) 楔形:叶片中部以下向基部两边逐渐变狭如楔子,如垂柳、旱柳、小叶杨、观光木、杨梅、香港四照花、桂花、椤木石楠、菊花、千日红、藜。

(5) 戟形:叶基两侧的小裂片向外,呈戟形,如菠菜、天剑、小旋花。

(6) 圆形:叶基圆形,如盾蕨、苹果、虎杖、三叶木通、天女花。

(7) 偏形:叶基两侧不对称,如榆树、椰榆、朴树、美国山核桃、檵木、枳椇。

3.4.4　叶缘的形态

叶缘指叶片边缘的形状(图 3-13),常见的类型如下所示。

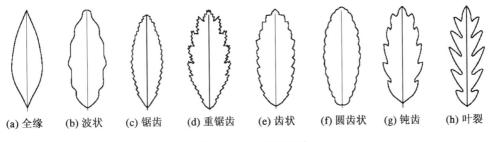

(a) 全缘　　(b) 波状　　(c) 锯齿　　(d) 重锯齿　　(e) 齿状　　(f) 圆齿状　　(g) 钝齿　　(h) 叶裂

图 3-13　叶缘的形态

(1) 全缘:叶缘成一连续的平线,不具任何齿缺,如木莲、女贞、丁香、蜡梅、樟树、浙江桂、薜荔、五色草、叶子花、大血藤、小檗、南天竹。

(2) 波状:叶片边缘起伏如波浪,如茄、昙花、万年青、海芋、羽衣甘蓝。

(3) 锯齿:叶缘具尖锐的齿,齿尖朝向叶先端,如珍珠花、苹果、月季、小果蔷薇、海棠花、桃、旱柳、垂柳、杜仲、白头翁。

（4）重锯齿：锯齿上复生小锯齿，如榆树、三叶海棠、棣棠、郁李、樱草、落新妇。

（5）齿状：叶缘齿尖锐，两侧近等边，齿直而尖向外方，如灰藜。

（6）圆齿状：叶缘具圆而整齐的齿，如山毛榉、圆叶锦葵、毛地黄。

（7）钝齿：叶缘具圆而钝的齿，如槲树、秋牡丹、蛇莓。

（8）叶裂：叶片边缘凹凸不齐，凹入和凸出的程度较齿状缘大而深，称为叶裂。叶裂有浅裂、深裂、全裂，如梧桐、三角枫、山楂、菱叶绣线菊。

3.4.5　脉序

脉序指叶脉的分枝方式。叶脉是由贯穿在叶肉内的维管束和其他有关组织组成的，是叶内的输导和支持结构(图 3-14)，脉序主要类型如下所列。

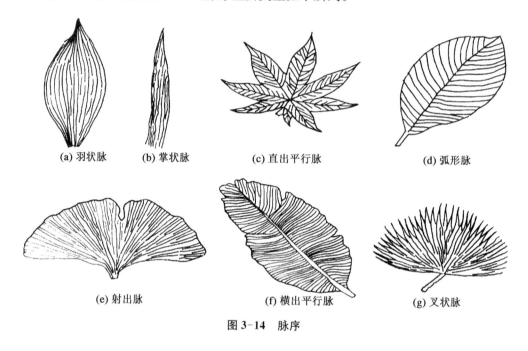

(a) 羽状脉　　(b) 掌状脉　　(c) 直出平行脉　　(d) 弧形脉

(e) 射出脉　　(f) 横出平行脉　　(g) 叉状脉

图 3-14　脉序

（1）平行脉：各叶脉平行排列，由基部至顶端或由中脉至边缘，没有明显的小脉连结，如芭蕉、美人蕉等。平行脉又可分为直出平行脉，侧出平行脉，弧形脉。直出平行脉指中脉与侧脉平行地自叶基直达叶尖，如水稻、小麦、玉米。侧出平行脉指侧脉与中脉垂直，自中脉平行地直达叶缘，如芭蕉、香蕉。弧形脉指平行脉自基部发出，在叶的中部彼此距离逐渐增大，呈弧状分布，最后在叶尖汇合，如车前、玉簪、紫萼。

（2）网状脉：叶脉数回分枝后，连结组成网状。大多数双子叶植物属此类型。依主脉数目和排列方式又分为羽状脉和掌状脉。羽状脉指一条明显的主脉(中脉)，两侧生羽状排列的侧脉。掌状脉指由叶基发出多条主脉，主脉间又一再分枝，形成细脉。如果具三条自叶基发出的主脉，称掌状三出脉，如果三条主脉稍离叶基发出，则叫离基三出脉。

（3）射出脉：多数叶脉由叶片基部辐射出，如棕榈、蒲葵等。

（4）叉状脉：叶脉从叶基生出后，均呈二叉状分枝，称为分叉状脉。这种脉序是比较原始的类型，在种子植物中极少见，如银杏，但在蕨类植物中较为常见。

3.4.6　叶的类型

一个叶柄上所生叶片的数目各种植物是不同的。一个叶柄上只生一枚叶片,称为单叶;一个叶柄上生许多小叶,称为复叶。复叶的主要类型如下所列(图 3-15)。

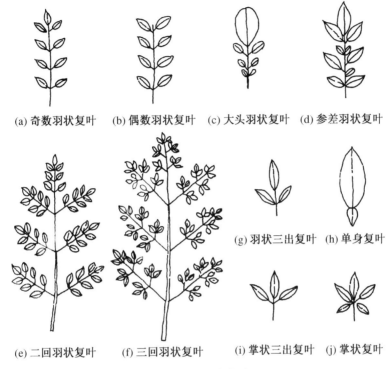

|(a) 奇数羽状复叶　(b) 偶数羽状复叶　(c) 大头羽状复叶　(d) 参差羽状复叶|

(e) 二回羽状复叶　(f) 三回羽状复叶　(g) 羽状三出复叶　(h) 单身复叶

(i) 掌状三出复叶　(j) 掌状复叶

图 3-15　叶的类型

(1) 羽状复叶:指小叶排列在叶轴的左右两侧,类似羽毛状,可分为奇数羽状复叶、偶数羽状复叶、大头羽状复叶、参差羽状复叶、二回羽状复叶、三回羽状复叶等。如井栏边草、铁线蕨、枫杨、牡丹、南天竹、落新妇、花椒、皂荚、合欢、花椒木、香豌豆、九里香紫藤、月季、槐树等。

(2) 掌状复叶:指小叶生在叶轴的顶端,排列如掌状,如唐松草、大麻、七叶树、五叶地锦、乌蔹莓、木棉、发财树、木通、鹰爪枫、多叶羽扇豆等。

(3) 三出复叶:指仅有三个小叶集生于叶轴的顶端。如果三个小叶柄等长,称为掌状三出复叶,如橡胶树、红三叶草、紫花酢浆草等;如果顶端小叶柄较长,称为羽状三出复叶,如大豆、菜豆、苜蓿等。

(4) 单身复叶:总叶柄顶端只具一个叶片,总叶柄与小叶连接处有关节,如柑桔、金桔、柚、甜橙、回青橙、香橼的叶。

3.4.7　叶序

叶在茎上有规律的排列方式,称为叶序。叶序基本类型如图 3-16 所示。

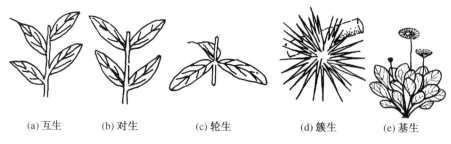

(a) 互生　　(b) 对生　　(c) 轮生　　(d) 簇生　　(e) 基生

图 3-16　叶序

（1）互生：每节上只生 1 叶，交互而生称为互生，如樟树、悬铃木、山麻秆、乌桕、一品红、黄栌、构骨、无患子、酸枣、菊花、美女樱等。

（2）对生：每节上生 2 片叶，相对排列，如丁香、女贞、桂花、紫薇、赤楠、雪柳、红瑞木、毛梾、山茱萸、桃叶珊瑚、石竹、葡萄等。

（3）轮生：每节上生 3 叶或 3 叶以上，作辐射排列，如铺地柏、刺柏、夹竹桃、梓树、小叶女贞、红叶石楠、狐尾椰子、百合、垂盆草、佛甲草等。

（4）基生：叶着生茎基部近地面处，如蒲公英、紫花地丁、多叶羽扇豆、红花酢浆草、三色堇、报春花。

（5）簇生：多数叶着生在极度缩短的枝上，如雪松、金钱松、落叶松、银杏。

3.4.8　叶的变态

叶的变态类型较多，常见的类型如下所列(图 3-17)。

（1）叶卷须：叶的一部分变成卷须状，可攀援他物生长，如豌豆、菝葜、旱金莲的叶卷须。

（2）苞叶：生在花或花序下面的变态叶，称为苞叶，有保护花和果实的作用。有些植物的苞片有鲜艳的颜色和特殊的形态而具有观赏价值，如珙桐(鸽子树)、鹤望兰、马蹄莲、一品红、菖蒲的苞片等。

（3）捕虫叶：有些植物具有能捕食小昆虫的变态叶。具捕虫叶的植物，称为食虫植物，如猪笼草、瓶子草、捕蝇草的捕虫叶。

（4）叶刺：叶或叶的部分(如托叶)变成刺，如胡颓子、紫叶小檗等。

（5）鳞叶：叶的功能特化或退化成鳞片状，称为鳞叶。鳞叶的存在有两种情况：①木本植物的冬芽外的鳞片，常呈褐色，具茸毛或有黏液，有保护芽的作用，也称芽鳞，如木兰科植物的芽鳞。②地下茎上的鳞叶，有肉质和膜质两类。肉质鳞叶出现

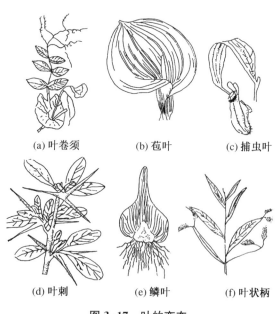

(a) 叶卷须　　(b) 苞叶　　(c) 捕虫叶

(d) 叶刺　　(e) 鳞叶　　(f) 叶状柄

图 3-17　叶的变态

在鳞茎上,肥厚多汁,如洋葱、百合的鳞叶;膜质的鳞叶常存在于球茎、根茎上。

(6) 叶状柄:叶片退化,由叶柄变态为扁平的叶状体,代替叶的功能,如台湾相思树。

3.4.9　叶色

植物的观赏特性主要表现在形态、色彩、芳香、质地等方面,以及个体美或群体美的形式构成。作为风景园林植物的叶,其色彩是其重要而极富美感变化的元素。春的绿、夏的翠、秋的华、冬的素,展现着生命的变化多彩。通常将植物的叶色分为三大类:

(1) 基本叶色:即植物的基本叶色,常有墨绿、深绿、浅绿、黄绿、亮绿、蓝绿等。

(2) 常色叶色:叶片可以表现为某种单一色彩,以红紫色(如红枫、红花檵木、红叶李、红叶桃、紫叶矮樱、加拿大紫荆、紫叶小檗等)和黄色(如金叶女贞等)两类色为主,也可以是绿色叶上有其他颜色的斑点或条纹。

(3) 季节叶色:即树木的叶在绿色的基础上,随着季节的变化而呈现出显著差异的特殊颜色。春季新叶叶色发生显著变化者为春色叶类,如山麻秆、黄连木、臭椿、香椿、石楠等;在秋季落叶前叶色发生显著变化者为秋色叶类,如银杏、金钱松、黄连木、杂交马褂木、鸡爪槭、枫香、悬铃木、黄栌、乌桕等。

3.5　风景园林植物的花

花是被子植物所特有的有性生殖器官,从形态发生和解剖结构来看,花是适应生殖的变态短枝,花被和花蕊都是变态的叶。

3.5.1　花的组成

一朵典型的花是由花梗、花托、花萼、花冠、雄蕊群和雌蕊群组成(图 3-18)。一朵花中的花萼、花冠、雄蕊、雌蕊四部分均具有,称为完全花;缺少花萼、花冠、雄蕊、雌蕊一至三部分的花,称为不完全花;兼有雌蕊和雄蕊的花为两性花;只有雌蕊的叫雌花,只有雄蕊的叫雄花,二者均为单性花;一朵花同时具有花萼和花冠的,称为两被花,仅具花萼或花冠的为单被花,二者均无时称无被花。

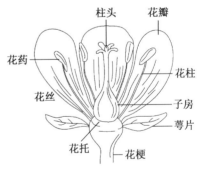

图 3-18　花的基本组成

1. 花梗

花梗也可称作花柄,是花着生的小枝,其结构与茎相似,主要起支持和输送养分和水分的作用,其长短、粗细随植物的种类不同而不同,有的植物甚至形成无柄花。

2. 花托

花托是花梗顶端膨大的部分,花的其他部分按一定方式着生在其上。不同的植物种类其花托的形状不同,花的其他部分在其上排列的方式也不同,如较原始木兰科植物,花托为柱状,花的各部分螺旋排列其上。

3. 花萼

花萼由萼片组成,常小于花瓣,质较厚,通常绿色,是花被的最外一轮或最下一轮。有些植物的花萼有鲜艳的颜色,状如花瓣,叫瓣状萼,如白头翁花萼淡紫色,倒挂金钟花萼为红色或白色。

根据花萼的离合程度,有离萼和合萼之分。萼片各自分离的称离萼,如油菜;萼片彼此连合的称为合萼,基部连合部分为萼筒,上部分离部分为萼裂片,如蔷薇、益母草等。有些植物的萼筒下端向外延伸形成细小中空的短管,称距,如凤仙花、飞燕草、耧斗菜等。

4. 花冠

花冠位于花萼之内,由若干花瓣组成。花瓣彼此分离的,称离瓣花,如李、杏等;花瓣之间部分或全部合生的,称为合瓣花,如牵牛、南瓜等。花冠下部合生的部分称花冠筒;上部分离的部分称为花冠裂片。

花冠的形状因种而异,根据花瓣数目、性状及离合状态、花冠筒的长短、花冠裂片的形态等特点,花冠的常用类型如下所列(图3-19)。

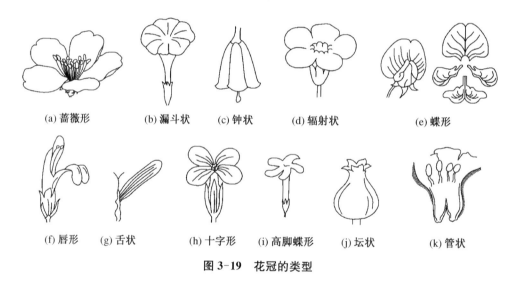

(a) 蔷薇形　　(b) 漏斗状　　(c) 钟状　　(d) 辐射状　　(e) 蝶形

(f) 唇形　　(g) 舌状　　(h) 十字形　　(i) 高脚蝶形　　(j) 坛状　　(k) 管状

图3-19　花冠的类型

(1) 蔷薇形:花瓣五片,等大,分离,每片呈广圆形,形成辐射对称的花,有无瓣片与瓣爪之分,如蔷薇科的植物。

(2) 漏斗状:花冠筒下部呈筒状,向上渐扩大成漏斗状,如牵牛花、田旋花、槭叶茑萝、枸杞、菜豆树、六月雪、香果树的花。

(3) 钟状:花冠筒阔而稍短,上部扩大成钟形,如桔梗科植物的花。

(4) 辐射状:花冠筒极短,花冠裂片向四周辐射状伸展,如茄、番茄等。

(5) 蝶形:花瓣五片,最上(外)的一片花瓣最大,常向上扩展,叫旗瓣,侧面对应的二片通常较旗瓣小,且不同形,常直展,叫翼瓣,最下面对应的两片,其下缘常稍合生,状如龙骨状,叫龙骨瓣。如红花槐、紫藤的花。

（6）唇形:花瓣五片,基部合生成花冠筒,花冠裂片稍呈唇形,上面二片合生为上唇,下面三片合生为下唇,如一串红、薄荷等唇形科植物的花。

（7）舌状:花瓣五片,基部合生成短筒,上部向一侧伸展成扁平舌状,如向日葵的边缘花,蒲公英等一些菊科植物的花。

（8）十字形:花瓣四片,分离,相对排成十字形,如十字花科植物的花。

（9）高脚碟状:花冠筒部狭长圆筒形,上部突然水平扩展成碟状,如水仙、迎春、蓝雪花、络石、长春花、蔓长春花的花。

（10）坛状:花冠筒膨大为卵形或球形,上部收缩成短颈,花冠裂片微外曲,如柿树、葡萄风信子、菟丝子的花。

（11）管状:花冠管大部分呈一圆管状,花冠裂片向上伸展,如醉鱼草的花、向日葵的盘花等。

3.5.2　花序

花在花序轴上排列的方式叫花序。花序中最简单的是一朵花单独生于枝顶或叶腋,叫单生花。多数植物的花是按一定规律排成花序。根据花轴长短、分枝与否、有无花柄及开花顺序等,花序常见为以下几类(图 3-20)。

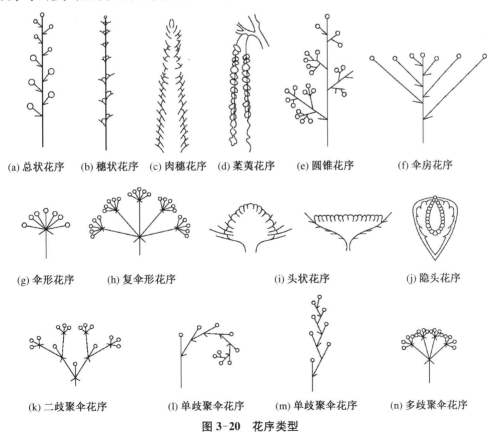

（a）总状花序　（b）穗状花序　（c）肉穗花序　（d）葇荑花序　（e）圆锥花序　（f）伞房花序

（g）伞形花序　　（h）复伞形花序　　　（i）头状花序　　　（j）隐头花序

（k）二歧聚伞花序　　（l）单歧聚伞花序　　（m）单歧聚伞花序　　（n）多歧聚伞花序

图 3-20　花序类型

1. 无限花序

无限花序的开花顺序是花序轴基部的花先开,渐及上部,花序轴顶端可继续生长、延伸;若花序轴很短,则由边缘向中央依次开花。无限花序的生长分化属单轴分枝式,常称为总状类花序,又称为向心花序。

(1) 总状花序:花序轴不分枝而较长,花多数有近等长的小梗,随开花而花序轴不断伸长,如刺槐、皂荚、云实、黄槐、美丽山扁豆、双荚决明、紫藤、商陆等。

(2) 穗状花序:花轴较长,其上着生许多无柄或近无柄的花,如马鞭草。穗状花序轴膨大,肉质化,小花密生于肥厚的轴上,外包大型苞片,则叫肉穗花序,如棕榈、椰子、散尾葵、香蒲、天南星属植物。

(3) 葇荑花序:许多无柄或具短柄的单性花着生在柔软下垂的花轴上,如杨、柳、枫杨、核桃等,常无花被而苞片明显,开花或结果后,整个花序脱落。

(4) 圆锥花序:花轴有分枝,每1小枝自成1总状花序,整个花序由许多小的总状花序组成,因整个花序形如圆锥故称圆锥花序,如南天竹、荆条花。

(5) 伞房花序:与总状花序相似,但下部花的花柄较长,向上渐短,各花排列在同一平面上,如海桐、鸡爪槭、梨、苹果、山楂、果子蔓、百合、射干。

(6) 伞形花序:许多花柄等长的花着生在花轴的顶部,如香菇草、茴香、吊钟花、点地梅、五加科植物等。

(7) 复伞形花序:在长花轴分生许多小枝,每个分枝均为总状花序,又称复总状花序,如水稻、燕麦等。

(8) 头状花序:多数无柄或近无柄的花着生在极度缩短,膨大扁平或隆起的花序轴上,形成一头状体,外具形状、大小、质地各式的总苞片,如菊科植物。

(9) 隐头花序:花序轴顶端膨大,中央凹陷,许多单性花隐生于花序轴形成的空腔内壁上,如无花果、菩提树等桑科榕属植物。

2. 有限花序

有限花序的开花顺序与无限花序相反,顶端或中心的花先开,然后由上而下或从内向外逐渐开放。其生长方式属合轴分枝式,常称为聚伞花序,也称为离心花序。

(1) 单歧聚伞花序:顶芽首先发育成花后,仅有顶花下一侧的侧芽发育成侧枝,侧枝顶的顶芽又形成一朵花,如此依次向下开花,形成单歧聚伞花序。如各次分枝都是从同一方向的一侧长出,使整个花序呈卷曲状,称为螺旋状聚伞花序,如勿忘草等;如各次分枝是左右相间长出,则称为蝎尾状聚伞花序,如唐菖蒲。

(2) 二歧聚伞花序:顶花形成以后,在其下面两侧同时发育出两个等长的侧枝。每一分枝顶端各发育一花,然后再以同样的方式产生侧枝,如石竹。

(3) 多歧聚伞花序:顶花下同时发育出3个以上分枝,各分枝再以同样的方式进行分枝,外形似伞形花序,但中心花先开,如天竺葵。

(4) 轮伞花序:聚伞花序着生在对生叶的叶腋,花序轴及花梗极短,呈轮状排列,如益母草、地瓜苗等唇形科植物。

在自然界中花序的类型比较复杂,有些植物是有限花序和无限花序混合的,如泡桐的花序是由聚伞花序排列成圆锥花序。花序轴还有分枝和不分枝之分。花序轴不分枝,称为简单花序;另一些花序的花序轴有分枝,每一分枝相当于一种简单花序,故称复合花序。此外,有复总状花序(又称圆锥花序),如法国冬青;有复伞房花序,如火棘;复伞形花序,如莨菪;复穗状花序,如马唐、狗牙根。

3.6 风景园林植物的果

3.6.1 果实的发育

受精后,子房新陈代谢活跃,生长迅速,胚珠发育成种子,子房壁发育成果皮,果皮包裹着种子就形成了果实。单纯由子房发育成的果实称为真果,如桃、樱花、桂花等。除子房外,还有花托、花萼甚至整个花序都参与形成的果实,称为假果,如苹果、垂丝海棠等。

3.6.2 果实的基本结构

1. 真果的结构

真果的外面为果皮,内含种子。果皮可分为外、中、内三层果皮。外层果皮通常较薄,常具气孔、角质、蜡被等,中果皮和内果皮的结构则因植物种类不同而有较大变化。如桃、杏、李等的中果皮全由薄壁细胞组成,构成果实中的肉质可食部分,而内果皮却由石细胞构成硬核,见图 3-21(a);柑橘、柚等的中果皮疏松,其中分布有许多维管束,而内果皮膜质,其内表面伸出许多具汁液的囊状表皮毛,成为可食部分;蚕豆、花生的果实成熟后中果皮常变干收缩。

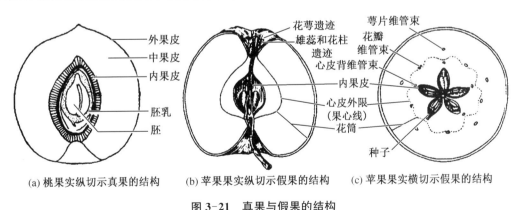

(a) 桃果实纵切示真果的结构　　(b) 苹果果实纵切示假果的结构　　(c) 苹果果实横切示假果的结构

图 3-21　真果与假果的结构

2. 假果的结构

假果结构比较复杂。例如,苹果、梨的食用部分,主要由花托和花萼愈合膨大而成,中部才是由子房发育来的部分,所占比例很小,但外、中、内三层果皮仍能区分见图 3-21(b) （c），内果皮以内为种子。

3. 单性结实

果实的形成一般与受精作用密切相关，也有不经受精子房就发育成果实的，称单性结实。单性结实的果实中不含种子，这类果实称为无籽果实。

单性结实有两种情况：一种是不经传粉和其他任何刺激，子房可膨大成无籽果实，称为自发单性结实，如香蕉、葡萄、柑橘等，可作为园林上的优良种类。另一种情况是子房必须经过一定的刺激才能形成无籽果实，这种现象称为刺激诱导单性结实，例如用马铃薯花粉刺激番茄的柱头；采用一定浓度的 2，4-D、吲哚乙酸或萘乙酸等生长素水溶液喷洒到西瓜、番茄或葡萄等的花蕾或花序上，都能获得无籽果实。

3.6.3 果实的类型

受精作用完成以后，花的各部随之发生显著变化。通常花被脱落，雄蕊与雌蕊的柱头、花柱枯萎，仅子房连同其中的胚珠生长膨大，发育成果实。果实由胚珠发育的种子和果皮组成。据果实的形态结构，果实分类如下所列（图 3-22）。

1. 聚花果

由整个花序发育而成的果实。花序中的每朵花形成独立的小果，聚集在花序轴上，外形似一果实，如悬铃木、桑树的花序。

2. 聚合果

由一朵花中多数离心皮雌蕊的子房发育而来，每一雌蕊形成一个独立的小果，集生在膨大的花托上。因小果的不同，聚合果可以是聚合蓇葖果，如八角、玉兰；也可以是聚合瘦果，如蔷薇、草莓；还可以是聚合核果，如悬钩子。

3. 单果

由一朵花的单雌蕊或复雌蕊组成的单子房所形成的果实，称为单果。按果实成熟时果皮的质地、结构等特征分为干果和肉质果两类。

1）干果

果实成熟时果皮干燥，根据果皮开裂与否可分为裂果和闭果。

（1）裂果：果实成熟后果皮开裂，依开裂方式不同，分为以下几种：

- 蓇葖果：由1心皮组成，成熟时沿背、腹缝线中其中一个开裂，如飞燕草、夹竹桃、长春蔓。
- 荚果：由1心皮组成，成熟时沿背腹缝线同时开裂，如豆科植物的果实。其中槐树的荚果，在种子间收缩变狭细，呈节状，成熟时则断裂成具一粒种子的断片，叫节荚。但荚果也有不开裂的，如苜蓿等植物的果实。
- 蒴果：由两个以上合生心皮的子房形成，一室或多室，种子多数。成熟时的开裂方式有室背开裂，如百合；室间开裂，如杜鹃花；孔裂，如罂粟；盖裂，如马齿苋等。

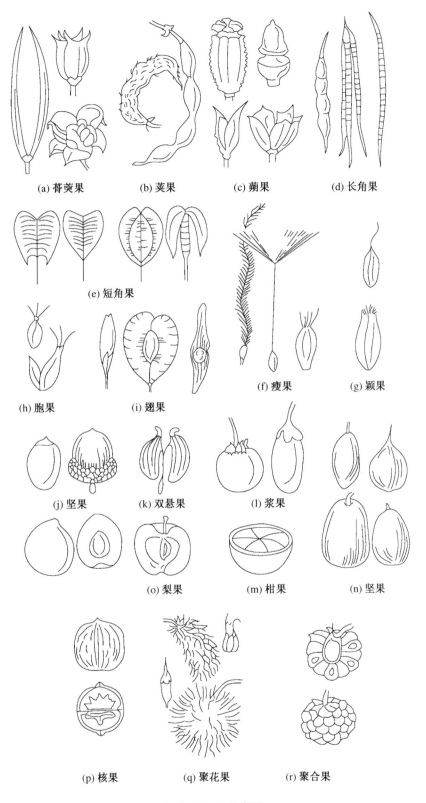

(a) 蓇葖果　(b) 荚果　(c) 蒴果　(d) 长角果

(e) 短角果

(h) 胞果　(i) 翅果　(f) 瘦果　(g) 颖果

(j) 坚果　(k) 双悬果　(l) 浆果

(o) 梨果　(m) 柑果　(n) 坚果

(p) 核果　(q) 聚花果　(r) 聚合果

图 3-22　果实类型

- 角果:由两个心皮组成,心皮边缘向中央产生假隔膜,将子房分为2室。果实成熟时,沿假隔膜自下而上开裂,如十字花科植物的果实。

(2)闭果:果实成熟后,果皮不开裂,又可分为以下几种:

- 瘦果:由单雌蕊或2～3个心皮合生的复雌蕊而仅具一室的子房发育而成,内含一粒种子,果皮与种皮分离,如向日葵、赤胫散、水蓼、虎杖、秋牡丹、毛茛的果实。
- 坚果:果皮木质化,坚硬,具一室一粒种子,如板栗、泽苔草、油棕、椰子的果实。
- 翅果:果皮伸展成翅,瘦果状,如水曲柳、榆树的果实。
- 分果:复雌蕊子房发育而成,成熟后各心皮分离,形成分离的小果,但小果果皮不开裂,如锦葵、蜀葵等。其他如伞形科植物的果实,成熟后分离为两个瘦果,称为双悬果;唇形科和紫草科植物的果实成熟后分离为四个小坚果,称为四小坚果。
- 颖果:由2～3心皮组成,一室一粒种子,果皮和种子愈合,不能分离。颖果是禾本科植物特有的果实。
- 胞果:是由合生心皮形成的一类果实,具一枚种子,成熟时干燥而不开裂,果皮薄,疏松地包围种子,极易与种子分离,如灰藜、菠菜。

2)肉质果

果实成熟时,果皮或其他组成果实的部分肉质多汁,常见的有:

(1)浆果:由单雌蕊或复雌蕊的子房发育而成,外果皮膜质,中果皮和内果皮肉质多汁,内含1粒至多粒种子,如葡萄、枸杞。

(2)柑果:是柑橘类植物特有的一类肉质果,由复雌蕊发育而成。外果皮革质,分布许多分泌腔;中果皮疏松,具多分枝的维管束;内果皮膜质,分为若干室,向内产生许多多汁的毛囊,是食用的主要部分,每室有多个种子。

(3)核果:是由具坚硬果核的一类肉质果,由1至多心皮组成,外果皮较薄,中果皮厚,多为肉质化,内果皮坚硬,包于种子之外而成果核,通常含一粒种子,如珊瑚树、天目琼花、香荚蒾、接骨木、丝葵、蒲葵、银杏、罗汉松、桃、杏、李等。

(4)梨果:是由托杯和子房共同形成的假果。果实外层厚而肉质,主要由花托部分形成,其内为肉质化的外果皮和中果皮,界限不明显,内果皮木质或革质,中轴胎座常分隔为5室,每室含2粒种子,如苹果、梨、石楠、椤木石楠、小丑火棘、水榆花楸等。

(5)瓠果:为瓜类所特有的果实,由3个心皮组成,是具侧膜胎座的下位子房发育而来的假果。花托与外果皮常愈合成坚硬的果壁,中果皮和内果皮肉质,胎座发达。南瓜、冬瓜和甜瓜的食用部分为肉质的中果皮和内果皮,而西瓜的主要食用部分为发达的胎座。

植物的器官是植物观赏价值的重要部分,山花烂漫的春季、苍翠欲滴的夏季、丰硕殷实的秋季、傲雪挺立的冬季,五彩缤纷的四季景象,奇异多样的根块世界,纵横斑驳的茎象万千,无不是由植物的表象器官来展现。不同的环境有着不同的外貌景观,不同的生境同样有着不同的姿态面貌。我们要了解植物的各个器官,并将其与环境相互联系,去体会和发现其物候景观之美,合理地利用它们,为规划设计添景增色。

第 4 章　风景园林植物生长发育规律

本章概要

本章主要介绍了风景园林植物生长发育的概念、规律及其相关性。阐述风景园林植物种子时期、营养生长期和生殖生长期三个阶段的生长发育特性，帮助了解和掌握园林植物的生长周期，从而在风景园林规划设计中能够利用、调整并控制其不同的生长阶段，获得较高的风景园林植物观赏与生态价值。

4.1 风景园林植物生长发育概述

生长指植物在体积和重量上的不可逆增加，是由细胞分裂、细胞伸长及原生质体、细胞壁的增长而引起的。发育指从种子萌发开始，经过根、茎、叶等营养器官的生长，然后进入生殖生长的过程。生长是发育的基础，发育是生长的发展。植物依据生长特性的不同，其发育可分为个体发育和系统发育。

植物的个体发育（ontogeny）是指任一植物个体，从其生命活动的某一阶段（如孢子、种子或合子等）开始，经过一系列的生长、发育、分化、成熟，直到重新出现开始阶段的全过程。个体发育的全过程也称生活周期或生活史。

植物的系统发育（phylogeny）是指某种植物、某个类群或整个植物界的形成、发展、进化的全过程。系统发育有两个基本过程：一是起源，指的是从无到有的过程，一般认为同一物种或同一类群植物源于共同祖先；二是发展，指的是从少到多、从简单到复杂、从低级到高级的变化过程。风景园林植物虽然生长发育特性不同，但均呈现出某些类似的规律性，如其生长发育表现出明显的节奏性、阶段性等，这些规律是风景园林植物规划设计的理论基础，掌握风景园林植物的生长发育特性，有助于风景园林植物规划设计动态特征的把握。

生长的节奏性：由于植物光合面积的大小及生命活动的强弱差异。无论是植物的细胞、器官、单株或群体，一般都表现出具有节奏感的生长规律，即初期生长缓慢，而后愈来愈快，到了生长后期或接近成熟时，又逐渐变慢，直至停止生长。

生长发育的阶段性：植物通过营养生长阶段后才能转入生殖生长阶段。植物在不同的生长发育阶段，具有不同的特性。每一阶段时期对外界的环境条件都有不同的特殊要求。若某一阶段生长需求得不到满足时，后一阶段的生长发育就必然会受到阻滞。

风景园林植物个体生长发育过程一般可分为三个阶段：种子时期、营养生长期和生殖生长期（通过营养繁殖的植物种类不经过种子时期）。

（1）种子时期：指的是从卵细胞受精开始到种子萌发前的这一时期。卵细胞受精以后，受精卵发育为胚胎，胚胎发育为种子，种子经过休眠以后，在适宜的环境（水分、温度、氧气等）条件下萌发成幼苗，即转入营养生长。

（2）营养生长期：指的是从幼苗生长开始到花芽分化前的这一时期。种子萌发后形成具有根、茎、叶的幼苗，初期生长量小，生长速度快，虽然对土壤水分和养分吸收的绝对量不多，但是对其品质却有较高的要求。随着幼苗逐渐长大，便进入根、茎、叶旺盛的生长。

（3）生殖生长期：指的是从花芽分化开始到种子形成的这一时期。经过一段时期的营养生长以后，由于受内部因素（如植物激素）的影响和外界环境（如温度、光照）的诱导，植物体茎尖的分生组织开始形成花芽，经过开花、传粉和受精作用的完成，产生新一代的种子和果实。

4.2 风景园林植物生长发育特性

4.2.1 风景园林植物的生长周期

不同的植物种类具有不同的生长发育特征,完成生长发育过程所要求的环境条件也各不相同。只有充分了解每种植物的生长发育特点,才能采取适当的栽培手段及技术管理措施,达到预期的目的。

1. 生长周期

风景园林植物同其他植物一样,由于受遗传因素的制约和环境条件的影响,其生长发育过程必然也遵循一定的规律性。在一生中既有生命周期的变化,又有年周期、季节周期的变化,其生长速度,不论是器官整体植株,在季节周期、年周期或整个生命周期过程中,都表现"慢—快—慢"的生长特点,即"S"型曲线变化规律。

植物生长随季节而发生有规律的变化,称为植物生长的季节周期。这主要是一年四季的温度、水分、日照等条件发生有规律的变化所致。植物的生长在一天中也表现出明显的周期性,多数植物在夜间生长快、生长量大,而白天的生长量相对较小。

风景园林植物会随着环境条件的变化而呈现出周期性的季节变化,每年周期性变化的全部生长发育过程称为年生长周期。不仅不同原产地的植物年生长周期有极大差别,而且植物在引种至其他地区后由于环境的变化,也表现出不同的年生长特性,如一些原产地在热带高海拔的植物到了温带或亚热带低海拔地区常表现为春、秋两季的生长高峰,在高温夏季生长缓慢甚至半休眠,进入冬季后则因低温而休眠或枯亡。

生命周期是植物个体在一生中的生长发育历程。个体发育是从胚珠受精形成合子开始,发育成种子,种子萌发成幼苗,长成大树,开花结实,直至衰老死亡的全过程。根据生命周期的长短,分为一年生、二年生和多年生三类植物。植物在一年中经历的生活周期称为年周期。春播一年生植物在一年内完成生命周期,它的生命周期就是年周期。二年生植物在二年内完成其生命周期,其生命周期包含二个年周期。多年生植物的生命周期则包含着许多个年周期。

不同植物的生命周期持续时间有极大差异,如一年生草本园林植物在一个生长季内完成其生命周期,宿根草本园林植物则可持续多年,木本园林植物的生命周期更长,部分种类甚至可达数百年。

研究植物的生长发育规律,对正确选用树种及制订栽培技术,有预见性地调节和控制植物的生长发育,使其充分发挥绿化功能有重要意义。

2. 风景园林植物的生命周期

1) 一年生风景园林植物的生命周期

一年生风景园林植物指生命周期在一个生长季内完成,也就是从种子萌发至开花、结果、死亡在一年内完成的植物。其生长发育分为以下 4 个阶段:

(1) 种子发芽期:从种子萌动至子叶充分展开、真叶露心为种子发芽期。栽培上应选择发芽能力强而饱满的种子,保证最合适的发芽条件。

(2)幼苗期:种子发芽以后,即进入幼苗期。风景园林植物幼苗生长的好坏,对以后的生长及发育有很大影响。因此,应尽量创造适宜的环境条件,培育适龄壮苗。

(3)营养生长旺盛期:根、茎、叶等器官加速生长,为以后开花结果奠定营养基础。不同种类及同一种类的不同品种营养生长期长短存在着较大差异。生产上要保持健壮而旺盛的营养,有针对性地防止植株徒长或营养不良。

(4)开花结果期:从植株显蕾、开花到结果。这一时期根、茎、叶等营养器官继续迅速生长,同时不断地开花、结果。因此,对植株进行有效地的管理,是解决营养器官生长和生殖器官生长之间矛盾的关键。

2)二年生风景园林植物的生命周期

二年生风景园林植物指生命周期在两个生长季内完成的植物。第一年秋季播种后当年萌发,进行营养生长,长出根、茎、叶,然后越冬;第二年春天进行花芽分化、开花、结果,完成生殖生长,然后死亡,生命结束。二年生风景园林植物多耐寒或半耐寒,营养生长期过渡到生殖生长期需要经历一段低温过程,必须通过春化阶段和完成光照阶段才能抽薹、开花。因此,其生命过程可分为明显的两个阶段。

(1)营养生长阶段:营养生长前期经过发芽期、幼苗期及叶簇生长期,不断分化叶片,增加叶数,扩大叶面积,为器官形成和生长奠定基础。进入器官形成期,一方面,根、茎、叶继续生长,另一方面,同化产物迅速向贮藏器官转移。使之膨大充实,形成叶球、肉质根、鳞茎等产品器官。二年生风景园林植物器官采收后(如郁金香、风信子、洋水仙等),一些种类存在不同程度的生理休眠。但大部分种类只是由于环境条件不宜,处于被动休眠状态,而并无生理休眠期。

(2)生殖生长阶段:花芽分化是植物由营养生长过渡到生殖生长的形态标志。对于二年生风景园林植物来讲,通过一定的发育阶段以后,在生长点引起花芽分化,然后现蕾、开花、结实。需要说明的是,由于二年生风景园林植物一般是在高温、光照时间长的条件下才开始抽薹,因此,一些植物虽在深秋已开始花芽分化,但不会马上抽薹,而必须要等到翌年春季外部环境适合时才会抽薹、开花。

3)多年生风景园林植物的生命周期

多年生风景园林植物按植物种类不同可分为多年生木本植物和多年生草本植物;按繁殖方式不同可分为有性繁殖类型和无性繁殖类型。

(1)多年生木本植物:包括有性繁殖的多年生木本植物和无性繁殖的多年生木本植物两大类。

有性繁殖的多年生木本植物,指由胚珠受精产生的种子萌发而长成的个体。其生命周期一般分为三个阶段:

- 第一阶段为童年期,指从种子播种后萌发开始,到实生苗具有分化花芽潜力和开花结实能力为止所经历的时期。处于童年期的树木,主要是营养生长,其间无论采取何种措施都不能使其开花结果,它是有性繁殖的木本植物个体发育中必须经历的一个阶段。童年期长短因树种而异,桃树童年期较短,为3～4年;山核桃、银杏等实生树开花则需9～10年或更长时间。

- 第二阶段为成年期,指从植株具有稳定、持续开花能力到开始出现衰老特征的这一生长时期。成年期应加强肥水管理,合理修剪,适当疏花疏果,最大限度延长盛花年限,延缓树体衰老。
- 第三阶段为衰老期,指从植株长势明显衰退到树体最终死亡为止的这一生长时期。

无性繁殖的多年生木本植物是利用母体上已具备开花结果能力的营养器官再生培养而成,因此,不需要度过较长的童年期。但为延长树体寿命,必须经过一段时间的旺盛营养生长期,以获得足够的养分为其后进入开花结果期做准备。严格地讲,多年生无性繁殖木本植物的营养生长期一般是指从无性繁殖苗定植后到开花结果前的一段生长时间,其时间长短因树种而异。营养生长期结束后,陆续进入开花期、结果期和衰老期,后几个阶段与有性繁殖木本植物基本雷同,不再赘述。

(2) 多年生草本植物:指一次播种或栽植以后,可以采收多年,不需每年繁殖的植物,如黄花菜、菊花、芍药等植物。它们播种或栽植后一般当年即可开花、结果,当冬季来临时,地上部分枯死,完成一个生长周期。这一点与一年生植物相似,但其地下部分能以休眠形式越冬,次年春暖时重新发芽生长,进入下一个周期的生命活动,这样不断重复,年复一年,类似多年生木本植物。其生命周期一般要经历幼年期、青年期、壮年期和衰老期,寿命大概在10 年,与木本植物相比,这类植物各生长发育阶段相对会短一些。

风景园林植物的生命周期并非一成不变,随着环境条件、栽培技术的改变,也会出现较大的变化。如二年生植物甘蓝在温室条件下未经低温春化,可始终停留在营养生长状态,成为多年生植物。而金鱼草、瓜叶菊、一串红、石竹等原本为多年生草本植物,在北方地区却常作一、二年生草本植物进行栽培。

3. 风景园林植物的年周期

植物随环境周期性变化而表现出形态和生理机能的规律性变化称为植物的年生长周期。在年生长周期中,与季节性气候变化相适应的植物器官发生形态变化的这一时期称为物候期。不同物候期植物器官所表现出的外部特征则称为物候相。通过物候相了解并掌握植物生理机能与形态发生的节律性变化及其与自然季节变化之间的规律,对于风景园林植物的栽培具有一定的指导作用。

我国对物候观测与经验记录已有 3 000 多年的历史。北魏贾思勰的《齐民要术》一书记录了通过物候观测来了解树木的生物学特性和生态习性,直接用于农、林业生产的情况。该书在"种谷"的适宜季节中写到:"二月上旬及麻菩杨生种者为上时,三月上旬及清明节桃始花为中时,四月中旬及枣叶生、桑花落为下时。"

植物物候相具有顺序性、重叠性和重演性三大特点。①顺序性:指植物各个物候期有着严格的先后次序的特性,即植物在进入下一个物候期时都是在前一物候期的基础上进行和发展的。②重叠性:植物在生长期时,往往存在着同一时间内有多个物候期同时出现、平行进行的现象,如新梢生长与开花结果、果实膨大与花芽分化、油茶的"抱子怀胎"等几乎在大多数植物中都存在着。多个物候期同时出现,必然会存在养分竞争的问题,因此,如何有效地调节矛盾、缓和竞争,从而保证观赏部位的正常发育是需要重点研究的问题。③重演性:在一年中,植物的同一物候现象可以多次重复出现。如许多植物新梢的延长生长可多次进行,有些植物一年多次开花、结果。

了解和掌握园林植物的物候期,对风景园林规划设计有重要意义(表4-1)。如我们掌握了各种植物的开花期,就可以通过合理的植物配置,使植物间的花期相互衔接,做到景观四季有花,提高风景园林的质量;在迎接重大节日和举办花展时,为选择植物作参考;为确定绿化造林时期和树种规划的先后顺序提供依据;还可以为有计划地安排植物生产、杂交育种等提供参考。

表4-1 树木物候观测记录表

名称	树木年龄		
观测地点	生态环境		
地形	同生植物		
1. 萌动期	树液开始流动期	芽开始膨大期	
2. 展叶期	开始展叶期	展叶盛期	
3. 新梢生长期	春梢开始生长期	春梢停止生长期	夏梢开始生长期
	夏梢停止生长期	秋梢开始生长期	秋梢停止生长期
4. 开花期	蓓蕾或花序出现期	开花始期	开花盛期
		二次开花开花末期	
5. 果熟期	果实初熟期	果实盛熟期	果实全良好期
6. 果落期	果实初落期	果实盛落期	果实全落期
7. 叶变色期	叶开始变色期	叶变色盛期	叶全部变色期
8. 落叶期	开始落叶期	落叶盛期	落叶末期

一年生风景园林植物仅有生长期的各时期变化;二年生植物以幼苗状态越冬休眠或半休眠,下一年进入生长期;多年生木本植物进入成熟期,营养生长和生殖生长并存,可继续多个到数千个年生长周期。

落叶树木年周期分为生长期和休眠期,即从春季开始萌芽生长,至秋季落叶前为生长期,落叶后至翌年春季萌芽为休眠期,其中成年树木的生长期表现为营养生长和生殖生长两个方面。常绿树木没有明显的休眠期,但会因外界环境的影响而被迫休眠,其生长发育表现复杂,很难归纳。现以多年生木本植物为例,阐述风景园林植物年生长周期特点。

生长期是指植物各部分器官表现出显著形态特征和生理功能的时期。落叶树木自春季萌芽开始,至秋季落叶为止,主要包括萌芽、营养生长、开花坐果、果实发育和成熟、花芽分化、落叶等物候期(图4-1)。常绿树木由于开花、营养生长、花芽分化及果实发育可同时进行,老叶的脱落又多发生在新叶展开之后,一年内可多次萌发新梢。有些树木可多次花芽分化,多次开花结果,其物候期更为错综复杂。尽管如此,同一植物年生长周期顺序是基本不变的,各物候期出现的早晚因受气候条件影响而变化,尤以温度影响最大。

休眠期是指植物的芽、种子或其他器官生命活动微弱、生长发育表现停滞的这一时期。它是植物为适应不良环境,如低温、高温、干旱等,在长期的发育历史中形成的一种特性。

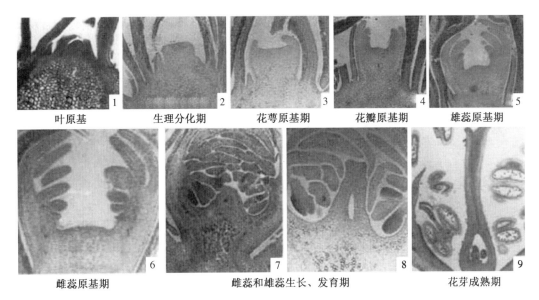

| 叶原基 | 生理分化期 | 花萼原基期 | 花瓣原基期 | 雄蕊原基期 |

| 雌蕊原基期 | 雌蕊和雄蕊生长、发育期 | 花芽成熟期 |

图 4-1　花芽分化阶段和过程

落叶树的休眠是指秋季落叶后至来年春季萌芽前的这一段时期。休眠期长短因树种、原产地环境及当地自然气候条件等而异。一般原产寒带的植物,休眠期长,要求温度也较低。当地气候条件中以温度对休眠期影响最大,直接决定着休眠期的长短,通常温度越低,休眠时间越长,温度越高,休眠时间越短。落叶树木所需要的休眠温度一般为 $0.6 \sim 4.4℃$。

球根植物的休眠是球根植物以地下球根的形式(鳞茎、球茎、块茎、根茎、块根)度过休眠期。如块茎类植物的休眠实际上始于块茎开始膨大的时刻,但休眠期的计算则是从收获到幼芽萌发的天数,为自然休眠。自然休眠结束后,至播种前,尚需继续被迫休眠。

常绿木本植物一般无明显的自然休眠,但外界环境变化时也可导致其短暂的休眠,如低温、高温、干旱等使树体进入被迫休眠状态,一旦不良环境解除,即可迅速恢复生长。

树体的不同器官和组织进入休眠的情况也是不同的:不同年龄的树木进入休眠时期的早晚不同,幼龄树比成年树进入休眠时期晚;一般小枝、细弱短枝、早期形成的芽,进入休眠时期早;地上部分主枝、主干进入休眠时期较晚,而以根茎最晚;皮层和木质部进入休眠时期早,形成层进入休眠时期最迟。

4.2.2　风景园林植物生长的相关性

植物是一个有机整体,一部分器官的生长会对另一部分的生长产生影响,它通过树体营养物质吸收、合成、贮存、分配和激素调节来实现。生长的相关性是指同一植株个体中的一部分或一个器官与另一部分或另一器官的相互关系,即某一部位或器官的生长发育,常能影响另一部位或器官的形成和生长发育的关系。植物的生长发育具有整体性和连贯性。整体性主要表现在生长发育过程中各器官的生长密切相关,相互影响;连贯性则表现为在整个生育过程中,前一生长期为后一生长期打基础,后一生长期则是前一生长期的继续和发展。

风景园林植物器官生长相互关系主要包括地上部与地下部的生长相关,营养生长与生殖生长的相关,同化器官与贮藏器官的生长相关。

1. 地上部与地下部的生长相关

植株主要由地上、地下两大部分组成,因此维持植株地上部与地下部的生长平衡是保证植物观赏性的关键。植株地上、地下相互依赖关系主要表现在两方面:①物质相互交流。一方面根系吸收水分、矿质元素等,经根系运至地上供给叶、茎、新梢等新生器官的建造和蒸腾;另一方面根系生长和吸收活动又有赖于地上部叶片光合作用形成同化物质及通过茎自上而下的传导。温度、光照、水分、营养及植株调整等均影响根、茎、叶的生长,从而引起地上部与地下部的比例不断变动。②激素物质起着重要的调节作用。正在生长的茎尖合成生长素,运到地下部根中,促进根系生长。而根尖合成细胞分裂素运到地上部,促进芽的分化和茎的生长,并防止早衰。激素类物质一般通过影响营养物质分配,以确保生长中心的物质供应和顶端优势的形成。

每一棵树木、每一株鲜花都是一个整体,植株上任何器官的消长,都会影响到其他器官。因此,摘除一片叶子或剪掉一根枝条,对整个植株的关系,并不是单纯地少了一片叶子或一根枝条,同时也会影响到未摘除的叶、枝条及其他器官的生长发育。树木的修剪调节及草本园林植物的整枝、摘心、打杈、摘叶、吊蔓等植株调整工作,由于能有效调整各器官的比例,提高单位叶面积的光合效率,促进生育平衡,因此在风景园林植物优质、高效生产中发挥着重要作用。另外,肥料及水分供给的多少,会影响地上部与地下部的比例。氮肥及水分充足,地上部分就会枝繁叶茂;氮肥及水分缺乏,则地上部生长则会减弱,但对根系影响较小。温度的高低也会影响地上部与地下部的比例。

2. 营养生长与生殖生长的相关

植株的根、枝干、叶和叶芽这些营养器官的生长是植物的花芽、花、果实和种子这些生殖器官生长的基础,它为生殖器官的生长发育供应着必要的碳水化合物、矿质营养和水分,这是两者相互协调,互为连贯的一面。另一方面,营养生长与生殖生长又存在着互相制约、互为影响的问题。若植株生长营养不足,达不到一定的同化面积,花和果实则生长不佳;若营养生长过剩,同样也不易开花或结果,难以达到满意的景观效果。因此,植物的营养生长与生殖生长始终存在着既依存又竞争的关系。

1) 营养生长对生殖生长的影响

没有生长就没有发育,这是生长发育的基本规律。在不徒长的前提下,营养生长旺盛,叶面积大,光合产物多,花和果实就能达到较高的观赏性;反之,若植株营养生长不良,则会出现叶片面积小,花器发育不完全,果实发育迟缓,果实小等症状。叶片在营养器官中作为主要同化器官,对生殖生长具有重要影响,因此,叶片生长快与慢、叶面积大与小及功能叶发育好与坏是衡量植株营养生长状况的重要指标。在一定范围内,叶面积与产量的关系是正相关关系,即叶面积的扩大会刺激果实的增加。但由于叶片在植株的叶层中相互遮荫,随着叶面积的增加,单位叶面积的平均光合生产率反而下降,甚至无助于枝干物质的积累。另外,营养生长对生殖生长的影响,也常因植物种类的不同而存在着较大的差异。

2）生殖生长对营养生长的影响

生殖生长对营养生长的影响主要表现在两个方面：①由于植株的开花、结果，同化作用的产物和无机营养同时要输入营养体和生殖器官，生长则会受到一定程度的抑制。过早进入生殖生长，就会抑制营养生长；受抑制的营养生长，反过来又会制约生殖生长。因此，在植株的生长阶段对植株进行有效地干预管理是必要的。如甘蓝类二年生植物，栽培前期应加强营养生长，以免其过早进入生殖生长，致使与根、茎、叶等营养器官竞争养分，影响叶、肉质根、鳞茎等产品器官的形成。生产上可采用系统摘除花蕾、花、幼果的方法，来促进植株的营养生长，对平衡营养生长与生殖生长关系都具有重要的作用。②由于蕾、花及幼果等生殖器官处于不同的发育阶段，对营养生长的反应也不同。生殖生长在受精过程中不仅对子房的膨大有促进作用，而且对植株的营养生长也有一定的刺激作用。

风景园林植物营养生长与生殖生长这种既相适应又相矛盾的过程，主要是由于养分运转分配所致，因此，调整某些风景园林植物的有关器官以控制其营养生长、生殖生长，并协调其相互关系，是获得较高观赏价值的关键。

3）同化器官与贮藏器官的生长相关

以叶片为主的同化器官与贮藏器官也存在密切的相关性。许多贮藏器官为变态的根、茎、叶，已失去了原有的生理功能，演变为贮藏营养物质的器官。一些以叶球、块茎、块根、球茎、肉质根、鳞茎等为器官的草本园林植物，其器官同时又是贮藏器官，与其吸收养分的正常根及同化器官密切相关。如肉质根类植物，其肉质根的形成必须有生长健壮的莲座叶形成为前提，这些肉质根的重量常与同化器官的重量成正比。叶片面积较大、生长良好、同化作用旺盛、碳水化合物合成多，则运输到贮藏器官的营养也就越多，贮藏器官的形成和生长发育也就越好。反之，则相反。另一方面，贮藏器官的生长，改变了原来的"源—库"关系，在一定程度上能提高同化器官的功能，增强光合作用，提高同化产物合成和转运能力，进一步促进贮藏器官的形成。随着同化器官的机能减弱，光合产物逐渐减少，但贮藏器官的营养需求却不断增加，势必加速同化器官衰老，贮藏器官生长则逐渐减慢，直至生长结束。因此在生产上可采取相应措施，来调节同化器官与贮藏器官的协调平衡生长，使其朝着人们预期的目标发展，以达到提高产量，改善品质的目的。

3. 顶端优势

一般来说，植物的顶芽生长较快，而侧芽的生长则受到不同程度的抑制，主根和侧根之间也有类似的现象。如果将植物的顶芽或根尖的先端除掉，侧枝和侧根就会迅速长出。这种顶端生长占优势的现象叫做顶端优势。顶端优势的强弱与植物种类有关。松、杉、柏等裸子植物的顶端优势强，近顶端侧枝生长缓慢，远离顶端的侧枝生长较快，因而树冠成宝塔形。

利用顶端优势，可根据需要来调节植物的株型。对于松、杉等用材树种需要高大笔直的茎干，需保持其顶端优势；雪松具明显的顶端优势，形成典型的塔形树冠，雄伟挺拔，姿态优美，为优美的园林树种；对于以观花为目的的风景园林植物，则需要消除顶端优势，以促进侧枝的生长，多开花结果。

第 5 章 风景园林植物与环境的关系

本章概要

本章介绍了风景园林植物环境与生态因子的含义；论述了温度、光照、水分、空气、土壤、地形地势因子、生物因子、人为因子对风景园林植物的影响；总结出了不同环境因子下形成的不同植物类型。正确了解和掌握风景园林植物与环境的辩证统一关系，对风景园林植物的规划设计具有重要意义。

5.1 风景园林植物与环境

风景园林植物与其他植物一样,都生存在地球上的某一空间,我们称这个空间为"环境"。风景园林植物的生长发育除源于自身的遗传特性外,还取决于所生存的环境。因此,了解并掌握风景园林植物与其生存环境之间的关系尤为重要。

5.1.1 植物环境与生态因子

1. 植物环境

植物环境是指植物生活空间的外界条件的总和。它不仅包括对植物有影响的各种自然环境条件,还包括生物对植物的影响和作用。植物环境可分为自然环境和人工环境两种。

1) 自然环境

自然环境是植物出现以前就存在的环境,是直接或间接影响植物的一切自然形成的物质、能量和现象的总体,它对植物有根本性的影响。自然环境又包括非生物环境和生物环境两部分。非生物环境按范围大小可分为宇宙环境、地球环境、区域环境、生境、小环境、体内环境等。生物环境指影响植物生存的其他植物、动物、微生物及其群体。它们在空间上相互联系,不可分割。

(1)宇宙环境:包括地球在内的整个宇宙空间,主要指宇宙环境中太阳对地球植物的影响。

(2)地球环境:主要指大气圈、水圈、岩石圈和土壤圈四个自然圈。在这四个圈层的界面上,构成了一个具有生命活力和再生产能力的生物圈。该生物圈的范围与生物分布的幅度一致,上限可达海平面以上 10 km 的高度,下限可达海平面以下 12 km 的深度。植物层是这个生物圈的核心部分。

(3)区域环境:大气、水、岩石和土壤这四个自然圈在地球表面的不同地区互相配合的情况差异很大,造就了江河湖海、陆地、冰川、平原、高原、高山、丘陵等不同的区域环境,进而也就形成了如森林、草原、荒漠、苔原、湿地等各类植物群落类型。

(4)生境:指植物具体生存于其间的小环境,它是由各种环境因子综合作用与影响植物及其群体生长发育和分布所构成的。如阳坡生境,适合于桦树、杨树等生长;阴坡生境,适合于云杉、冷杉等生长。

(5)小环境:又称微环境,是相对自然环境、区域环境等大环境单元而言的,直接接触被研究的主体或与主体某一部分有关的局部环境条件。如植物根际环境,叶表面的温、湿度和气流变化,农田作物株间、行间的小气候状况等,都可看成是一种小环境。

(6)内环境:指植物体内部的环境,各个组成部分如叶片、茎干、根系等的内部结构。内环境中的温度、湿度、二氧化碳和氧气的供应状况,影响着细胞的生命活动,对植物的生长和发育起着非常重要的作用。

2）人工环境

人工环境指人类创建或受人类强烈干预的环境,有广义和狭义之分。广义的人工环境包括所有的栽培植物及其所需的环境,以及人工经营管理的植被等;还包括自然保护区内的一些控制、防护措施等。狭义的人工环境,则指的是完全由人工控制下的植物生长环境,如人工温室、人工气候室等。

2. 生态因子

1）生态因子的概念

环境中所包含的各种因子中,对植物的生长、发育、繁殖、行为和分布有着直接或间接影响的环境要素,称之为"生态因子"。在生态因子中,对植物的生存不可或缺的环境条件称为植物的生存条件。

在任何一个综合性的环境中,都包括多种生态因子,其性质、特性、强度等各不相同,这些不同的生态因子之间彼此联系,相互制约,从而形成了各种各样的生态环境,为植物多样化的生存提供了更多的可能性。

2）生态因子的分类

根据因子的性质,通常可以划分为五大类:

（1）气候因子:如温度、光照、水分、空气、雷电等。

（2）土壤因子:包括土壤结构、理化性质及土壤生物等。

（3）生物因子:指与植物发生相互关系的动物、植物、微生物及其群体。

（4）地形地势因子:如海拔高低、坡度坡向、地面的起伏等。

（5）人为因子:指对植物产生影响的人类活动。

在这五大因子中,气候、土壤、生物因子是风景园林植物赖以生存的主要因子。有的因子并不直接作用于植物,而是间接地发挥作用的。如地形因子,它是通过坡度、坡向、地面起伏等变化引起热量、水分、光照、土壤等的变化,进而影响到植物的变化,因此把这些因子称之为"间接因子"。此外,人类活动对风景园林植物的影响也不容忽视。正确了解和掌握风景园林植物与环境的辩证统一关系,对风景园林植物的规划设计具有重要意义。

3）生态因子的系统分析

虽然环境是由各种生态因子的相互作用和联系形成的一个整体,但各个生态因子对环境的作用又各不相同。因此,要认识植物的环境就必须掌握生态因子的分析方法。

（1）综合作用:环境中的各生态因子间相互影响、联系紧密,它们组合成一个整体,对植物的生长发育起着综合的生态及生理作用。

（2）主导生态因子:对植物的生态、生理综合影响中,有的生态因子处于主导地位或在某个阶段中起着主导作用。对植物的生命周期来讲,主导因子不是固定不变的。

（3）生态因子的不可替代性:生态因子之间虽联系紧密、相互影响,但彼此之间是不可替代的,不能以一种生态因子来替代另一种生态因子。

（4）生态因子的可调性:生态因子虽然具有不可替代性,但如果只表现为某生存条件在量方面的不足时,则可通过加强其他生态因子的量而得到调剂,并收到相近的生态效应,但是这种调剂是有限度的。

(5) 生态幅：各种植物对生存条件及生态因子变化强度的适应范围是有一定限度的，超出这个限度就会引起死亡，这种适应范围叫作"生态幅"。不同植物以及同一植物的不同生长发育阶段的生态幅常具有很大差异。

(6) 直接作用和间接作用：直接作用的生态因子一般是植物生长所必需的生态因子，如光照、水分、养分元素等，他们的大小、多少、强弱都直接影响植物的生长甚至生存；间接作用的生态因子一般并不直接作用于植物，而是间接地发挥作用，进而影响到植物的生长。

(7) 阶段性作用：指的是生态因子在植物生长的不同阶段影响程度不同，在某一阶段可能是主导因子，而在另一阶段又不是主导因子。

5.1.2 风景园林植物与温度

温度是影响风景园林植物生长、发育最重要的环境因子，它不仅影响植物的地理分布，还制约着植物生长发育的速度及体内的生化代谢等一系列生理机制。植物对水分和矿物质元素的吸收、蒸腾作用、光合作用、呼吸作用等代谢活动以及花芽分化等都与温度有关。

1. 温度对风景园林植物分布的影响

1) 风景园林植物的温度三基点

任何风景园林植物的生长发育对温度都有一定的要求，都有其温度的"三基点"：最低温度、最适温度和最高温度，亦即最低点、最适点与最高点。风景园林植物因种类、原产地不同，其温度的"三基点"也不同(图5-1)。原产于热带的风景园林植物，生长的基点温度较高，一般在18℃开始生长；原产于亚热带的风景园林植物，其生长的基点温度一般在15～16℃开始生长；而原产于温带的风景园林植物，生长基点温度较低，一般在10℃左右就开始生长。每种风景园林植物不仅在萌芽、开花、结果等生长发育过程中要求一定的温度条件，而且植物生存本身也有一定的生长适应范围，如果温度超过植物所能忍受的范围，则会产生伤害。高温会破坏体内的水分平衡，导致植株萎蔫甚至死亡。温度过低，则会造成细胞内外结冰、质壁分离而发生冻害，甚至死亡。

(a)原产热带植物

(b)原产亚热带植物

(c)原产温带植物

图5-1 不同温度基点下的植物状态

2）以温度为主导因子的风景园林植物的生态类型

温度对风景园林植物的自然分布起着重要作用。以温度为主导,在其他因子的综合影响下,造就了风景园林植物多样化的地理分布。由于地域不同,气温存在着一定的差异性,风景园林植物的耐寒能力也不尽相同。

（1）依据耐寒能力的强弱,风景园林植物的分类。

- 耐寒性风景园林植物:一般指原产于温带及寒带的风景园林植物,抗寒力强,在我国北方大部分地区能露地越冬,包括露地二年生草本园林植物、部分宿根草本园林植物、球根草本园林植物和落叶阔叶及常绿针叶木本园林植物。如白皮松、云杉、龙柏、冬青卫矛、海棠、紫藤、丁香、迎春、金银花、萱草、雏菊、蜀葵、玉簪等,在北京地区可以露地安全越冬。有的种类在严寒的冬季到来时,地上部分全部干枯,地下根系进入休眠状态,在土壤中越冬,到第二年春又继续萌芽生长并开花,如美人蕉、荷包牡丹等。

- 不耐寒性风景园林植物:多原产于热带及亚热带地区,性喜高温,不能忍受0℃以下的温度,其中一部分种类甚至不能忍受0~10℃的温度,温度稍低时则停止生长或死亡,如榕树、椰子、橡皮树、变叶木、一品红、龙船花、仙客来等在广州地区冬天生长良好,而在长三角及其以北地区则需加以保护或移至室内才能过冬。

- 半耐寒性风景园林植物:这一类风景园林植物多原产于温带和暖温带的地区,耐寒力介于耐寒性风景园林植物与不耐寒性风景园林植物之间,通常要求温度在0℃以上,在我国长江流域能够露地安全越冬,在北方则需加以防寒才能越冬,如香樟、香泡、杜英、棕榈、夹竹桃、桂花、杨梅、枇杷等。

（2）依据对温度的要求不同,风景园林植物的分类。

- 耐寒植物:这类植物多原产于高纬度地区或高海拔地区,耐寒而不耐热,冬季能忍受−10℃或更低的气温而不受伤害。

- 喜凉植物:在冷凉气候条件下能生长良好,稍耐寒但不耐严寒和高温。一般在−5℃左右不受冻害,如梅、桃、蜡梅、菊花、三色堇、雏菊等。

- 中温植物:一般耐轻微短期霜冻,在我国长江流域以南大部分地区能露地越冬,如苏铁、山茶、桂花、栀子、含笑、杜鹃花、金鱼草、报春花等。

- 喜温植物:性喜温暖而极不耐霜冻,一经霜冻,轻则枝叶坏死,重则全株死亡,一般在5℃以上能安全越冬,如茉莉花、白兰花、瓜叶菊等。

- 喜热植物:多原产于热带或亚热带,喜温暖而能耐40℃以上的高温,但极不耐寒,在10℃甚至15℃以下便不能适应,如米兰、变叶木、芭蕉属、仙人掌科、热带兰类、露兜树、龙血树类等。

3）以温度为主导因子的中国风景园林植物分布分类

采用积温（统一按照日温≥10℃的持续期内日平均温度的总和为标准）和低温为主要指标,将中国分为6个热量带,每个热量带内分布着不同的植物类型,如表5-1所示。

表 5-1   我国热量带分布表

热量带类型	积温	最冷月平均气温	主要植物类型	备注
赤道带	9 000℃左右	年平均气温超过 26℃	椰子、番木瓜等	位于北纬 10℃以南的中国海岛地区,年降水量超过 1 000 mm
热带	≥8 000℃	不低于 16℃	槟榔、咖啡等	
亚热带	4 500～8 000℃	0～15℃	杉木、马尾松、毛竹、苏铁等	
暖温带	3 400～4 500℃	−10～0℃	雪松、白皮松、侧柏、泡桐、麻栎等	
温带	1 600～3 400℃	−10℃以下	黄刺玫、紫丁香等	以红松针阔混交林为主
寒带	<1 600℃	低于−28℃	落叶松、蒙古栎、白桦、云杉、冷杉等	主要以针叶林为主

2. 变温对风景园林植物的影响

1) 节律性变温对风景园林植物的影响

节律性变温是指在自然界的大部分区域,温度随季节和昼夜发生有规律性的变化。植物对节律性变温的长期适应可从其生长、发育、习性等方面体现出来。

植物随着昼夜、季节等有规律的温度变化而表现出来的各种反应称为温周期现象。温周期现象主要表现为日温周期现象与季温周期现象两种类型。日温周期现象是指一天内温度随着昼夜的交替变化而发生有规律的变化。季温周期现象也称为季节变温,是指一年中温度随四季的交替变化而发生的规律性变化。

(1) 昼夜变温对风景园林植物的影响。

* 种子的发芽:多数种子在变温条件下可发芽良好,而在恒温条件下反而发芽不良。
* 植物的生长:多数植物均表现为在昼夜变温条件下比恒温条件下生长良好,其原因是适应性及昼夜温差大,更有利于植物营养积累。
* 植物的开花结果:在一定程度的变温和温差下,植物的花开得繁盛,且果实硕大,品质相对较好。

(2) 季节变温对风景园林植物的影响。

不同地区的四季长短存在着差异,其差异的大小受其他因子如地形、海拔、纬度、季风、雨量等因子的综合影响。处于这些地区的植物,由于长期适应于所处地区的这种季节性的变化,就形成一定的生长发育节奏,即物候期。物候期不是完全不变的,而是随着每年季节性变温和其他气候因子的综合作用有一定程度的波动。在景观设计中,必须对当地的气候变化以及植物的物候期进行充分的调研,对植物实施有效科学的规划,从而使植物发挥其应有的观赏功能。

2) 突变温度对植物的影响

在植物的生长期内,温度的突然变化会打乱植物正常的生理进程,从而造成对植物的伤害,甚至死亡。温度的突变可分为突然低温和突然高温两种情况。

(1) 突然低温,指由于强大寒流的影响,引起突然的降温而使植物受到伤害,一般可分为以下几种:

- 冷害:指气温在物理零度以上时,使植物受害甚至死亡的情况。受害植物多是热带喜温植物,如轻木在 5℃ 时就会严重受害而死亡;热带的丁子香在气温为 6.1℃ 时叶片严重受害,3.4℃ 树梢即干枯。冷害是喜温植物北移时的主要障碍。
- 霜害:当气温降至 0℃ 时,空气中过度饱和的水汽在物体表面凝结成霜,这时植物的受害称为霜害。如果霜害的时间短,气温缓慢回升,则许多受到伤害的植物可以复原;但如果霜害时间较长且气温回升迅速,则受害的叶子反而不易恢复。
- 冻害:当气温降至 0℃ 以下时,植物体温也降至零下,细胞间隙就会出现结冰现象,严重时可导致质壁分离,细胞膜或细胞壁破裂而使植株死亡。
- 冻拔:在纬度高的寒冷地区,当土壤含水量过高时,由于土壤结冻膨胀而升温,连带将草本植物抬起,至春季解冻时土壤下沉而植物则留在原位,从而造成植物根部裸露死亡。这种现象多发生在草本植物中,尤以小苗为主。
- 冻裂:在寒冷地区的阳坡或树干的阳面区域,由于阳光照晒,使树干内部的温度与干皮表面温度相差数十度,对某些植物而言,就会形成裂缝。当树液活动时,会有大量树液流出,极易感染病菌,严重影响树势的生长。在高纬度地区,一些薄皮树种,如核桃、悬铃木等树干的向阳面,越冬时常发生冻裂。防止冻裂通常可采用树干包扎稻草或涂白等方法。

(2) 突然高温,指高温破坏了植物光合作用和呼吸作用之间的平衡,使呼吸作用超过光合作用,植物因长期饥饿而受害或死亡;高温能促使蒸腾作用加强,破坏水分平衡,使植物干枯甚至致死;高温抑制氮化合物的合成,使氨积累过多,毒害细胞等。一般而言,热带的高等植物有些能忍受 50～60℃ 的高温,但大多数高等植物的最高温度点是 50℃ 左右,其中被子植物较裸子植物略高,前者近 50℃,后者约 46℃。

3. 风景园林植物对温度的调节作用

1) 风景园林植物的遮荫作用

在有植物遮荫的区域,其温度一般要比没有遮荫的区域温度低。夏季,在绿化状况好的绿地内,气温比没有绿化地区的气温要低 3～5℃;与纯粹建筑群构筑的空间内的温度相比,其温度甚至会低 10℃ 左右。经实验调查发现,银杏、刺槐、悬铃木、枫杨、水杉等冠大荫浓、叶面积指数高的植物均有较好的遮荫、降温作用。

2) 风景园林植物的凉爽效应

绿地中的风景园林植物能通过蒸腾作用,吸收环境中的大量热量,降低环境温度,同时释放水分,增加空气湿度,产生凉爽效应。对于夏季高温干燥的地区,风景园林植物的这种作用就显得特别重要。

3) 风景园林植物群落对营造局部小气候的作用

由于夏季城市中各种建筑物的吸热作用,使得气温较高,热空气上升,空气密度变小;

而绿地内,由于树冠反射和吸收等作用,使内部气温较低,冷空气因密度较大而下降。因此,建筑物群和城市的植物群落之间会引起气流交换而形成微风,进而营造出建筑物内部的小气候。冬季,城市中的植物群落由于保温作用以及热量散失较慢等特点,也会与建筑物间形成气流交换,从植物群落中吹向建筑物的是暖风。冬季绿地的温度要比没有绿化地面高出1℃左右,冬季有林区比无林区的气温要高出2~4℃。因此,风景园林植物不仅具有稳定气温和减轻气温变幅、减轻类似日灼和霜冻等危害的作用,还具有影响周围地区的气温条件,使之形成局部小气候,从而改善该地区的环境质量的作用。

4）风景园林植物对热岛效应的消除作用

增加绿地面积能减少甚至消除热岛效应。据统计,1 hm² 的绿地,在夏季(典型的天气条件下)可以从环境中吸收81.8 MJ 的热量,相当于189台空调机全天工作的制冷效果。上海延中绿地是降低城市热岛效应的良好案例。

4. 温度对花芽分化的影响

温度不仅影响风景园林植物种类的地理分布,而且对风景园林植物的花芽分化有明显的影响。风景园林植物种类不同,花芽分化和发育要求的温度也不同。

1）在高温下进行花芽分化

许多花灌木类如杜鹃、山茶、梅花、碧桃、樱花、紫藤等都在6~8月期间、气温高至25℃以上时进行花芽分化。入秋后,植物体进入休眠,经过一定低温,结束或打破休眠而开花。许多球根风景园林植物的花芽也是在夏季高温下进行分化的,如唐菖蒲、美人蕉于夏季生长期进行花芽分化,而郁金香则在夏季休眠期内进行花芽分化。

2）在低温下进行花芽分化

许多原产于温带以及高山地区的风景园林植物,多要求在20℃以下较凉爽的气候条件下进行花芽分化,如八仙花、卡特兰属和石斛兰属的某些种类,在温度13℃左右和短日照条件下可促进花芽分化;许多二年生草本园林植物,如金盏菊、雏菊等也在低温下进行花芽分化。低温成为这些植物进行花芽分化的必需条件,这种低温促进植物花芽分化、现蕾、开花的现象叫春化作用,也称感温性。不同植物所要求的低温值和通过的低温时间各不相同。依据要求低温值的不同,可将风景园林植物分为三种类型:

（1）冬性植物:此类植物春化作用要求的低温值为0~10℃,在此温度下30~70天完成春化阶段。二年生草本园林植物,如月见草、毛地黄等多数为冬性植物,在秋季播种后,以幼苗状态度过严寒的冬季,满足其对低温的要求而通过春化阶段,若在春季气温已暖时播种,便不能正常开花。此外,在早春开花的多年生草本园林植物,如鸢尾、芍药等,也要求通过低温完成春化作用。

（2）半冬性植物:此类植物在通过春化阶段时,对于温度的要求不甚敏感,这类植物在15℃的温度下也能够完成春化作用,但是,最低温度不能低于3℃,其通过春化阶段的时间为15~20天。

（3）春性植物:此类植物在通过春化作用阶段时,要求的低温值为5~12℃,完成春化作用所需要的时间亦比较短,为5~15天。一年生草本园林植物和秋季开花的多年生草本园林植物为春性植物。

不同的草本园林植物种类通过春化阶段的方式也不相同,通常有两种方式:以萌芽种子通过春化阶段的称种子春化;以具一定生育期的植物体通过春化阶段的称植物体春化。多数草本园林植物种类是以植物体方式通过春化阶段的,如紫罗兰、六倍利等。而种子春化的种类至今还不太清楚。据日本农学博士阿部定夫等人指出,栽培经过低温催芽的香豌豆种子可提前开花。

此外,温度对风景园林植物的花色、叶色也有一定的影响。在许多风景园林植物中,温度和光照强度对花色有很大影响,它们随着温度的升高和光照强度的减弱,花色变浅,如落地生根属和蟹爪兰属。又如在矮牵牛的复色品种中,开花期温度升高时,蓝色部分增多;温度变低时,白色部分增多。

5. 生长期积温

植物在生长期中高于某温度数值以上的昼夜平均温度的总和,称为该植物的生长期积温。依同理,亦可求出该植物某个生长发育阶段的积温。积温可分为有效积温与活动积温。有效积温是指植物开始生长活动的某一段时间内的温度总值,其计算公式为:

$$S = (T - T_0) \times n$$

式中　T——n 日期间的日平均温度;

　　　T_0—— 生物学零度;

　　　n—— 生长活动的天数;

　　　S—— 有效积温。

生物学零度为某种植物生长活动的下限温度,低于此温度则植物无法生长活动。如某树由萌芽至开花经 15 天,期间的日平均温度为 18℃,其生物学零度为 10℃,则 $S = (18-10) \times 15 = 120℃$。

生物学零度因植物种类、地区而不同,但是一般为方便起见,常依据当地大多数植物的萌动物候期及气象资料而做出概括的规定。在温带地区,一般用 5℃作为生物学零度;在亚热带地区,常用 10℃作为生物学零度;在热带地区多用 18℃作为生物学零度。

活动积温则以物理学零度为基础。计算时极简单,只需将某一时期内的平均温度乘以该时期的天数即得活动积温,即逐天的日平均温度的总和。

5.1.3　风景园林植物与光

在风景园林植物生长发育过程中,光照是起影响作用的重要因子之一,是不可或缺的条件。在植物体的营养生长阶段,光照主要是以能量的方式来影响光合作用,而在植株的生殖生长阶段则以信号的方式来影响成花诱导。光对风景园林植物的影响主要通过三个方面:光照强度、光周期与光质。

1. 光照强度对风景园林植物的影响

1) 光照强度对风景园林植物生长发育的影响

光照是植物进行光合作用的能量来源。光合作用合成的有机质是植物生长发育的物质基础,因此,光照能促进细胞的增大与分化,影响细胞分裂与伸长。植物体积的增长和重量的增加都与光照强度有着密切的关系。光照还能促进植物组织和器官的分化,制约器官的生长发育速度。另外,植物体内各器官和组织保持发育上的正常比例也与光照强度有关。

（1）光照影响种子发芽。植物种子的发芽对光照强度的要求各不相同,有的种子需要在光照条件下才能发芽,如桦树;而有的植物种子需要在遮荫的条件下才能发芽,如百合科的植物等。

（2）光照影响植物茎干和根系的生长。控制植物生长的生长素对光很敏感,在强光照下,大部分现有的激素被破坏,幼苗根部的生物量增加,表现为节间变短,茎变粗,根系发达,很多高山植物节间强烈缩短成矮态或莲座状便是很好的例证。在较弱的光照条件下,植株表现为幼茎的节间充分延伸,形成细而长的茎干,而根系发育相对较弱。同种同龄树种,在植物群落中生长的植株由于光照较弱,因而茎干细长而均匀,根量稀少;而散生植株由于光照充足,茎干相对低矮且尖削度大,根系生物量较大。

（3）光照影响植物的开花和品质。光照充足能促进植物的光合作用,积累更多的营养物质,有助于植物开花。同时,由于植物长期对光照强弱的适应不同,开花时间也因光照强弱而发生变化。有的要在光照强时开花,如郁金香、酢浆草等;有的则需要在光照弱时才开花,如牵牛花、月见草和紫茉莉等。在自然条件下,植物的花期是相对固定的,如果人为地调节光照改变植物的受光时间,则可控制花期以满足人们在生产与造景方面的需要。光照强弱还会影响植物茎叶及开花的颜色,冬季在室内生长的植物,茎叶皆是鲜嫩淡绿色,春季移至直射光下,则产生紫红或棕色色素。

（4）光照影响植物的休眠。光周期是诱导植物进入休眠的信号,一般短日照可促使植物进入休眠状态。进入休眠后植物对于不良的环境抵抗力增强;如果由于某种原因使植物进入休眠的时间推迟,则植物往往就会受到冻害的威胁。如在城市路灯下的植物,由于晚上延长其光照时间,使得一些落叶植物落叶的时间后延,其进入休眠的时间也后延,这时如果气温突变,则会使植物受到冻害。对一些不耐寒的落叶植物在温室中可采用缩短光照时间的方法,使其提前进入到休眠状态,来提高植物对低温的抵抗能力。

（5）光照影响植物的其他习性。一方面光照会影响植物的生长发育,如短日照植物若置于长日照条件下,则长得高大;长日照植物若置于短日照条件下,则节间缩短。另一方面光照影响植物花色性别的分化,如苎麻为雌雄同株,在 14 小时的长日照条件下仅形成雄花,8 小时的短日照条件下形成雌花。光照还会影响植物地下贮藏器官的形成和发育,如短日照植物菊芋,长日照条件下形成地下茎但并不加粗,而在短日照条件下,则形成肥大的茎。

2) 以光照强度为主导因子的风景园林植物的生态类型

不同的风景园林植物对光照强度的要求也不一样,大部分风景园林植物在光照充足的条件下枝叶繁茂,花朵绚丽,而有些植物如铃兰、杜鹃等在过强的光照下生长却会受到影响。花谚曰:"阴茶花,阳牡丹,半阴半阳四季兰"。依据风景园林植物对光照强度的不同要求,将风景园林植物分为以下几类:

（1）阳性植物:喜光,具有较高的光补偿点,在阳光充足的条件下才能正常生长发育,这类植物又叫喜光植物。若光照不足,则枝条细弱,叶色变淡发黄,开花不良甚至不开花,易染病虫害。此类植物一般枝叶稀疏透光,自然整枝良好,生长快,寿命短。木本园林植物中如落叶松、松属(华山松、红松除外)、水杉、银杏、桦木属、桉属、杨属、柳属、臭椿、乌桕、泡桐、白玉兰、石榴等,草本园林植物中如多数一二年生草本园林植物、宿根草本园林植物、仙人掌及多浆植物、大多数草坪草都是阳性植物。

（2）阴性植物:较耐阴,具有较低的光补偿点,在适度庇荫的条件下方能生长良好,一般要求50％～80％的庇荫度。若光照过强,叶片则会变黄焦枯,甚至会造成死亡。此类植物一般枝叶浓密,透光度小,自然整枝不良,生长较慢,寿命较长,多生于热带雨林或林下或阴坡。木本园林植物中如红豆杉幼株、云杉幼株、冷杉幼株、金银木、八角金盘、常春藤、太平花、溲疏、珍珠梅等具有较强的耐阴能力。草本园林植物中兰科、凤梨科、天南星科、秋海棠科、蕨类、玉簪、铃兰、玉竹等为阴性植物。

（3）中性植物:喜光,有一定的耐阴能力,对光照强度要求介于喜光、耐阴二者之间。大多数木本园林植物均属于中性植物,如榆树、元宝枫、圆柏、侧柏、樟树、榕树等。草本园林植物植物中有萱草、耧斗菜、桔梗、鸢尾等。

需要强调的是植物对光照的需求常随条件的变化而变化,并不是一成不变的,如木本植物对光照的需求常随着树龄、环境、地区的不同而变化。一般情况下幼苗、幼树耐阴能力要高于成年树。同一树种,生长在湿润肥沃的土壤上,它的耐阴能力较强;反之,则常常表现出阳性树种的特征。在风景园林植物规划设计中,应注意满足各种苗木对光照的要求,改善其通风透光条件,从而使不同立地生境尤其是特殊立地生境的植物能健康生长。

2. 光周期对风景园林植物的影响

光周期是指一天中白天和黑夜的相对长度,或是一天内的日照长度。有些植物开花等现象的发生取决于光周期的长短及其变换,植物对光周期的这种反应称为光周期效应,而产生的这种现象就是光周期现象。光周期与植物的生命活动有着密切联系,不仅控制着植物的花芽分化与开放过程,还影响着植物的其他生长发育,如分枝习性,块茎、球茎、块根等地下器官的形成,器官的衰老、脱落与休眠等。

研究发现,不同风景园林植物只有在特定的光周期条件下才能进行花芽分化与开花。因此,根据风景园林植物开花对光周期的反应不同,可将其分为三种类型:

1）长日照植物

每天需要日照长度超过12小时的为长日照植物。这类植物一般每天需14～16小时的日照,可以促进其开花。如果在昼夜不间断的光照下,能起到更好的促进作用。相反,在较短的日照下,只进行营养生长,不开花或延迟开花,如凤仙花、唐菖蒲、荷花等。二年生草本园林植物秋播后,在冷凉的气候条件下进行营养生长,春天长日照下迅速开花。若延迟播种,在春季长日照下也可开花,但因植株未充分成长而变得矮小,如瓜叶菊。常见的长日照植物有紫罗兰、金光菊、凤仙花、罂粟、飞燕草等。

2）短日照植物

这类植物只有在每天光照8～12小时的短日照条件下才能够促进开花,如一品红、菊花、金鱼草、牵牛等。在夏季长日照条件下,只进行营养生长,不能开花或延迟开花。一年生草本园林植物在自然条件下,春天播种发芽后,在长日照下茎、叶生长,在秋天短日照下可开花繁茂。若春天播种较迟,秋天在短日照条件下,仍能如期开花,但植株较矮小。低纬度的热带和亚热带地区,由于全年日照均等,昼夜几乎都是 12 小时,所以一般原产于这些地方的风景园林植物为短日照植物。

3）中性植物

这类风景园林植物对日照长度要求不严,对光照长短没有明显反应,一般在 10～16 小时的光照下均可开花,如天竺葵、月季、扶桑、马蹄莲等,只要温度适宜、营养丰富,一年四季均可开花。

4）中间型植物

指的是凡完成开花和其他生命阶段与日照长短无关的植物,如番茄、黄瓜、菜豆、蒲公英等。

3．光质对风景园林植物的影响

光的组成是指具有不同波长的太阳光谱成分。根据测定,太阳光的波长范围主要在 150～4 000 nm。依据波长的不同,可将太阳光分为极短波光(波长 300～390 nm)、短波光(波长 390～470 nm)与长波光(波长 640～2 600 nm)。一般认为短波光可以促进植物的分蘖,抑制植物伸长,长波光可以促进种子萌发和植物的高生长,极短波光则促进花青素与色素的形成。太阳光中可见光(即红、橙、黄、绿、蓝、紫)波长在 380～760 nm,占全部太阳光辐射的 52%;不可见光即红外线占 43%,紫外线占 5%。

不同波长的光对植物生长发育的作用不同。经实验证明:红光、橙光有利于植物碳水化合物的合成,加速长日照植物的发育,延迟短日照植物的发育。相反,蓝紫光能加速短日照植物发育,延迟长日照植物发育。蓝色有利于蛋白质的合成,而短光波的蓝紫光和紫外线能抑制茎的伸长和促进花青素的形成,紫外光还有利于维生素 C 的合成。

另外,光对植物种子的萌发有不同的影响。有些植物的种子,曝光时发芽比在黑暗中发芽的效果好,一般称为好光性种子,如报春花、秋海棠。这类好光性种子,播种后不必覆土或稍覆土即可。有些植物的种子需要在黑暗条件下发芽,通常称为嫌光性种子,如喜林草属等。这类种子播种后必须覆土,否则不会发芽。

5.1.4 风景园林植物与水分

水分是构成植物的必要成分,又是植物赖以生存的必不可少的生活条件。哪里有水,哪里才有生命。只有在一定的水分条件下,才可能有植物的分布和生长,即水分成了影响植物分布的另一个主要因子。

水在自然界的状态有固、液、气三种。雨水是主要来源,因此,年降雨量、降雨次数、强度及其分配情况均直接影响植物的生长与分布。

1．水分对风景园林植物的影响

1）水分对风景园林植物的生态影响

与温度一样,水对植物的生长发育也有不同的基点,即最高点、最适点和最低点。处于最适点时植物生长正常；低于最低点时，植物出现萎蔫，生长停止；超过最高点时，植物缺氧，代谢混乱，不能正常生长。所以干旱和水涝时间过长形成灾害时，植物的新陈代谢会受到阻碍，生长受阻，严重时出现死亡。

（1）水分影响种子萌发。种子萌发需要较多的水分，因为水分能使种皮软化，氧气易透入，使种子呼吸加强。同时，水分能使种子凝胶状态的原生质向溶胶状态转变，使生理活性增强，促进种子萌发。

（2）水分影响植物高生长。由于植物本身的生长特性不同，对水分的需求也会有较大的差别，对植物供水量的多少直接影响到植物的高生长，特别是在早春水分的供应尤为重要。有些植物对水分的需求十分明显，水分增多，高生长增加也比较明显，其生长与水分供给之间基本上呈现正相关，如杨树、落叶松、杉木等。一旦出现干旱，高生长就会受到影响，甚至形成顶芽。若秋季水分供应充足，有些树木还会出现第二次生长现象。

（3）土壤水分直接影响根系的发育。在潮湿的土壤中，植物根系生长很缓慢；当土壤水分含量较低时，根系生长速度显著加快，根茎比相应增加。

（4）水分影响植物的开花结果。在开花结实期若水分过多，会对其产生不利影响；若水分过少，会造成落花落果，并最终影响植物种子的质量。土壤含水量也会影响植物的长势。植物氮素和蛋白质含量与土壤水分有直接的关系。土壤含水量减少时，淀粉含量相应减少，木质素和半纤维素有所增加，纤维素不变，果胶质减少，脂肪的含量减少而蛋白质含量增加。有研究表明，较其他区域而言，大陆性气候且少雨的区域是较有利于植物体内的氮和蛋白质的形成和积累的。

2）根据对水分的不同要求，风景园林植物的分类

（1）旱生风景园林植物。这类植物原产于热带或沙漠，耐旱性强，能忍受空气和土壤的较长期干燥而继续生活。植物为了适应干旱环境，在外部形态和内部构造上都产生许多适应性的变化，如：叶片变小，多退化成鳞片状、针状或刺毛状；叶表面具有较厚的蜡质层、角质层或茸毛，以减少水分蒸腾；茎叶具有发达的贮水组织；根系极发达，能从较深的土层内和较广的范围内吸收水分。有的种类当体内水分降低时，出现叶片卷曲或呈折叠状，植物细胞液的渗透压极高、叶子失水后不凋萎变形等生理适应性。

根据它们的形态和适应环境的生理特性可分为两类：少浆植物或硬叶旱生植物：如柽柳、榆叶梅、沙棘、骆驼刺、卷柏等。多浆植物或肉质植物：如仙人掌科、景天科、马齿苋科、番杏科、大戟科部分植物、百合科部分植物及龙舌兰科植物等。此外，草坪草中的野牛草、狗牙根、结缕草等也属旱生植物。

（2）中生风景园林植物。大多数风景园林植物属于中生植物，不能忍受过干或过湿的环境。但由于种类众多，因而对干与湿的忍耐程度具有很大差异。在中性木本园林植物中，油松、侧柏等有很强的耐旱性，但仍以在干湿适度的条件下生长最佳；旱柳、紫穗槐、桑树、乌桕等则有很高的耐水湿能力，也仍以在中生环境下生长最佳。

（3）湿生风景园林植物。此类植物需生长在潮湿的环境中，若在干燥或中生的环境下，则常生长不良或死亡。根据实际的生态环境又可分为阳性湿生植物和阴性湿生植物两种。前者是指生长在阳光充足、土壤水分饱和环境下的湿生植物，如河湖沿岸低地生长的鸢尾、水团花、池杉、水松、落羽杉等。后者是指生长在光线不足、空气湿度较高、土壤潮湿环境下的湿生植物,如蕨类、海芋、杜鹃、秋海棠类等。

(4)水生风景园林植物。此类植物的共性是根的全部或部分必须生活在水中,遇干旱则枯死,依据生活型和生态习性又可分为挺水植物、浮水植物、漂浮植物和沉水植物。表5-2为常见的水生风景园林植物。

- 挺水植物:根或根状茎生于泥中,植株茎、叶和花高挺出水面,如荷花、千屈菜、芦苇、香蒲、水葱、梭鱼草、再力花、海三棱藨草、水生美人蕉、旱伞草、菖蒲、荸荠、水芹、茭白、慈姑、泽泻、稻、水仙等。
- 浮水植物:根或根状茎生于泥中,茎细弱不能直立,叶片漂浮在水面上,如王莲、睡莲、萍蓬草、两栖蓼、芡实、菱角、眼子菜、莕菜等。

表5-2　常见水生风景园林植物

植物名称	科别	特性	水深度
莲	睡莲科	多年生水生草本	0.5~1.5 m
睡莲	睡莲科	多年生水生草本	0.25~0.35 m
菱	菱科	一年生浮叶水生草本	3~5 m
慈姑	泽泻科	宿根水生草本	0.1~0.15 m
水芋	天南星科	多年生草本	0.15 m以下
蒲草	香蒲科	多年生宿根草本	0.3~1 m
水葱	莎草科	多年生挺水草本	0.1~0.3 m
莼菜	睡莲科	多年生宿根草本	0.3~1 m
水芹	伞形科	多年生沼泽草本	0.3~1 m

- 漂浮植物:根悬浮在水中,植株漂浮于水面上,随着水流、波浪四处漂泊,如凤眼莲、荇菜、浮萍、槐叶苹、满江红、莼菜、大藻等。
- 沉水植物:整株沉于水中,无根或根系不发达,通气组织特别发达,利于在水中进行气体交换,如黑藻、狐尾藻、金鱼藻、狸藻、铁皇冠、竹叶眼子菜、苦草、菹草等。

3)主要耐旱的风景园林植物

(1)耐旱力最强的植物:经受2个月以上的干旱,并未采取任何抗旱措施而正常生长或略缓慢的植物,有雪松、垂柳、旱柳、苦槠、枫香、石楠、合欢、臭椿、乌桕、黄连木、盐肤木、夹竹桃等。

(2)耐旱力较强的植物:经受2个月以上的高温干旱,未采取保护措施,生长缓慢且有叶黄、梢枯现象出现的植物,有马尾松、油松、龙柏、毛竹、棕榈、榉树、广玉兰、香樟、重阳木、木槿、杜英、醉鱼草、金银花、琼花等。

(3)耐旱力中等的植物:经受2个月以上高温干旱,有严重落叶和树梢枯死现象出现的植物,有罗汉松、白皮松、杨梅、八仙花、海桐、樱花、紫荆、三角枫、鸡爪槭、杜鹃、连翘、金钟花、山茶、喜树、灯台树等。

(4)耐旱力较弱的植物:经受1个月内的干旱高温没有死亡,但有严重落叶枯梢现象,如果干旱期延长且不采取保护措施则会逐渐死亡的植物,有金钱松、柳杉、鹅掌楸、蜡梅、结香、珙桐、四照花等。

（5）耐旱力最弱的植物:经受 1 个月干旱高温即死亡,在相对湿度降低、气温至 40℃以上时死亡最为严重的植物有银杏、水杉、水松、日本扁柏、檫木、珊瑚树等。

4）主要耐涝的风景园林植物

（1）耐涝力最强的植物:能耐 3 个月以上的深水浸淹,水退后能正常生长或略见衰弱,树叶有变黄现象的植物,有垂柳、旱柳、龙爪柳、桑树、柽柳、紫穗槐、落羽杉等。

（2）耐涝力较强的植物:能耐 2 个月以上深水浸淹,退水后生长衰弱,树叶变黄、树梢枯死现象的植物,有水松、棕榈、栀子、枫杨、榉树、枫香、紫藤、乌桕、葡萄、凌霄等。

（3）耐涝力中等的植物:能耐 1～2 个月水淹,水退后呈现衰落现象,时期一久即趋向枯萎的植物,有侧柏、龙柏、广玉兰、夹竹桃、木香、臭椿、卫矛、紫薇、迎春、石榴等。

（4）耐涝力较弱的植物:能忍耐 2～3 周短期水淹,超过时间即枯萎的植物,有罗汉松、刺柏、香樟、小蜡、朴树、梅、合欢、紫荆、南天竹、溲疏、无患子等。

（5）耐涝力最弱的植物:水浸淹 1 周的短暂时间即趋向枯萎且无恢复生长可能的植物,有枇杷、桂花、冬青卫矛、女贞、泡桐等。

2. 水分的其他形态对风景园林植物的影响

（1）雪对保护土壤、增加土壤水分、防止土温过低、避免结冻过深,对植物安全越冬起着重要的作用。但是在雪量较大的地区,会造成枝干倒折的伤害。

（2）冰雹对植物会造成不同程度的损伤。

（3）雨凇、雾凇会在树枝上形成一层冰壳,使树枝折断。一般以乔木受害较多。

（4）雾即空气中的相对湿度大,虽能影响光照,但一般对植物的繁茂是有利的。

3. 风景园林植物对水分的净化作用

风景园林植物通过吸收水体中的污染物质从而起到净化水体的作用。植物从环境吸收来的物质有以下几种去向:

（1）风景园林植物将污染物进行体内新陈代谢而利用掉。植物对有些污染物质可进行吸收利用,即使一些容易引起植物中毒的重金属元素,在低浓度状态下下植物也可以吸收利用,但浓度过高就会造成植物的伤亡。利用植物对富营养化的水体进行净化,即是利用了植物对其吸收利用的原理,如利用慈姑和水花生等净化氮,用满江红来净化磷,当然过大的浓度也会使植物生长发育不良。

（2）植物的富集作用。植物可将吸收的物质存储在植物体内。通常,某种植物对一种特定的元素或化合物具有较强的富集作用,也就是对某种元素或化合物具有选择性吸收的能力。植物的各个器官对污染物的吸收富集是有差异的。如一些重金属元素铅、砷、铬等在植物体内的移动较慢,一般而言,重金属含量在根部较多,茎叶次之,其他部位较少;而硒元素由于比较活跃,可在植物体内各个部分都有存在,尤以叶片中居多。因此在利用植物对水体进行净化时要考虑以上因素,以免造成二次污染。

（3）植物将其吸收的物质进行转化或转移。有些污染物质进入植物体后,可以被植物体分解掉或转化为毒性较弱的成分。如某些有毒的金属元素进入植物体后就立刻和植物体内的硫蛋白结合形成金属硫蛋白,从而使其毒性大大降低;有些植物吸收一些有机污染物后,可以将其完全分解,最后释放出二氧化碳,如苯酚等。该类型植物在净化水体中发挥的作用将会越来越重要。

5.1.5 风景园林植物与空气

空气对风景园林植物的影响是多方面的。氧气是植物呼吸活动不可缺少的物质,缺氧植物的呼吸作用受阻,植物生长受抑制。二氧化碳是植物光合作用的原料之一,它的浓度高低影响着光合作用的进行,并进而影响到植物的生长。在一定范围内,二氧化碳浓度的提高,光合作用增加,则有利于植物的生长,但若过量或不足则对植物生长发育不利。空气中的有害物质如二氧化硫、氟化氢、氯气、一氧化碳、硫化氢及臭氧等都会对植物的生长造成一定的影响。

1. 空气中主要成分对风景园林植物的生态作用

1)氧气

氧气是生物呼吸的必需物质。植物呼吸时吸收氧气,释放二氧化碳,并通过氧气参与植物体内各种物质的氧化代谢过程,释放能量供植物体进行正常的生命活动。如果缺氧或无氧,有机质不能彻底分解,造成物质代谢过程所需能量匮乏,植物生长将受到影响,甚至窒息死亡。

氧气是很多植物种子萌发的必备条件。氧气缺乏时造成种子内部呼吸作用减缓,休眠期延长而抑制萌发。氧气还是自然界氧化过程的参与者。岩石的氧化、土壤和水域中的各种氧化反应都离不开氧气,这些氧化反应为植物对养分的需求提供了来源。

2)二氧化碳

二氧化碳浓度的高低直接着影响地表的温度,从而影响风景园林植物的生长发育及分布等情况。同时,二氧化碳又是植物光合作用的主要原料。据分析,在植物干重中,碳占45%,氧占42%,氢占6.5%,氮占1.5%,灰分元素占5%,其中碳和氧都来自二氧化碳。因此,风景园林植物对二氧化碳吸收的多少具有重要的生态意义。同时,风景园林植物在环境中的竞争能力取决于其对二氧化碳吸收的平均量,而不是短暂光合作用的最大值。从这个意义上讲,二氧化碳含量的增加,有助于植物的生长。但当含量增加到2%~5%以上时就会引起光合作用的抑制,所以,二氧化碳过量又会对植物造成严重的危害。

3)氮气

氮气是植物的重要氮源。氮气不能被植物直接利用,但可通过一些特殊途经将其转为可被植物吸收的氮化合物,从而为植物提供重要的氮源。其转化途径首先是生物固氮,为植物界提供大量的可吸收的氮元素,起固氮作用的主要是一些共生固氮微生物和非共生固氮微生物;再者是工业固氮;大气中的雷电、火山爆发等也可将氮气合成硝态氮等。

氮素是植物体的必要元素,占植物体干重的1%~3%,是植物体内许多重要化合物的组成成分,如核酸、蛋白质、膦酸、辅酶、叶绿素、维生素、植物激素等。因此当氮素不足时,植物生长受抑,植株矮小,叶片衰老快,果实发育不充分。如果植物中氮元素长期缺乏,则易造成植物叶片发黄、生长不良甚至枯死,因此,适时地施用氮肥能有效增加植物的生长力。

2. 大气污染对风景园林植物的危害

大气污染是指大气中的有害物质过多,超过大气及生态系统的自净能力,破坏了生物和生态系统的正常生存和发展的条件,对生物和环境造成危害的现象。

大气污染对风景园林植物影响较大的是二氧化硫、氟化物;氯、氨和氯化氢等虽会对植物产生毒害,但一般是由事故性泄漏引起的,其危害范围不大;氮氧化物毒性较小。

1)二氧化硫

二氧化硫常常危害同化器官叶片,降低和破坏光合生长率,从而降低生产量,使植物枯萎死亡。当空气中的二氧化硫增至 0.002％便会使植物受害,浓度越高,危害越严重。二氧化硫从气孔及水孔浸入叶部组织,会使细胞叶绿体破坏,组织脱水并坏死,表现为在叶脉间发生许多褪色斑点,受害严重时,致使叶脉变成黄褐色或白色。

2)氨

当空气中氨的含量达到 0.1％～0.6％时就会使植物发生叶缘烧伤现象;含量达到 0.7％时,质壁分离现象减弱;含量若达到 4％,经过 24 小时植株即中毒死亡。

3)氟化氢

氟化氢首先危害植物的幼芽和幼叶,先使叶尖和叶缘出现淡褐色和暗褐色的病斑,然后向内扩散,以后出现萎蔫现象。氟化氢还能导致植物矮化、早期落叶、落花和不结实。

4)臭氧

城市中汽车尾气等排放物质在太阳照射下互相作用会产生光化学烟雾,其主要成分是臭氧。臭氧是一种强氧化剂,不仅破坏栅栏组织细胞壁和表皮细胞,促使气孔关闭,降低植物叶绿素含量,进而抑制光合作用。同时臭氧还可损害质膜,使其透性增大,细胞内物质外渗,影响正常的生理功能。因此,受害植株易受疾病和有害生物的侵扰,再生的速度远不如健康的植物。另外,空气中臭氧的含量也会造成土壤中臭氧含量增高,从而对植物产生伤害。

5)氮氧化物

一氧化碳不会引起植物叶片斑害,但会抑制植物的光合作用。植物叶片气孔吸收溶解二氧化氮会造成叶脉坏死,如果长期处于 2～3 mol/L 的高浓度下,就会使植物产生伤害。

6)氯气

氯气对植物伤害比二氧化硫大,能很快破坏叶绿素,使叶片褪色漂白脱落。初期伤斑主要分布在叶脉间,呈不规则点或块状。氯气对植物伤害与二氧化硫危害症状不同之处在于受害组织与健康组织之间没有明显的界限。

其他有毒气体如乙烯、乙炔、丙烯、硫化氢、氧化硫等,它们多从工厂烟窗中散出,对植物也有严重的危害。

3. 风景园林植物对有毒气体的抗性

不同植物对有害气体的反应是不一样的,有些植物对有害气体抗性小,而有些植物具有吸收某些有害气体的能力。根据植物对空气有毒物质的抗性强弱,可将植物分为以下几

类(表 5-3):

(1) 抗性强的植物:在一定范围内具有吸毒、吸尘、转化、还原有毒物质,净化大气的能力的植物,如夹竹桃、女贞、珊瑚树、桃叶珊瑚、木槿等。

(2) 抗性弱的植物:对有毒物和烟尘敏感,在污染环境中生长不良,甚至死亡的植物。此类植物因其对环境很敏感,因此亦称为指示植物。

(3) 抗性中等的植物:介于上述二者之间的植物。

表 5-3 常见风景园林植物对有毒气体的抗性分级表

气体名称	强	中	弱
二氧化硫	苏铁,银杏,侧柏,杨树,刺槐,桑树,黄杨,梧桐,月季,桂花,白蜡,石榴,冬青,海桐,臭椿,蜀葵,石竹,菊花,无花果,夹竹桃,紫叶李,鸡冠花,鱼尾葵,大丽花,海州常山,令箭荷花	柳杉,龙柏,白玉兰,紫荆,郁李,南天竹,棕榈,一品红,杜鹃花,茉莉,一串红,桔梗,芭蕉,鸢尾,银叶菊,荷兰菊,锦葵,波斯菊	雪松,黑松,水杉,白榆,悬铃木,木瓜,樱花,月见草,瓜叶菊,滨菊,竹类
氟化氢	银杏,白皮松,侧柏,柳杉,龙柏,杜松,罗汉松,构树,桑树,黄连木,丁香,小叶女贞,无花果,木芙蓉,悬铃木,广玉兰,石楠,火棘,山楂,臭椿,杜仲,柿树,女贞,丝棉木,海桐,珊瑚树,冬青卫矛,蜡梅,石榴,玫瑰,紫薇,山茶,棕榈,一品红,秋海棠,凤尾兰,葱兰,大丽花,万寿菊	白榆,枫杨,栓皮栎,樱桃,木槿,海桐,桂花,小叶黄杨,栀子,白蜡,三角枫,核桃,丝棉木,金银花,蜀葵,美人蕉,丝兰,水仙花	扁柏,黑松,雪松,杨树,垂柳,桃树,枇杷,海棠,碧桃,合欢,桂花,杜鹃花,万年青,锦葵,玉簪,凤仙花
氯化氢	苦楝,龙柏,杨树,桑树,无花果,合欢,刺槐,国槐,白蜡,小叶女贞,乌桕,紫叶李,紫薇,栀子,海桐,锦熟黄杨,锦带花,接骨木,棕榈,蜀葵,美人蕉	白榆,女贞,蜡梅,夹竹桃	黑松,雪松,广玉兰
硫化氢	龙柏,罗汉松,白榆,构树,悬铃木,樱花,夹竹桃,锦熟黄杨,月季,草莓	石榴,唐菖蒲,旱金莲	桂花,紫菀,虞美人
二氧化碳和酸雨	龙柏,枫杨,构树,桑树,无花果,黄杨,月季,合欢,刺槐,八仙花,香椿,臭椿,乌桕,珊瑚树,棕榈	夹竹桃,迎春	黑松,水杉,白榆,悬铃木

4. 风景园林植物对大气污染的净化作用

风景园林植物是环境生态中的重要组成部分,不仅能美化环境,而且能固碳释氧,吸收空气中的有害气体、吸附尘粒、杀菌、调节气候、吸声降噪、防风固沙、遮阳庇荫等,对周围环境起到净化作用,并能维持环境的良性运转,尤其是对城市生态具有重要的意义。具体作用表现如下。

1) 维持碳氧平衡

绿色植物吸收二氧化碳在合成自身需要的有机营养的同时,向环境中释放氧气,维持空气的碳氧平衡。据实验得知,每人拥有 10 m^2 的树林或 50 m^2 的草坪可满足其呼吸氧气的需要。此外,不同的植物,其光合作用的强度是不同的,一般而言,阔叶树种吸收二氧化碳的能力强于针叶树种。

2）吸收有毒气体

风景园林植物对空气的净化作用主要表现为通过吸收大气中的有毒物质,再经光合作用形成有机物质,或经氧化还原过程使其变为无毒物质,或经根系排出体外,或积累于某一器官,最终化害为利,使空气中的有毒气体浓度降低。

3）滞尘作用

风景园林植物对空气中的颗粒污染物有吸收、阻滞、过滤等作用,使空气中的灰尘含量下降,从而起到净化空气的作用,这就是植物的滞尘效应,尤其是目前 PM_{10}、$PM_{2.5}$ 大面积影响国土生态安全时,植物的滞尘作用显得尤为重要。

一般而言,树冠大而浓密,叶面多毛或粗糙,以及分泌油脂或黏液者均具有较强的滞尘能力。据统计,滞尘能力较强的风景园林植物,在中国北方地区有刺槐、国槐、榆、构树、侧柏、圆柏、梧桐等;在中国中部地区有朴树、木槿、泡桐、悬铃木、女贞、臭椿、广玉兰、龙柏、夹竹桃、紫薇、乌桕等;在中国南方地区有苦楝、高山榕、银桦等。

4）减菌作用

一方面空气中的尘埃是细菌等生物的生活载体,通过风景园林植物的滞尘效应,可减小空气中的细菌总量;另一方面许多植物分泌的杀菌素能有效地杀灭细菌、真菌和原生动物等。

经研究发现,具有杀灭细菌、真菌能力的主要植物有侧柏、柏木、雪松、柳杉、红豆杉、盐肤木、冬青卫矛、胡桃、月桂、合欢、紫薇、广玉兰、木槿、茉莉、女贞、石榴、枇杷、石楠、垂柳等。

5）减噪作用

风景园林植物的减噪作用原理主要包括两个方面:一方面,噪声遇到重叠的叶片,改变直射方向,形成乱反射,仅使一部分噪声透过枝叶的空隙传达出去,从而减弱噪声;另一方面,噪声作为一种波在遇到植物的叶片、枝条等时,会引起震动而消耗一部分能量,从而减弱噪声。

实践证明,能较好隔音的植物有雪松、圆柏、龙柏、悬铃木、梧桐、垂柳、云杉、美国山核桃、鹅掌楸、臭椿、樟树、珊瑚树、海桐、桂花、女贞等。

6）增加负离子效应

负离子能改善人体的健康状况,被称为"空气维生素""长寿素"。通过增加植物量、改善群落结构和适当增加喷泉等途径,可增加环境中的负离子浓度。调查表明自然风景区、湿地保护区、自然遗产地等地段空气中的负离子含量明显高。

7）净化室内空气

风景园林植物可改善室内环境。植物可以通过新陈代谢释放氧气,吸收二氧化碳,增加室内空气湿度,吸收有毒气体以及除尘等来改善室内环境。

5. 空气的流动与抗风植物

空气流动形成风,从大气环流的角度而言有季候风、海陆风、台风等;依其速度分为12级,低速的风对植物有益,高速的风则会使植物受到危害。

风对植物有利的方面是风有助于风媒花的传粉,如银杏雄株的花粉可顺风传播数 5 公里以外。风又可传播果实和种子,带翼和带毛的种子可随风传到很远的地方。

风对植物不利的方面分为生理伤害和机械伤害。在春夏生长期,旱风会给农林生产带来损失;飓风、台风则会吹断植物的枝干或使其倒伏;夹杂大量盐分的海风则会使植物被覆一层盐霜,导致植物枯萎甚至死亡。

各种植物的抗风能力差别很大,根据调查,植物的抗风能力可分为以下三类:

(1) 抗风能力强的植物有:马尾松、黑松、圆柏、榉树、乌桕、葡萄、臭椿、朴树、槐树、樟树、麻栎、南洋杉、竹类等。

(2) 抗风能力中等的植物有:侧柏、龙柏、柳杉、苦槠、银杏、广玉兰、重阳木、榔榆、枫香、桑树、合欢、紫薇、琼花、旱柳等。

(3) 抗风能力弱、容易受害的植物有:大叶桉、榕树、雪松、木棉、悬铃木、加杨、钻天杨、银白杨、垂柳、刺槐、枇杷等。

一般来说,树冠紧密、根系强大的植物,抗风能力强;而树冠庞大、根系浅的植物抗风能力弱。同时,不同类型的台风对树木的危害程度也不一致,先风后雨的台风要比先雨后风的台风危害小,持续时间短的比时间长的危害小。风景园林树木的木材的理化性质具有高硬度、高强度、高韧度特性的树种具有较强的抗风折能力。

5.1.6 风景园林植物与土壤

植物生长离不开土壤,土壤是植物生长的基质。土壤对植物最明显的作用之一就是提供植物根系生长的场所。没有土壤,植物就不能站立,更谈不上生长发育。根系在土壤中生长,土壤提供植物需要的水分、养分。养分除氮、磷、钾外,还有 13 种主要的微量元素。植物每产生 1 份干物质约需 500 份水,这 500 份水均由土壤提供。土壤还为根系呼吸提供丰富的氧气。为使植物生长良好,土壤环境不应过酸、过碱、含过量盐或被污染。理想的土壤应保水性强,有机质含量丰富,呈中性至微酸性。

1. 土壤质地与结构对风景园林植物的影响

土壤由固体、液体和气体三部分组成,其中固体颗粒是组成土壤的物质基础。土粒按直径大小分为粗砂($2.0 \sim 0.2$ mm)、细粒($0.2 \sim 0.02$ mm)、粉砂($0.02 \sim 0.002$ mm)和粘粒(0.002 mm 以下)。这些大小不同的土粒组合称为土壤质地。根据土壤质地可把土壤分为砂土、壤土和黏土三大类。砂土的砂粒含量在 50% 以上,土壤疏松、保水保肥性差、通气透水性强。壤土质地较均匀,粗粉粒含量高,通气透水、保水保肥性能都较好,适宜生物生长。黏土的组成颗粒以细黏土为主,质地黏重,保水保肥能力较强,通气透水性差。

土壤结构是指固体颗粒的排列方式、孔隙的数量和大小以及团聚体的大小和数量等。最重要的土壤结构是团粒结构(直径 $0.25 \sim 10$ mm),团粒结构具有水稳定性,由其组成的土壤能协调土壤中水分、空气和营养物之间的关系,改善土壤的理化性质。

土壤质地与结构常常通过土壤的理化性质及肥力状况来影响植物的生活。

2. 以土壤为主导因子的风景园林植物类型

土壤是风景园林植物生长的基础,土壤状况是指土壤的酸碱度、水、肥、气、热等,它对风景园林植物的生长发育有极其重要的影响。

1) 根据土壤酸碱度适应性而分的植物类型

土壤的酸碱度受气候、母岩及土壤的营养成分、地形地势、水分和植被等因子影响。在气候干旱的黄河流域主要是中性或钙质土壤,在潮湿寒冷的山区、高山区和暖热多雨的长江流域以南地区,则以酸性土为主。按照中国科学院南京土壤研究所 1978 年标准,我国土壤酸碱度可分 5 级,即强酸性为 pH<5.0,酸性为 pH=5.5～6.5,中性为 pH=6.5～7.5,碱性为 pH=7.5～8.5,强碱性为 pH>8.5。风景园林植物不能在过酸或过碱的土壤里生长。根据风景园林植物对土壤酸碱度的适应能力,通常将风景园林植物分成以下几类:

(1) 酸性土植物:指在酸性土壤上生长最旺盛的种类。这类植物适宜的土壤 pH 值在6.5 以下,如山茶、杜鹃、油茶、马尾松、油桐、蒲包花、茉莉、马醉木、栀子花、红桦、白桦、橡皮树、棕榈科植物、羽扇豆、八仙花、鸭跖草等。

(2) 中性土植物:指在中性土壤上生长最佳的种类。这类植物适宜的土壤 pH 值为6.5～7.5,大多数风景园林植物均属于此类,如杨树、柳树、梧桐、金盏菊、风信子、仙客来、朱顶红等。

(3) 碱性土植物:在碱性土壤上生长最好的种类。这类植物适宜的土壤 pH 值在 7.5以上,如柽柳、海滨木槿、紫穗槐、沙棘、沙枣、石竹、天竺葵、非洲菊等。

(4) 随遇植物:对土壤 pH 值的适应范围较大,一般在 5.5～8.0 这个范围中,如苦楝、乌桕、木麻黄、刺槐、雏菊、紫罗兰等。

2) 根据土壤含盐量适应性而分的植物类型

(1) 喜盐植物:可分为旱生与湿生的喜盐植物。分布于内陆的干旱盐土地区的植物如盐角草等为旱生植物,分布于沿海海滨的喜盐植物如盐蓬、水飞蓟等为湿生植物。

(2) 抗盐植物:这类植物的根对盐类的透性很小,所以很少吸收土壤中的盐类,如田菁、盐地风毛菊等。

(3) 耐盐植物:这类植物能从土壤中吸收盐分,但并不在体内积累,而是将多余的盐分经茎、叶上的盐腺排出体外,如柽柳、盐角草等。

(4) 碱土植物:这类植物能适应 pH 值达 8.5 以上和物理性质极差的土壤条件,如一些藜科、苋科等植物。

景观设计中常用的耐盐碱植物有柽柳、海滨木槿、白榆、桑树、旱柳、臭椿、刺槐、国槐、黑松、白蜡、杜梨、乌桕、胡杨、君迁子、枣、杏、钻天杨、复叶槭等。

3) 根据对土壤肥力的要求而分的植物类型

(1) 瘠土植物:能在干旱、瘠薄的土壤中正常生长,如马尾松、油松、侧柏、构树、刺槐、沙枣、合欢、沙棘、黄连木、小檗、锦鸡儿等,这类植物可作为荒山荒坡先锋植物进行栽植。

(2) 肥土植物:要求肥沃深厚的土壤,肥力不足则生长不良,甚至死亡,如银杏、冷杉、红豆杉、水青冈、楠木、白蜡、槭树等。可以说绝大多数植物都喜欢肥沃的土壤,即使是瘠土植物,在肥土环境中也会生长更好。

(3) 沙生植物:此类植物具有耐干旱贫瘠、耐沙埋、抗日晒,易生不定根、不定芽等特点,如骆驼刺、沙冬青以及仙人掌科植物等。

3. 风景园林植物对土壤的适应

1）风景园林植物对土壤养分的适应

土壤养分是植物生长发育的基础,不同的土壤类型对植物的供养能力不同。同时,植物长期适应于特定的土壤养分状况也会形成对其特定的适应性。通常按照植物对土壤养分的适应状况将其分为两种类型:不耐瘠薄植物和耐瘠薄植物。不耐瘠薄植物对养分的要求较严格,营养稍有缺乏就会影响它的生长发育。在养分供应充足时,植株生长较快,长势良好,一般具有叶片相对发达,枝繁叶茂,开花结实量相对增多等特征。瘠薄植物对土壤中的养分要求不严格,或能在土壤养分含量低的情况下正常生长。这包括两种含义,一种是植物对土壤的养分要求不严格,能耐普遍的养分缺乏,虽然该种类型能正常生长,但由于养分缺乏,生长较慢;另一种是植物体本身对养分要求较高,但具有发达的根系及其相关特征(如菌根等),可从瘠薄的环境中获得充足的营养,从而适应不同的土壤类型。

2）风景园林植物对土壤酸碱性的适应

一般植物对土壤 pH 值的适应范围在 4~9 之间,但最适范围在中性或近中性范围内。对于特定植物来讲其适应范围有所不同。

3）风景园林植物对盐渍土的适应

土壤盐渍化是指易溶性盐分在土壤表层积聚的现象或过程。土壤盐渍化主要发生在干旱、半干旱和半湿润地区。一般认为盐分对植物的危害程度从重到轻依次为氯化镁,碳酸钠,碳酸氢钠,氯化钠,氯化钙,硫酸镁,硫酸钠。不同植物对土壤含盐量的适应性不同,有的较强,有的较弱。

4）风景园林植物对土壤通气性的适应

不同植物对土壤通气性的适应力不同。有些植物能在较差的通气条件下正常生长,如土壤水分含量较多,造成土壤空气含量的减少,只能适于耐水湿、耐低氧植物的生存;有的植物要求土壤在 15% 以上的容气量才能生长良好。一般来讲,土壤容气孔隙占土壤总容量的 10% 以上时,大多数植物能较好生长。较好的通气性有助于植物根系的发育和种子萌发,因此,在苗圃等经常用砂质土进行幼苗培育。

5）风景园林植物对土壤紧实度的适应

土壤紧实度是指土壤紧实或疏松的程度,一般用土壤容重和土壤硬度来表示。植物对土壤的紧实度有一定要求,紧实度过小,不能充分保持土壤中的养分和水分等,植物难以生长。紧实度过大,对植物生长同样不利。土壤过于紧实会抑制根系的生长和发育;紧实度大的土壤通透性较差,下渗水量较少,容易造成地表径流,如果地势较低,很容易积水,而在干旱时由于毛细管畅通,失水也较多,因此对植物水分的供给减少;土壤过实还会大大减少土壤微生物的数量,特别是其与根系的共生体系的减少,严重影响土壤对植物养分的供应和植物对养分的吸收,造成植物养分过量缺乏,抑制植物的正常生长,甚至会因长势衰弱而死亡。

6）风景园林植物对土壤质地的适应

风景园林植物对土壤质地的适应范围各不相同,有的植物适合质地较为黏重的土壤,如云杉、冷杉、桑等,有的植物生长需要较为疏松的土壤质地,如红松、杉木等。

总的来讲,植物对土壤的适应取决于土壤一系列理化性质、微生物活动、土壤生物活动、土壤生物的影响等因素。对土壤某一方面的适应也必须和其他方面相结合,如一般植物要求排水良好和比较疏松的土壤条件,积水过多易造成涝害,也不适合黏质土壤,不耐土壤紧实度大、透气性差的条件,如夹竹桃、雪松、丁香等;相反,有些植物可在排水不良或比较黏重紧实的土壤上生长,有些植物对透气性要求不高,如常春藤、月季等。

5.1.7　风景园林植物与地形地势因子

地形地势主要指栽植地的海拔高度、坡度、坡向、山脊和山谷等。地形地势通过对所在地区小气候环境条件的影响而间接地影响植物的生长发育过程。在不同的地形地势条件下进行植物配置时,应充分考虑地形地势造成的光照、温度、水分、土壤等的差异,结合植物的生态特性,合理配置植物,以形成符合自然的植被景观。

1.　海拔高度

海拔高度主要影响气温、湿度和光照度。一般海拔由低至高,则温度渐低,相对湿度渐高,光照渐强,紫外线含量增加,这些现象以山地地区更为明显,因而会影响植物的生长与分布。由于各方面因子的变化,对于植物个体而言,生长在高海拔的植物与生长在低海拔的同种植物相比较,则有植物高度变矮、节间变短、叶的排列变密等变化。风景园林植物的物候期随海拔升高而推迟,生长期结束早,秋叶色艳而丰富,落叶相对提早,而果熟较晚。

2.　坡向方位

坡度和坡向能造成大气候条件下的热量和水分的再分配,形成各类不同的小气候环境。不同方位山坡的气候因子有很大差异,例如南坡光照强,土温、气温高,土壤较干;而北坡正好相反。所以在自然状态下,往往同一树种在垂直分布中,南坡高于北坡。在北方,由于降水量少,所以土壤的水分状况对树木生长影响极大。在北坡,由于水分状况相对南坡好,可生长乔木,植被繁茂,甚至一些阳性树种亦生于阴坡或半阴坡;在南坡由于水分状况差,所以仅能生长一些耐旱的灌木和草本园林植物。但是在雨量充沛的南方,阳坡的植被就比较繁茂。此外,不同的坡向对树木冻害、旱害等亦有很大影响。

3.　地势变化

坡度的缓急、地势的陡峭起伏等,不但会形成小气候的变化而且对水土的流失与积聚都有影响,它们可直接或间接地影响到风景园林植物的生长和分布。坡度通常可分为五级,即平坦地为 $5°$ 以下,缓坡为 $6°\sim15°$,中坡为 $16°\sim35°$,急坡为 $36°\sim45°$,险坡为 $45°$ 以上。在坡面上水流速度与坡度及坡长成正比,而流速愈快、径流量愈大时,冲刷掉的土壤量也愈大。坡度影响地表径流和排水状况,因而直接改变土壤的厚度和土壤的含水量。一般在斜坡上,土壤肥沃,排水良好,对植物生长有利,而在陡峭的山坡上,土层薄,石砾含量高,植物生长差。山谷的宽窄与深浅以及走向变化也能影响树木的生长状况。在不同的地形地势条件下配置植物时,应充分考虑地形和地势造成的温、湿度上的差异,结合植物的生态特性,合理配置植物。

5.1.8 风景园林植物与生物因子、人为因子

1. 风景园林植物与生物因子的关系

植物的生活环境里总少不了动物和微生物,如各种高等、低等动物,它们与风景园林植物生活在一起,其关系包含着有益和有害两个方面。有些动物能帮助风景园林植物传播花粉(主要是昆虫)、传播种子、疏松土壤,这是有益的;而有些兽类会危害植物幼苗、枝叶、花果、根等。微生物能分解有机物,增加土壤肥力,有的还能形成根瘤、菌根,固定空气中的游离氮;但也有不少致病微生物能使植物生病,成为病害。植物与植物之间亦存在着相互促进、相互抑制的关系。植被丰富度高、稳定性强的植被群落,一方面能增强整个群落对病虫害和其他自然灾害的抵抗能力,增加其周围的空气湿度等,这是相互依存的促进关系;但同时这些植物之间相互竞争,争夺阳光、养分,藤本与树木缠绕、绞杀等,这又是相互抑制的关系。一般来说生活型、生物学特性和生态习性越接近的植物,相互间的竞争越激烈,相互抑制的关系越容易发生;反之就能较好的共存,能相互促进。转主寄生(heteroecism)现象在规划设计中也应该引起重视,它是指生活史中各阶段能在不同种的寄主上度过寄生生活的现象。以梨桧锈病为例,在梨树、海棠、苹果、山楂、木瓜等的附近配置圆柏、龙柏等,梨赤星病菌(*Gynmosporangium asiaticum*)在梨叶上渡过性孢子和锈孢子两个阶段,再在圆柏的茎、叶上渡过冬孢子阶段,完成其生命周期。初期病斑在梨叶上为黄绿色,渐变橙黄色圆形斑,后变成黑色粒状物,在叶背面相应处形成黄白色隆起,并着生黄色毛状物;圆柏受害后于针叶腋处出现黄色斑点,渐成锈褐色角状突起,潮湿条件下形成黄褐色胶质鸡冠状冬孢子角。综上可见,了解植物与生物因子之间的相互关系亦是我们在设计时必须考虑的问题。

2. 风景园林植物与人为因子的关系

虽然人类属于生物范畴,但人类通过对植物资源的利用、改造、发展、引种驯化,以及对环境的生态破坏和对环境造成的污染等行为,已充分表明人类对环境及对其他生物的影响已越来越具有全球性,远远超出了生物的范畴。把人为因子从生物因子中分离出来是为了强调人类作用的特殊性和重要性。人类对风景园林植物的作用是有意识的和有目的性的,而其影响程度和范围正不断提高。

5.2 环境特点与风景园林植物选择

5.2.1 大气候影响下城市地区的植物选择

1. 大气候与植物地带性分布

大气候又称为区域性气候,是地理和地形位置相互作用的结果。气候条件,主要是热

量和水分,决定植被的带状分布。植被分布的水平地带性,主要是指由南至北因热量变化的纬度地带性和由东向西因雨量变化的经向地带性。

太阳辐射是地球表面热量的主要来源。由于太阳辐射因地理纬度逐渐增高而逐渐变弱,因此,从南到北就形成了各种热量带,与此相应,各种植被类型也成带状从南至北依此更替。在湿润的气候条件下,植被类型由南至北的顺序为:热带雨林→亚热带常绿阔叶林→温带落叶阔叶林→寒温带针叶林→极地苔原带,即植被分布的纬度地带性表现。中国土地广阔,且南北纬度跨度较大,因此除极地苔原带外,涵盖了所有植物分布带(图 5-2)。

图 5-2　中国植被分布

资料来源:根据国家测绘地理信息局[GS(2016)1573 号]改绘

2. 城市地区植物选择

1)北京

(1) 自然条件。北京处于北纬 40°,东经 116°23′,四季分明。冬季盛行偏北的气流,寒冷而干燥;夏季盛行来自海洋的偏南气流,温和而湿润,故为温带大陆性季风气候。年平均气温为11.8℃,最热月是7月,平均气温为26.1℃,最冷月1月的平均气温为−4.7℃,全年最高气温39.6℃,最低温度−22.8℃,无霜期195天。年降水量平均为638 mm。

(2) 主要植物种类。北京属温带大陆性季风气候,处于温带落叶阔叶林区,其植物种类以落叶阔叶及针叶植物为主。纵观北京各公园、街道、绿地的主要植物种类,基本都选用了华北地区暖温带的乡土植物,配置成为具有北方特色的人工植物群落。常见的植物有:

常绿针叶树种:油松、白皮松、侧柏、圆柏等;

落叶阔叶乔木:银杏、杨属、柳属、榆属、槐、栾树、白蜡属、椴属、五角枫、黄栌、栓皮栎、黄连木、楝等;

绿篱灌木:冬青卫矛、紫叶小檗、金叶女贞等;

花灌木:榆叶梅、连翘、迎春、紫荆、棣棠、垂丝海棠、西府海棠、绣线菊属、珍珠梅、紫薇、木槿等;

藤本:紫藤、凌霄、金银花、葡萄、地锦等;

草坪:多年生黑麦草、早熟禾、野牛草、羊胡子、结缕草等。

(3) 植物配置特点。

反映北京人文历史特征。北京为中国六大古都之一,历经辽、金、元、明、清等朝代,留下宏伟壮丽的帝王园林及寺庙园林。风景园林中的树种选择除了具有较强的地域适应性外,还充分考虑到植物的象征、寓意性。如在建筑景观周围大量选用松、柏等植物以体现统治者的江山稳固,基业常青(图5-3);选用玉兰、海棠、牡丹等体现其身份的雍容富贵。

在植物配置时遵循适地适树,突出季相变化的原则。注意植物的季相景观和观花植物的运用,春有玉兰、碧桃、连翘、榆叶梅、迎春、山杏、山桃、锦带花、丁香类、绣线菊类、海棠类、樱花类等;夏有合欢、栾树、木槿、珍珠梅、紫薇、凌霄、荷花等;秋有海州常山、月季等(北京的秋色叶树种极为丰

图5-3 故宫御花园中的圆柏

富,如黄栌、黄连木、白蜡、银杏、栎属、火炬树、天目琼花、胡枝子、五叶地锦等);冬季的北京松柏常青,尤其是白皮松、毛白杨等树种干色也较突出。

北京地区典型的人工配置群落有:侧柏—太平花—萱草;油松—丁香+白玉兰—剪股颖;刺槐—棣棠—麦冬;臭椿—胡枝子—玉簪;槐树—珍珠梅—紫花地丁;栾树—天目琼花—大叶铁线莲等。

2) 上海

(1) 自然条件。上海处于北纬31°14′,东经121°29′,地处长江三角洲东缘,位于我国南北海岸的中心,北界长江,东濒东海,南临杭州湾,西接江苏、浙江两省。属亚热带季风气

候,四季分明。全境几乎都属于坦荡低平的长江三角洲冲击平原,除西南部有少数自然山体外,平均海拔高度 4 m 左右。全市面积 6 340.5 km²,南北长约 120 km,东西宽约100 km。上海地区天然河港密布,多属太湖流域,主要河流有黄浦江及其支流、上海地区吴淞江(苏州河)。年平均温度为 17.6℃,最高气温 40℃,最低气温−5.9℃,最热月平均温度 28.1℃,最冷月平均温度−2.1℃。年平均降雨117 天,降雨量 1 106.5 mm,最大平均湿度81%。最大风速 19.8 m/s。无霜期237 天。每年 6 月中旬到 7 月上旬为梅雨季节,平均在 6 月 15 日入梅,7 月 6 日出梅,梅雨量平均为 215 mm,梅雨期长度为 21 天。

(2) 主要植物种类。上海属中亚热带北缘季风性气候,兼具一定海洋性气候特征。自然植被特征为常绿阔叶林和常绿阔叶、落叶混交林的过渡性植被。常见的植物有:

常绿乔木:香樟、广玉兰、雪松、罗汉松、湿地松、黑松、日本五针松、华山松、龙柏、香榧、柳杉、青冈、乌冈栎、白栎、女贞、桂花、冬青、铁冬青、枇杷、石楠、椤木石楠、棕榈;

落叶乔木:悬铃木、银杏、水杉、落羽杉、池杉、榔榆、榉树、朴树、珊瑚朴、槐、刺槐、黄檀、乌桕、白玉兰、鹅掌楸、杜仲、麻栎、皂荚、梧桐、白蜡、黄连木、重阳木、枳椇、梓树、梧桐、七叶树、枫香、丝棉木、复羽叶栾树、全缘叶栾树、无患子、喜树、构树、木瓜、梅、桃、东京樱花、日本晚樱、豆梨、三角枫、青枫、鸡爪槭;

常绿灌木:蚊母树、珊瑚树、桂花、月桂、天竺桂、黄杨、杨梅、夹竹桃、海桐、八角金盘、胡颓子、木半夏、砂地柏、野迎春、大花六道木、火棘、枸骨、栀子花、六月雪、山茶、厚皮香、杜鹃、南天竹、紫叶小檗、十大功劳、阔叶十大功劳;

落叶灌木:二乔玉兰、紫玉兰、蜡梅、紫荆、垂丝海棠、西府海棠、穗花牡荆、琼花、天目琼花、山梅花、白鹃梅、石榴、溲疏、牡丹、棣棠、绣线菊、丁香、月季、贴梗海棠、金钟花、八仙花、紫珠、紫薇、金银木、接骨木、无花果、结香、木槿、大花醉鱼草;

竹类:毛竹、淡竹、紫竹、孝顺竹、桂竹、茶竿竹、凤尾竹、箬竹、菲白竹、菲黄竹、鹅毛竹;

藤本植物:凌霄、常春油麻藤、紫藤、扶芳藤、络石、薜荔、金银花、木香、洋常春藤、猕猴桃、葡萄、蛇葡萄;

草坪:狗牙根、结缕草、天鹅绒、高羊茅、马尼拉;

地被植物:麦冬、山麦冬、沿阶草、吉祥草、火星花、火炬花、马蹄金、红花酢浆草、石菖蒲、二月兰、鸢尾、玉簪、石竹、蔓长春、过路黄、石蒜。

(3) 植物配置特点。上海自古素有以植被护堤的传统,明清时期沿堤遍植柳树和桑树。自开埠以来,近代上海园林绿化一直开全国风气之先。自清同治四年(1865 年)起,英美租界外滩沿江马路种有最早的行道树,成功引种悬铃木和广玉兰并推广。同治十年,在英美租界工部局建立第一个园林专业苗圃。解放后,上海园林以海乃百川的气魄极具包容性和创新性,善于汲取中西方优秀园林经验,扬弃创新,锐于进取。

中西合璧,争奇斗艳。上海老公园集成了原租界园林的西式风格和中式创新思维。例如,原黄浦公园内设有许多花坛,引种培育欧洲花卉郁金香、紫罗兰,素有“百花园”之称;复兴公园北部按欧洲风格布局,笔直的大道两旁种植高大的悬铃木,突出法国规则式造园风格,故俗称“法国公园”;中山公园早在民国 3 年(1914 年)规划核心景区之一即为植物园,从东南各省引种数百种树木,成为当时全市树种最多的公园。

锐意革新,推陈出新。新中国成立后,上海新建的公园绿地,都具有敢于创新,富有朝气的特征,很多都具全国性乃至世界性的影响力(图5-4)。

松江方塔园,地形改造仿松江县境中九峰三泖,保留原有大片竹林和不少古树名木,如三百年银杏、百年山茶、百年紫薇、大枸骨,与古建筑互相辉映,园中植物多为我国传统花木,均不做造型,取其自然形态。

延中绿地是为改善城市生态环境,缓解中心城区热岛效应,为实现社会、经济、环境协调发展而开辟的大型公共绿地,以"绿"为主题,"水"为主线,"蓝"与"绿"相交融为特色,园区以不同主题的

图5-4 新引进植物红花槭的几个品种在静安雕塑公园中的应用

小公园组成,植物设计风格各异,疏密有致,开合自如,搭配得体,空间富有变化。

上海辰山植物园是集科普和游赏为一体的综合性植物园,全园种植规划设计以"绿环"为核心概念,形成内向围合型结构,通过山体保育、改良土壤、湖水生态治理等措施创造出不同生境以适应不同植物需求,高大乔木散植于起伏地形之上,新优地被则表现出不同色彩和季相效果。

上海世博公园是为2010年世博会而规划新建的大型公园绿地,植物规划设计体现生态、科技、人文理念,引入空间立体绿化方式,将绿化空间多重叠加。在植物选择上,以地带性植物为主,适当引种部分经驯化表现良好的新优品种。群落种植设计以乡土性、多样性、新优性为原则,选用植物品种近千种,集中展现了当代上海的园林技术和园艺水平。

3) 南京

(1) 自然条件。南京地处长江下游平原,属北亚热带季风气候区,四季分明,雨水充沛,光能资源充足,年平均温度为15.7℃,最高气温43℃,最低气温−16.9℃,最热月平均温度28.1℃,最冷月平均温度−2.1℃。年平均降雨117天,降雨量1 106.5 mm,最大平均湿度81%。最大风速19.8 m/s。无霜期237天。每年6月下旬到7月中旬为梅雨季节。

(2) 主要植物种类。南京属北亚热带季风气候区,处于亚热带常绿阔叶林区,植物种类丰富,以常绿阔叶林与落叶林、混交林居多。常见的植物有:

常绿乔木:黑松、赤松、马尾松、罗汉松、雪松、圆柏、龙柏、广玉兰、香樟、女贞、青冈栎、棕榈、桂花、珊瑚树、枇杷、石楠;

落叶乔木:金钱松、水杉、落羽杉、池杉、榔榆、乌桕、白玉兰、银杏、杜仲、麻栎、栓皮栎、鹅掌楸、皂荚、刺槐、青桐、七叶树、枫香、丝棉木、复羽叶栾树、悬铃木、榉树、珊瑚朴、无患子、木瓜、梅花、碧桃、樱花、鸡爪槭、红枫;

常绿灌木:铺地柏、千头柏、火棘、海桐、枸骨、山茶、杜鹃、夹竹桃、南天竹、十大功劳、阔叶十大功劳、洒金桃叶珊瑚、八角金盘;

落叶灌木:紫玉兰、绣线菊类、郁李、垂丝海棠、贴梗海棠、溲疏、金钟花、紫珠、紫薇、蜡梅、紫荆、糯米条、琼花、天目琼花、金银木、接骨木、无花果、结香、木槿、石榴、醉鱼草;

竹类:孝顺竹、苦竹、箬竹、毛竹、菲白竹、桂竹、斑竹、刚竹、罗汉竹、淡竹、紫竹;

藤本植物:金银花、络石、南蛇藤、胶东卫矛、三叶木通、木香、中华常春藤、洋常春藤、猕猴桃、葡萄、薜荔、扶芳藤;

草坪:狗牙根、假俭草、中华结缕草、日本结缕草、高羊茅、马尼拉、草地早熟禾、早熟禾;

地被植物:阔叶麦冬、山麦冬、红花酢浆草、石蒜、石菖蒲、沿阶草、二月兰、吉祥草、鸢尾、玉簪、石竹、花叶蔓长春、金叶过路黄。

(3) 植物配置特点。南京古称金陵"六朝形胜地、十代帝王都",中国江南山水园林遗存其间。现今,南京形成了浓荫蔽日、风格浑厚、级配合理、功能完备的绿化体系。

任何优秀的景观设计如果没有精心配置的植物,终究显得单调、呆板,缺少灵气,难以形成主题突出、层次分明、色彩多变、风景如画的环境景观。南京园林中最突出的特点即因地制宜,采用合理的植物配置与环境相互映衬,充分突出人文景观,从而让人们在游览过程中,感受到视觉、精神、自然的变化。

以雨花台烈士陵园为例。烈士就义群雕是该园的标志性雕塑,配置植物选择了柏树、雪松、云杉等高大常绿乔木,形成苍松如海的背景;周围成片栽植红枫、鸡爪槭、蜡梅、海棠、紫薇、红叶李等色叶树、花灌木,以配合雕塑的风格和主题;为增加植物景观的层次,还在雪松林下栽植了桂花、石楠、珊瑚树、黄杨等,周边区域片植或群植池杉、悬铃木等高大乔木,以增加竖向景观;缓坡和平坦地势的林下,全部栽种麦冬、萱草、石蒜等地被植物;群雕广场的甬道及两侧,松柏类青翠挺拔,绿篱整齐庄严(图5-5)。苍翠的青松、如火的红枫、绚烂的鲜花,陪伴着先烈不朽的英魂。

广泛应用地被植物。地被植物比草坪应用更为灵活,在不良土壤、树荫浓密、树根暴露的地方,可以代替草坪生

图 5-5　庄严肃穆的广场

长。且地被植物种类繁多,有蔓生的、丛生的、常绿的、落叶的、多年生宿根的及一些低矮的灌木,可以广泛地选择,它们不仅增加植物层次,丰富景观,还可以解决工程、建筑的遗留问题,使景观更加完美。在南京园林植物造景中地被植物随处可见,其不同的花色、花期、叶形与其他植物搭配形成高低错落、色彩丰富的景观。

4) 广州

(1) 自然条件。广州位于北纬 23°6′,东经 113°18′,处于亚热带南缘。1 月份平均气温 13.2℃,8 月份平均气温 28.7℃,绝对最低 0℃,最高 38℃,雨量 1 638 mm。而距广州仅 86 km 位于北回归线上的鼎湖山(北纬 23°10′,东经 112°24′)接近热带北缘,自然植被丰富,自然群落类型很多,是广州园林植物造景取材的重要源泉及样板。

(2) 主要植物种类。

木本耐阴植物:竹柏、罗汉松、香榧、粗榧、三尖杉、米兰、鹰爪花、山茶、油茶、桂花、含笑、海桐、南天竹、十大功劳属、小檗属、八角金盘、栀子、野迎春、桃叶珊瑚、枸骨、紫珠、马银

花、紫金牛、六月雪、朱蕉、金粟兰、忍冬属、棕竹、丛生鱼尾葵、散尾葵、燕尾棕、三药槟榔、软叶刺葵、木兰、胡枝子等；

藤本耐阴植物：龟背竹、绿萝、花叶绿萝、深裂花烛、中华常春藤、洋常春藤、络石、南五味子、地锦等；

耐阴草本及蕨类植物：仙茅、大叶仙茅、一叶兰、花叶一叶兰、水鬼蕉、虎尾兰、金边虎尾兰、石蒜、黄花石蒜、海芋、广东万年青、万年青、石菖蒲、吉祥草、沿阶草、麦冬、玉簪、紫萼、紫背竹芋、花叶竹芋、天鹅绒竹芋、花叶艳山姜、艳山姜、水塔花、鸭跖草、秋海棠类、红花酢浆草、紫茉莉、虎耳草、垂盆草、紫堇、翠云草、观音莲座蕨、华南紫萁、肾蕨、巢蕨、苏铁蕨、岩姜、星蕨等。

芳香及彩色木本植物：凤凰木、木棉、金凤花、红花羊蹄甲、山茶、红花油茶、广玉兰、紫玉兰、厚朴、石榴、杜鹃类、扶桑、黄槿、悬铃花、吊灯花、红千层、蒲桃、黄花夹竹桃、栀子、夹竹桃、鸡蛋花、凌霄、西番莲、紫藤、常春油麻藤、香花鸡血藤、光叶子花、炮仗花、含笑、白兰、鹰爪花、大叶米兰、红桑、金边桑、洒金榕等。

（3）植物配置特点。广州园林植物造景从鼎湖山自然群落类型中得到借鉴。以阔叶常绿林景观为主，并创造一些雨林景观，更能充分地体现出当地植物的地域特色。

具有多层次、热带景观的人工群落。由于广州自然条件优越，植物种类丰富，景观绿化中不乏耐阴的植物种类，故极有条件配植成具有垂直层次、热带景观的人工群落。

茎花植物及具有板根状植物的运用。广州可利用的老茎生花植物有番木瓜、杨桃、树菠萝、大果榕等，而木棉、高山榕都可生出巨大的板根，落羽杉如植在水边也可出现板根状现象及奇特的膝根。

充分利用榕树的景观。广州园林中榕属植物应用很普遍，尤其是高山榕具有众多下垂的气根，入土生根后，地上部分经过扶持，可逐渐形成一木多干的现象。

附生植物的应用。在一棵树上附生多种植物是热带特有的植物景观，如油棕、银海枣上生长蕨类植物，木麻黄上附生有龟背竹和球兰。蜈蚣藤、巢蕨、凤梨科一些植物等都是良好的附生植物。

棕榈科、竹类、木质大藤本及蕨类植物的运用。上述植物的运用是增添浓厚的热带景观有效的途径。它们本身就是构成热带自然群落的主要组成成分，如棕榈科中的大王椰子、枣椰子、假槟榔可作为姿态优美的孤立园景树；有些可片植成林，如椰子林、大王椰子林、油棕林、桄榔林；有些可作行道树，如蒲葵、鱼尾葵、皇后葵、大王椰子等（图5-6）；一些灌木，如散尾葵、棕竹、单穗鱼尾葵等可作耐阴下木进行配植。广州多丛生竹，可片植成竹林，或丛植于湖边，园林中竹林夹道组成通幽的竹径，加深景深。竹与通透、淡雅、轻巧的南国园林建筑配植，也极相宜。

大量应用花大色艳、具香味及彩叶的木本植物。广州此类植物资源丰富，如凤凰木、木棉等。按其习性及观赏特性分别可作为花篱、彩叶篱、行道树、树丛及孤立树等（图5-7）。

广州市内绿化中人工栽培的常见植物群落：红花羊蹄甲—山茶—海芋＋艳山姜—两耳草；白兰—油茶＋大头菜—虎尾兰；南洋楹—鹰爪花＋含笑＋山茶—地毯草；盆架子—红背桂—地毯草；白兰—米兰—金粟兰；长叶竹柏—棕竹—地毯草。

图 5-6　大王椰子做行道树　　　　　　图 5-7　孤植成景的木棉

5.2.2　小气候影响下特殊地区的植物选择

1.　小气候环境

小气候是大气候背景下的局部地区、小范围内所表现出来的气候变化,包括在植物群落内部,建筑物附近,以及小型水体附近等的气候。小气候是风景园林植物所必须面对的适应范围。城市所形成的特有小气候,如城市热岛、城市风、大气污染的高浓度聚集等,都会对风景园林植物的适应制造障碍。反之,狭管导风、浓荫降温、水体气温调控、建筑南北向气候差异、屋顶垂直绿化影响室内小气候等都应在规划设计中发挥其正向生态的作用。

2.　特殊地区的植物选择

1）庇荫地区植物选择

庇荫地是指光照被全部或部分遮盖的区域。庇荫地可分为自然庇荫地和人工庇荫地两类,自然庇荫地如植物群落内或大树下等,而人工庇荫地如房屋、高架下、建筑物的背光面等。

庇荫地的植物配置,不仅可以发挥植物本身的生态效应,改善环境质量,还能改善庇荫地的景观效应。一般来说,景观设计时风景园林植物的配置要注意几个问题:

（1）太阳照射状况。一方面取决于遮荫地所能接受的太阳辐射强度;另一方面,取决于所接受的太阳照射时间,这是决定植物能否在该区域正常生长的重要前提条件。一般认为,耐阴性的地被植物的最适相对照度(测定点的照度与同区域开旷地的照度比值)是10%～50%。对于特定植物,其适应光照的能力会有所差别。如杜鹃是耐阴植物,但配置在相对照度为 3% 的环境会全部死亡，配置在悬铃木大树树冠下的毛白杜鹃，靠近树干处不开花，但稍离树干远处光强增至全日照的 20%～30% 处，开花显著增多，接近树冠投影的边缘处，光照强度远远超过 30%，则开花繁茂。因此，在自然庇荫地上配置植物时，调节好植物群落上下层之间的光照状况，可以使庇荫地植物较好的生长(图 5-8)。

图 5-8　植物配置错落有致，地被长势良好

充分利用各种耐阴植物，合理配置，会产生各种不同的效果。如在人工庇荫地，选择耐阴植物时要分析植物所处的太阳照射状况，如相对光照强度、所能接受的照射面积和照射时间。在太阳照射状况较好时，可以采用灵活的配置方式，而在照射状况较差时，需要慎重选择植物。还可以采取一些人工措施来补充该区域光照不足的状况，如建立采光系统或通过反射系统等，但要保证以不造成新的光污染为前提。

（2）庇荫地的水分状况。由于在庇荫地，特别是人工庇荫地，往往在阻止太阳辐射的同时也会阻止水分的进入，造成干旱状况。因此，在人工庇荫地上配置植物，选择较为耐阴植物的同时，还要注意选择一些较为耐旱的植物。如在相对光照强度为 6%～10% 时，连沿阶草都不易生长，而石蒜却能生长良好。

（3）一般在人工庇荫地上，土壤由于建筑等原因非常瘠薄，对植物的成活会造成很大限制。选择耐瘠薄植物是庇荫地植物配置的重要原则。

（4）在人工庇荫地，特别是在交通频繁的高架桥下，污染物的聚集也会对植物的生长发育造成一定的影响。选择抗污染及净化能力强的植物不但具有视觉效应，而且具有功能效应。

2）水景区植物选择

水景是园林美学的重要部分，因为水不仅是生命的存在形式，也是环境的灵魂。水和植物之间是相互联系，不可分割的。良好的植物配置可以净化水体，维持水体的洁净，使美景更持久。水体和植物的结合，特别是有喷泉的水体和植物共同作用，可以有效增加环境中的空气负氧离子，能大幅度提升环境质量，促进身心健康。水体及周边环境植物配置应遵循以下原则：

（1）在水体中配置植物首先要考虑植物适应性。根据水体的设置及具体的环境条件选择植物，这些植物要具备一定耐水湿的能力。在保证植物正常存活的基础上，还要根据美学的要求，选择合适的植物类型。中国常见的水边绿化树种有水松、小叶榕、高山榕、水翁、红花羊蹄甲、木麻黄、椰子、蒲葵、落羽杉、池杉、水杉、大叶柳、垂柳、旱柳、乌桕、苦楝、悬铃木、枫香、枫杨、三角枫、重阳木、柿、榔榆、桑、梨属、白蜡属、海棠、香樟、棕榈、无患子、蔷薇、紫藤、南迎春、连翘、夹竹桃、圆柏、丝棉木等。

（2）注意选择除污净化能力强的植物。随着工业化进程的推进，越来越多的水体被污染。水中污染物除了一些易分解的有机化合物外,还含有氮、磷等植物营养物。在污染的水体内种植水生维管束植物,并定期清理,能够提高水体对有机污染物和氮、磷等无机营养物的去除效果。在水体污染较重或淤泥较多时,首先要选择抗污能力强的植物,如在淤泥中生长良好的有香蒲、荷花等;能耐水中高营养物的植物,如凤眼莲、荇菜、穗状狐尾藻、金鱼藻等。在此基础上,再选择那些净化污水能力强的植物,如水葱、浮萍、眼子菜、茭白、灯心草、芦苇等。据估算,凤眼莲的产量约为 $5\sim10$ kg/m^2 水面,按凤眼莲含氮 12%,含磷 0.79% 计算,每平方米凤眼莲的氮去除负荷和磷去除负荷分别为 $0.06\sim0.12$ kg/年和 $0.04\sim0.08$ kg/年。对于那些明确标明某种污染物的水体,可有针对性地来选择净化某种污染物能力强的植物,如凤眼莲对氮、磷、铅和锌,苦草对砷、铜、铅和锌,狐尾藻、芦苇对钼,茭白对磷,荇菜对氮的净化能力颇高。但需要控制水生植物的种植密度,以防过度繁殖,适得其反。

(3)注意选择涵养水源、防止水土流失的植物。在自然水体周围,由于水是自高而低流注,往往会对周边的自然土壤产生冲刷作用,在一定程度上不仅会造成水土流失,还会对水体质量产生一定的影响。通过配置一些根系发达,固土能力强的植物,可以较好地改善水土流失状况。

(4)注意水体及周边植物配置的多样性。在进行植物配置时,一方面应选择那些与整体环境相适应、相协调的植物类型,如荷花与垂柳的组合(图5-9),二者既能较好的适应各自的环境,又能使岸上婀娜多姿的柳条与水面浑圆碧绿的荷叶协调一致,相映成趣。一方面在水体中还要保持适度密度,保持水生植物的适度生长。在岸边若种植有树姿优美、色彩艳丽的观花、观叶树种,或有亭、台、楼、阁、榭、塔等建筑时,水中的植物配置切忌拥塞,应留出足够空旷的水面来展示其倒影。不同的植物配置,会营造出不同的氛围。

(5)水边植物配置切忌等距种植及整形式修剪,以免失去意境。在具体的规划设计中,水边植物应结合地形、道路、岸线进行配置,有近有远,有疏有密,有断有续,曲曲弯弯,自然有趣。在变化中有统一,在协调中有突出,保持植物的韵律和节奏与周边相一致。在配置过程中还要注重季节的变化对景观效应的影响,尽可能保持不同季节有不同的景观出现。上海动物园天鹅湖及杭州植物园山水园,叶色丰富,这些呈现出红棕、嫩绿、黄绿的色彩丰富了园中单调的水色。

3)岩石园植物选择

岩石园是指把各种岩石植物种植于堆砌的山石缝隙间,并结合其他背景植物及水体、峰峦等地貌,造出高山自然景观的造景形式,是自然山体景观在人工景观中的再现(图5-10)。它的造园主体是岩石植物,山体、岩体仅是表现岩石植物的一种载体。

高山上气候条件比较特殊,一般温度低,风速大,空气湿度大,寒冷期长。高山植物在漫长的生物进化中形

图 5-9　荷花与垂柳景观配置

图 5-10　岩石园典型植物配置

成了与之相适应的生境特点。首先,从形态外貌上表现为低矮匍匐性,植株很少有高大的茎干,叶多基生,呈垫状或莲座状,植株被茸毛或角质化,叶小或退化。其次,生活周期缩短,在 2～3 个月内迅速完成其生活周期。再者,高山植物都具有粗壮的根系,地上部分呈匍匐状,一般都具有长长的艳丽花序。

(1) 基于高山植物的上述特点,在选择岩石植物时应满足以下三个条件:

- 植株低矮,呈匍匐性或丛生性,叶小,多有革质、角质现象,生长缓慢,选择乔木或灌木最好选择矮生的种类。
- 植株抗性强,有较强的抗寒、抗旱能力,耐瘠薄土壤,具有深根性。
- 有较强的观赏特性,叶色特别或叶形奇特,或花朵较大,或花色艳丽。

(2) 岩石植物种类丰富,可从植物分类学角度分为以下几类:

- 苔藓植物:多附生于岩石的表面,能点缀岩石的色彩,属阴生、湿生类植物。
- 蕨类植物:属阴生岩石植物,多生于岩石旁,是较美丽的观叶植物。常见的有石松、卷柏、铁线蕨、紫萁等。
- 裸子植物:选择具有伏生或矮生性的种或品种,如铺地柏、鹿角桧等。
- 被子植物:这类植物种类丰富,大部分的高山植物都是被子植物,常见的有高山石竹、桔梗、大花蓝盆花、高山火绒草、白头翁、耧斗菜、龙胆、水枸子、细叶婆婆纳、金莲花、银莲花、胭脂花、地榆、野罂粟等。

4) 墙壁植物选择

(1) 墙壁植物配置的作用。欧美等西方发达国家的墙壁绿化已形成很好的案例,在绿地面积不足的状况下,如何充分发挥各种形式的墙壁绿化、增加环境绿量就显得尤为重要。墙壁是植物配置的一个特殊空间,墙壁垂直绿化除具有美化作用外,还有其他方面的重要意义。

- 生态效应。墙壁植物配置可明显减少光污染。各种白色建筑墙面、混凝土墙、石墙等的反光作用,既影响人的健康,又增加交通事故发生率,通过墙面绿化,可减弱或去除这种影响。墙壁植物配置可改善墙内环境温度。在夏季,墙壁植物可以阻挡强烈的阳光照射,降低墙内环境温度;在冬季,有落叶植物覆盖的墙面,可减少墙内热量的散失,起到保温作用。
- 经济效益。墙面植物配置可节约墙内环境的空调使用费用。有关实验证明,在同样类型的两座建筑物中,有墙面植物配置的比没有的可节省电力约 30%。各种墙壁植物减少阳光对混凝土墙壁的直接照射和雨水的直接冲刷,防止混凝土表面龟裂,起到保护墙壁、节约维护费用的作用。

(2) 墙壁植物配置。

- 墙壁绿化多为一些藤本植物,或经过整形修剪及绑扎的观花、观果灌木,少有乔木,常辅以各种球根、宿根草本园林植物作基础栽植(图 5-11)。常用种类有紫藤、木香、蔓性月季、常春油麻藤、地锦、猕猴桃、葡萄、铁线莲属、美国凌霄、凌霄、金银花、盘叶忍冬、华中五味子、五味子、素方花、钻地风、禾雀花、绿萝、西番莲、炮仗花、迎春、连翘等。
- 墙壁植物配置很灵活,通常表现为攀援型、悬垂型和随意型三种类型。

攀援型:从墙体的下面种植攀援植物,如常春油麻藤、地锦、常春藤、紫藤、攀援性月季、薜荔等,从下往上生长,最终达到覆盖墙体的效果,是墙壁绿化应用最为广泛的类型。要求墙壁不能太光滑,对于混凝土墙、砖墙等较为粗糙的墙面效果显著。该种类型还可以配置树墙,也就是在墙面栽植各种树木,通过一定的方法将其枝条固定在墙面上,依据景观目标,将其做成相应的形状,常用的植物有紫杉、无花果、迎春花、山茶、火棘、紫荆、贴梗海棠、四照花、连翘等。

图 5-11　墙体植被绿化

图 5-12　室内植物配置实例

悬垂型:在墙体上方设置容器,使植物茎叶自上而下、自然下垂的悬垂型配置。该种配置为防植物摇动,可在墙外设置一些供植物攀爬的物体,保证植物的稳定性,这对于墙面光滑的攀援型同样适用。在欧洲,天竺葵、铁线莲的应用频率很高。

随意型:墙壁的植物配置还可在墙体的各位置设置容器进行墙面绿化。通过各种花盆固定在墙体的某个位置,按照一定的配置方式进行摆放,也能取得良好的景观效果。

5) 室内植物选择

室内生态环境条件与室外差异很大,大多具有光照不足、温度较恒定、空气湿度低等特点。不同房间的环境条件差异也很大。因此,在进行室内绿化时,需要根据不同条件去选择适宜的植物(图 5-12)。

(1) 光照。室内光照强度明显低于室外,室内多数地方只有散射光。根据室内区域不同,选择配置不同的植物,大致分为五种情况:

- 阳光充足处。多见于现代化宾馆中的阳光厅,一般是专为摆放室内花木而设计,有大面积的玻璃顶棚或良好的人工照明设备。厅内光线充足,四季如春,适宜于绝大部分植物生长,尤其是喜阳的植物,如仙人掌类、龙舌兰类、叶子花、天门冬等。

- 有部分直射光处。在靠近东窗或西窗附近以及南窗的 80 cm 以内,有部分直射光,光照也比较充足,大部分室内植物能生长良好,如吊兰、龙吐珠、朱蕉类等。

- 有光照但无直射光处。在南窗的 1.5~2.5 m 范围内或其他类似光照条件的地方,一般不适宜养观花植物,但可选一些耐阴的观叶植物,如观叶秋海棠类、常春藤类、豆瓣绿类、冷水花、绿萝、龟背竹、鹅掌柴、白鹤芋等。

- 半荫处。接近无直射光的窗户或离有直射光的窗户比较远的地方。可以选择耐阴性较强的植物,如蜘蛛抱蛋、蕨类、广东万年青、水塔花等。

- 阴暗处。离窗较远,只有微弱的散射光透入,只能选择观叶植物中最耐阴的种类,如肾蕨、鹿角蕨、海芋属、红背桂等。

(2) 温度。不同类型的房间内温度变化情况不同。现代化的大型商场、宾馆及办公大楼内,冬季有取暖设施,夏季有空调降温,其温度适宜于大部分植物生长。居民住房,在中国北方地区由于供暖,一般冬季温度一般不低于 15℃,适于多数植物越冬;而长江以南的部分地区,由于多数房间冬季没有取暖设备,温度多随室外变化而变化,有时最低温度会低于零度,对一些植物安全越冬不利。在进行室内绿化时要依据具体条件选择不同种类的植物,室内观叶植物依对温度的要求不同,大致可以分为 4 类:

- 高温观叶植物。这类植物原产热带地区,一年四季都需要较高的温度,而且要求昼夜温差较小。温度低于 18℃,即停止生长,若温度继续下降,还易导致冷害等,如变叶木、旅人蕉、红背桂、鹤望兰等。

- 中温观叶植物。这类植物大多原产亚热带地区,温度低于 14℃即停止生长,最低温度不低于 10℃左右,如橡皮树、龟背竹、棕竹、南洋杉等。

- 低温观叶植物。这类植物原产于亚热带和暖温带的交界处,在温度降至 10℃时仍能缓慢生长,并能忍受 0℃左右的低温,如苏铁、常春藤、南天竹、棕榈等。

- 耐寒观叶植物。这类植物大多产于暖温带、温带地区,对低温有较强的忍耐力,有些能忍受－15℃的低温,但怕干风侵袭。盆栽植株可在冷室越冬,如扶芳藤、冬青卫矛、龙柏、凤尾兰、观赏竹等。

（3）湿度。在中国北方,干燥多风的春季和用暖气供热的冬季,室内空气湿度很低,不适于多数室内观叶植物的生长。而在南方梅雨季节,连绵的雨水会使室内空气湿度过高,致使一些室内植物腐烂。因此充分了解植物的特性,才能因地制宜,合理配置植物。

大多数室内观叶植物都需要较高的空气湿度,如竹芋类、球根海棠等一般需要空气相对湿度80%;龙血树、豆瓣绿、天门冬类、棕榈类等要求空气相对湿度在50%～60%;仙人掌类及一些多浆植物较耐干旱,一般室内30%的湿度都能生长良好。

6）屋顶植物选择

一般意义上讲,屋顶花园指在一切建筑、构筑物的顶部、天台、露台上进行的绿化装饰及造园活动的总称。它是人们根据屋顶的结构特点及屋顶上的生境条件,选择生态习性与之相适应的植物材料,通过一定的技术手法,从而达到丰富景观的一种形式(图5-13)。

（1）屋顶花园的生态因子。

- 土壤。土壤因子是屋顶花园与平地花园差异较大的一个因子。由于受建筑结构的制约,一般屋顶花园的荷载只能控制在一定范围之内,土层厚度不能超过荷载标准。而较薄的种植土层,不仅极易干燥,使植物缺水,而且土壤养分含量较少,需定期添加土壤腐殖质。

- 温度。由于建筑材料的热容量小,白天接受太阳辐射后迅速升温,晚上受气温变化的影响又迅速降温,致使屋顶上的最高温度高于地面最高温度,最低温度又低于地面最低温度,且日温差和年温差均比地面变化大。过高的温度会使植物的叶片焦灼、根系受损,过低的温度又给植物造成寒害或冻害。当然,一定范围内的日温差变化也会促进植物生长。

- 光照。屋顶上光照强,接受日辐射较多,为植物光合作用提供了良好环境,利于阳性植物的生长发育。同时,高层建筑的屋顶上紫外线较多,日照长度比地面显著增加,这就为某些植物,尤其是沙生植物的生长提供了较好的生存环境。

- 空气湿度。屋顶上空气湿度情况差异较大,一般低层建筑上的空气湿度同地面差异很小,而高层建筑上的空气湿度由于受气流的影响大,往往明显低于地表。干燥的空气往往成为一些热带雨林、季雨林植物生长的限制因子,需采取人工措施才能营造出热带景观。

- 风。屋顶上气流通畅,易产生强风,而屋顶花园的土层较薄,乔木的根系不能向纵深处生长,故选择植物时,应以浅根性、低矮、抗强风的植物为主。就中国北方而言,春季的强风会使植物干梢,对植物的春季萌发往往造成很大伤害;南方地区台风对屋顶绿化的冲击力很大,植物的稳定性从设计之初就要有应对措施,在选择屋顶绿化植物时需充分考虑此方面的因素。

（2）屋顶花园的形式及植物景观营造。

- 地毯式。它是在承载力较小的屋顶上以地被、草坪或其他低矮花灌木为主进行造园的一种形式,一般土层的厚度为5～20 cm。植物营造时应选抗旱、抗寒力强的低矮植物,草坪可选野牛草、薹草、羊胡子草等,地被植物可选三叶地锦、五叶地锦、紫藤、凌霄、薜荔等。这些植物匍匐的根茎可以迅速覆盖屋顶,并延伸到屋檐下形成悬垂的植物景观。另外,也可以选仙人掌及多浆植物。仙人掌类的植物生境条件较适宜屋顶绿化,可选巨人柱、山影拳、仙人球等,多浆植物如凤尾兰、龙舌兰等。在小气候条件下,这些植物会生长更好。小灌木选择范围较广,如枸杞、蔷薇类、紫叶小檗、紫荆、十大功劳、枸骨、南天竹、金银木等。

- 群落式。这类屋顶花园对屋顶的荷载要求较高,一般每平方米不低于 450 kg,土层厚度约 30~60 cm。植物配置时要考虑草、灌、乔木的生态习性,按自然群落的形式营造成复层人工群落。群落式的植物选择的范围可适当扩大,由于乔木层的遮荫作用,草坪、地被可选一些稍耐阴的草本园林植物,如麦冬、葱兰、箬竹、八角金盘、桃叶珊瑚、杜鹃等。但乔木选择只能局限于生长缓慢的裸子植物或小乔木,裸子植物多经过整形修剪。在中国比较适宜的选择乔木有雪松、圆柏、云杉、油松、罗汉松、红枫、龙爪槐、石榴等。

- 中国古典园林式。多见于中国一些宾馆顶层之上,是把中国传统的写意山水园林加以取舍,建造于屋顶之上(图 5-14)。园内一般要构筑小巧的亭台楼阁,或是堆山理水,筑桥理舫,以求曲径通幽之效。这类屋顶花园的植物配置要从意境上着手,小中见大,如用一丛矮竹表示"高风亮节",用几株曲梅写意"暗香浮动"。

- 现代园林式。这类屋顶花园在造园风格上不一而足,有以水景为主体并配上大色块花草组成的屋顶花园;有把雕塑和枯山水等艺术融入园林的屋顶花园;有在屋顶上设置花坛、花台、花架,种植适宜植物的屋顶花园。现代园林式屋顶花园主要突出其明快的时代特点,可以选用简洁、色彩明快的一些彩叶植物或草本园林植物,如金叶小檗、紫叶李、金山绣线菊、彩叶草等。

图 5-13 国外屋顶景观绿化实例

图 5-14 中国古典园林式屋顶绿化配置

第6章 风景园林植物的功能及应用

本章概要

　　本章主要按植物的生物学特性、生长习性与园林用途的分类,介绍乔木、灌木、攀援植物、竹类、棕榈类、草本、水生、草坪与地被植物等风景园林植物的主要功能,以及它们在风景园林中的应用形式和配置方法。

6.1 乔木的功能及应用

6.1.1 乔木的功能

1. 美化功能

乔木种类繁多,每个树种都具有独特的形态、色彩、风韵、芳香等特色,这些特色随着季节和年龄的变化而有所丰富和发展(图6-1)。有的树形态优美,如垂柳、龙爪槐、垂枝榆等垂枝形植物,具有明显的下垂或下弯的枝条,能起到将视线引向地面的作用;有的树皮具有较高的观赏价值,如白皮松、悬铃木、榔榆、白桦、山桃等,树皮呈斑块状剥落;有的叶色富有变化,常常成为视觉的焦点,如枫香、鸡爪槭、樱花等;有的叶形独特,如鹅掌楸的叶子呈马褂状;有的乔木果实美丽,如柿树、铜钱树、秤锤树等。树形优美、色彩鲜明、体形高大、寿命长,有观赏价值的单株树种的种植表现形式,称为孤植树,一般配植在开阔的大草坪,疏朗的河边、湖畔,辽阔的山岗上,成为所在空间的主景和焦点。不同的树种与不同的空间配置,呈现出的空间效果具有较大的差异性。

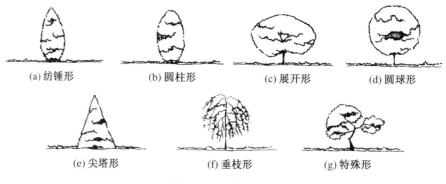

(a) 纺锤形　(b) 圆柱形　(c) 展开形　(d) 圆球形
(e) 尖塔形　(f) 垂枝形　(g) 特殊形

图 6-1　各种乔木树形

2. 构建功能

在进行规划设计时,充分利用乔木的不同形态进行组合,可以创造出丰富多样的空间。如覆盖空间是利用具有浓密树冠的遮荫树构成一顶部覆盖而四周开敞的空间,该空间位于树冠和地面之间,人们能穿行或停留于此,覆盖空间的高度能形成垂直尺度的强烈感受。垂直空间是运用高大植物组合成方向直立、朝天开敞的室外空间,这种空间给人以庄严、肃穆、紧张的感觉。此外,还有封闭空间和半开敞空间。

自然界中的植物几乎都是以群体的形式存在。由两株到十几株同种或异种植物按形式美的构图规律组合成丛地栽植,既能表现树木的群体美,又能烘托树木个体美的丛状组合形式,称为树丛景观。配置生态相对稳定的树丛时应注意植物整体密度适当,局部疏密有致,注意外来与乡土,阴性与阳性,快长与慢长,乔木与灌木,常绿与落叶,裸子植物与被子植物的有机结合。做公园主景时,宜选用针阔叶混植的树丛;做遮荫用时,通常以树冠开展的高大乔木为宜;做视线引导用时,可配置色彩鲜艳的树丛,布置在出入口、交叉口和道路的弯曲位置。园林植物综合配置要遵循形态上的高低、远近的层次变化;色彩上有基调、主调与配调之分;群体的疏密错落布局形成明显的空间关系,随着观赏视点的变换和植物季相的演变,树丛的群体组合形态、色彩等景象表现也随之变化。

3. 遮阴功能

有些乔木冠大荫浓,枝叶密集,树形美观,又有一定的枝下高,常常起到遮阴和装点空间的作用,可孤植、丛植或片植于庭院绿地中,为人们提供浓荫覆盖的林下空间。

4. 改善环境和防护功能

乔木能分泌杀菌素、吸收有毒气体,阻滞灰尘,可以有效地改善空气质量,如 1 公顷圆柏于 24 小时内,能分泌出 30 kg 杀菌素;乔木还具有减少路面辐射热、反射光、防风、降低噪音等功能,所以常用乔木做行道树;乔木能涵养水源保持水土、防火和监测大气污染,所以常被用于建造防护林,常用的防风树有马尾松、乌桕、榉树、水杉、木麻黄等。

5. 生产功能

许多乔木还是重要的经济树种。如板栗、柿树、山楂、杨梅、枇杷、石榴、椰子、芒果、蒲桃、李子、桃树、梨树、柑橘等的果实美味可口;香椿的叶子可以做蔬菜来食用;松、杉、柏、栎、柞、槠、栲、樟、楠等是我国重要的用材树种。

6.1.2　乔木的应用形式及方法

乔木的配置一般可分为规则式和自然式两种形式。规则式配置追求几何图案美,体现人工美,给人以庄严雄伟、整齐有序之感,主要形式有对植、列植和篱植等。自然式配置追求源于自然而高于自然的境界,主要体现观赏乔木的个体美和群体美,表现植物群落自然错落、富有韵律的景观与季相变化,主要形式有孤植、丛植、群植、林植等。

1. 规则式

1) 对植

将数量大致相等的植物在构图轴线两侧栽植,使其互相呼应的种植形式,称为对植。对植可以是两株树、三株树,或两对树丛、树群。对植一般应用于建筑物入口、有纪念意义的景点、公园入口、道路、桥头,起到引导与夹景的作用(图 6-2、图 6-3)。对植的树或树丛,树种及组成要近似,如果体形与姿态对比过大则不协调,而完全相同又显呆板。如果两株体量不一样,但可在姿态、动势上取得协调。种植距离不一定对称,但要均衡,动势应向构图的中轴线集中,如形成背道而驰的局面,则会影响最终的景观效果。

图 6-2　石榴对植

图 6-3　入口处对植广玉兰

对植树种的选择要求不太严格，只要树形整齐美观均可采用。对植树周围可适当配置其他景观元素如山石、花草等。对植的树木在体形大小、高矮、姿态、色彩等方面应与主景和环境协调一致。

2）列植

列植是指将植物按一定的株行距成列种植，形成整齐的景观效果。多应用于规则式园林绿地中以及自然式绿地局部（图 6-4）。列植是成行成带栽植，是对植的延伸，属于对称配置，所以列植树木要保持两侧的对称性。当然这种对称并非是绝对的对称。列植在园林中可作为景物的背景，如果种植密度足够大，可起到分隔空间的作用，可使夹道中间形成较为隐秘的空间。列植在树种的选择上要考虑能对景观起到衬托作用的种类，如景点是伟人的塑像或英雄纪念碑，就应选择具有庄严肃穆气氛的圆柏、雪松等。

图 6-4　千头椿成行列

列植形成的景观整齐单纯、气势宏大。列植可分为单列、双列和多列等多种类型（图 6-5）。列植宜选用树冠体形比较整齐的树种，如圆形、卵圆形、倒卵形、椭圆形、塔形、圆柱形等。列植多用于行道树、防护林带、果园、整形式景观的透视线等。这里主要介绍行道树的选择应用。

行道树分为两大类，一是常绿行道树；二是落叶行道树。在选择行道树时要按照功能的不同选择行道树，如遮阳类型、观叶类型、观果类型及经济类型等。

一般选择行道树应考虑以下条件：

（1）树形整齐，枝叶茂盛，树冠优美，夏季绿荫浓密；

（2）树干通直，无臭味，无毒无刺激；

（3）繁殖容易，生长迅速，栽培移栽成活率高；

（4）对有害气体抗性强，病虫害少；

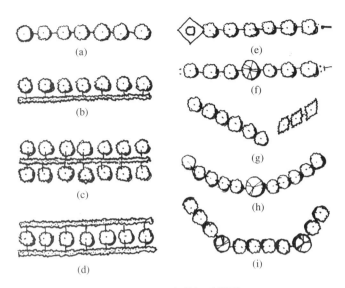

图 6-5　乔木成行列类型

（5）能够适应当地环境条件，耐修剪，养护管理容易、耐践踏和土壤紧实。

任何植物的生长都与周围环境有着密切的联系，从一定的角度上来讲，行道树代表着一个区域的气候特点，体现着一个城市的文化内涵，因此选择行道树时一定要考虑本地区的环境特点与植物的适应性避免城市植物景观类同。

中国南北气候存在着较大差异，不同区域对行道树的选择也不尽相同。南方气温高、湿度大、雨量充沛，植物终年生长，适宜栽植的行道树有香樟、棕榈、广玉兰、雪松、桂花、马褂木、七叶树、水杉、无患子、黄山栾树、香泡、英国悬铃木、大叶女贞等。中国北方干旱少雨，气候干燥，空气湿度小，适宜栽植的行道树有英国悬铃木、国槐、银杏、合欢、栾树、水杉、柳树、马褂木、七叶树、元宝枫、毛白杨等（图 6-6、图 6-7）。近年来，随着全球气候不断变暖，一些南方植物经过人工驯化，逐渐适应了北方部分地区的生长，如香樟、广玉兰、桂花及棕榈等。

图 6-6　毛白杨作为行道树

图 6-7　栾树作为行道树

选择行道树还应依据道路的建设标准和周边环境的具体情况而定。如在规划种植行道树上方有架空线路通过时，最好选择生长高度低于架空线路高度的树种，这样有利于后期树木的管理。树木的分枝点要有足够的高度,不得妨碍道路车辆的正常行驶和行人的通行。在城市行道树中,常绿树与落叶树要按一定比例配置,以防虫、防老化、保持生态平衡。在有条件的城市,最好是一街一树,构成一街一景的城市景观,这样既能体现大自然的季节变化,美化城市道路,又能对城市交通起到标识和向导作用。

3）篱植

凡是由小乔木以近距离的株行距、单行或多行排列成行,从而构成的不透光、不透风结构的规则林带,称为乔木的篱植。绿篱有分隔空间、屏障视线、划分区域、防范与围护等作用。常用篱植的乔木树种有桧柏、侧柏、罗汉松、蚊母等。

2. 自然式

1）孤植

又称单植、独植,是指树木的孤立种植,但并不意味着只能栽一棵树,有时为了满足构图的需要,增强视觉上的体量感,将同一树种的多株树木紧密地种在一起,以形成一个单元整体,也是孤植的一种形式。

孤植树在景观建设中通常有两种功能,一是作为空间的主景,展示树木的个体美;二是发挥遮荫功能。从景观功能来考虑,孤植树木的选择应考虑以下几个方面:一是,体形特别高大,能给人以雄伟浑厚的感觉,如榕树、香樟、银杏、国槐等(图 6-8);二是,树体轮廓优美,姿态富于变化,枝叶线条突出,给人以龙飞凤舞、神采飞扬的艺术感染力,如柳树、合欢、凤凰木、南洋楹等;三是,开花繁多,色彩艳丽,给人绚烂缤纷的感受,如木棉、白玉兰等;四是具有香味的树种,如白兰花、深山含笑等;五是变色叶树种,如枫香、黄连木、乌桕、红花槭等。

图 6-8　深圳仙湖植物园孤植高山榕　　　　图 6-9　济南植物园孤植小叶朴

从遮荫角度来考虑,孤植树应是枝叶茂盛,叶大荫浓,病虫害少,无飞毛飞絮污染环境,分枝点高、树冠开展的树木,如香樟、核桃、悬铃木等(图 6-9)。但是,树冠不开展、呈圆柱形或尖塔形的树种,如新疆杨、钻天杨、雪松、云杉等,均不适合用于遮荫树。

孤植树是园林种植构图中的主景,因而周边环境要空旷,使树木能够向四周伸展。同时在孤植树的四周应安排适宜的观赏视距,孤植树配置的位置可以在开朗的大草坪或林中草地的中央,在构图上要注意不应该配置在草坪的几何中心,而应布置在构图的自然中心,与草坪周围的景物取得呼应。孤植树也可以配置在开敞的水边,以明亮的水色作背景,使游人在树冠的庇荫下欣赏远景。此外,孤植树还可以配置于大型广场上,使之成为造景的中心。在开阔空间孤植树造景时,选择的树种首先在体量上要雄伟高大,树种的色彩要与周围环境相适宜;在较小的空间孤植树造景时,选择的树种要小巧玲珑,外形优美潇洒,色彩艳丽,最好是观花或观叶树种,如鸡爪槭、白玉兰等。

孤植树配置于山岗上或山脚下,既能起到有良好的观赏效果,又能起到改造地形、丰富天际线的作用。在道路的转弯处配置姿态优美或色彩艳丽的孤植树也能有良好的景观效果。在以树群、建筑或山体为背景的区域配置孤植观赏树时,要注意所选孤植树在色彩上与背景有反差,在树形上能协调。

植物造景中常用的孤植树主要有雪松、白皮松、油松、圆柏、侧柏、毛白杨、白桦、元宝枫、糠椴、紫叶李、柿子、山荆子、白蜡、槐、白榆、银杏、美国山核桃、朴树、冷杉、云杉、悬铃木、栾树、丝棉木、加杨、无患子、乌桕、合欢、枫杨、枫香、鹅掌楸、香樟、紫楠、广玉兰、白玉兰、桂花、鸡爪槭、七叶树、喜树、糙叶树、金钱松、小叶榕、菩提树、芒果、荔枝、橄榄、木棉、凤凰木、大花紫薇、南洋楹、柠檬桉、南洋杉等。

2）丛植

丛植通常是由二株到十几株同种或异种乔木组合种植而成的种植类型(图 6-10)。丛植是规划设计中重点布置的一种种植类型,以反映树木群体美为主,所以要很好地处理株间、种间的关系。在处理植株间距时,要注意在整体上适当密植,局部疏密有致,并使之成为一个有机的整体;在处理种间关系时,要尽量选择有搭配关系的树种,阳性与阴性、快长与慢长、乔木与灌木有机地组合成生态关系相对稳定的树丛。同时,要求组成树丛的每一株树木,都能在统一的构图中表现个体美。所以,作为组成树丛的单株树木与孤植树相似,必须挑选在蔽荫、姿态、色彩、芳香等方面有价值的树种。

图 6-10　小叶女贞丛植

树丛可以分为单纯树丛及混交树丛两类。树丛在功能上除可作为组成空间构图的骨架外,还有作蔽荫,作主景,作引导,作配景等作用。配景用的树丛,最好采用单纯树丛形式,一般不用灌木或少用灌木配置,通常以树冠开展的高大乔木为宜。而作为构图艺术上的主景,诱导与主景用的树丛,则多采用乔灌木混交树丛。树丛设计必须以当地的自然条件和总的设计意图为依据,用的树种虽少,但要选得准,设计者需要充分掌握其植株个体的生物学特性及个体之间的相互影响,使植株在生长空间、光照、通风、温度、湿度和根系生长发育方面,都取得理想效果。在树木配置时,无论采用何种形式,构图上必须符合多样统一的原理,既要有调和又要有对比,既有变化又有统一。

3）群植

群植是由单株树木数量一般在 20～30 株以上混合成群栽植而成的一种类型。群植表现的主要是植物群体美(图 6-11)。树群也像孤植和树丛一样,是构图上的重点之一,因此树群应该布置在有足够距离的开阔场地上,如靠近林缘的大草坪、宽广的花中空地、水中的小岛屿、开敞的滨水地带。树群的组合方式，最好采用郁闭式成层的组合。树群内通常不允许游人进入，游人也不便进入，因而不利于作蔽荫之用。

树群可分为单纯树群和混交树群两种。单纯树群由一种树木组成，可以用阴性的宿根植物作为地被植物。混交树群是树群的主要形式，可分为五个部分，即乔木层、亚乔木层、大灌木层、小灌木层及草坪地被层，其中每一层都要显露出来，其显露部分应该是该植物观赏特征突出的部分。乔木层选用

图 6-11　上海延中绿地棕榈科植物的群植

的树种，树冠的姿态要特别丰富，使整个树群的天际线富于变化，亚乔木层选用的树种最好开花繁茂，或者具有美丽的叶色。

树群组合的基本原则，高度喜光的乔木层应该分布在中央，亚乔木在四周，大灌木、小灌木在外缘（图 6-12）。这样的树群组合相互掩映，但其各个方向的断面又不能像金字塔那样机械，所以，在树群的某些外缘可以配置一两个树丛及几株孤植树。

树群内植物的栽植距离要有疏密变化，要构成不等边三角形，切忌成行、成排、成带地栽植。树群内树木的组合必须结合生态条件进行，如第一层乔木应该是阳性树，第二层亚乔木可以是半阴的，而种植在乔木蔽荫下以及北面的灌木则是半阴的或阴性的。喜暖的植物应该配置在树群的南方和东南方。

树群的外貌要注意四季的季相。一般树群，应用树木种类最多也不宜超过 10 种，否则构图就杂乱无章，不容易得到统一的效果。

图 6-12　群植雪松

图 6-13　济南植物园水杉、银杏林植

4）林植

凡成片、成块大量栽植乔灌木，以构成林地和森林景观的，称为林植（图 6-13）。林植多用于大面积公园的安静区、风景游览区、疗养区、卫生防护林带等。林植分为密林和疏林两种。

密林的郁闭度在 0.7～1.0 之间，阳光很少透入林下。密林又分为单纯密林和混交密林两种。单纯密林是由一个树种组成，它没有垂直郁闭的景观和丰富的季相变化；混交密林

是一个具有多层结构的植物群落,大乔木、小乔木、大灌木、小灌木、高草、低草等,它们各自根据自己的生态要求,形成不同的层次,其季相变化比较丰富。密林种植,大面积的可采用片状混交,小面积的多采用点状混交,一般不用带状混交。要注意常绿与落叶、乔木与灌木的配合比例,还有植物对生态因子的要求等。单纯密林和混交密林在艺术效果上各有其特点,前者简洁,后者华丽,两者互相衬托,特点突出,不能偏废。从生物学的角度来看,混交密林比单纯密林好,景观设计中纯林不宜太多。

　　疏林的郁闭度在0.4~0.6之间。林内可配置由乔木组成的纯林,或由乔、灌、草组成的多层次、疏密有致的风景林。疏林草地是规划设计中应用较多的一种形式,是人们一年四季都可利用的户外活动场地。疏林的树种应具有较高的观赏价值,宜选择树体高大、树冠舒展、树荫疏朗、生长健壮、花叶色彩丰富的常绿与落叶树,按自然式栽植,做到疏密相间,有聚有散,错落有致。林下草坪要耐践踏,林地边缘或林下可栽植宿根草本园林植物作观赏。林中一般不设园路,可适当点缀建筑小品,但要保持林地的自然野趣,而缀花疏林草坪,则应有园路来引导游客游览。

6.2　灌木的功能及应用

6.2.1　灌木的功能

　　灌木在规划设计中可以增加高低层次的变化,可作为乔木的陪衬。灌木树冠矮小,多呈现丛生状,寿命较短,树冠虽然占据空间不大,但在人们活动的空间范围内,较乔木对人的活动影响大。灌木枝叶浓密丰满,常具有鲜艳美丽的花朵和果实。灌木种植类型多样(图6-14),尤其是耐阴的灌木与大乔木、小乔木和地被植物配合起来常成为主体绿化的重要组成部分。

　　成行密植的灌木也可用以组织和分隔较小的空间或作装饰边缘的绿篱,阻挡较低的视线,有防范与围护、屏障视线、划分区域等作用(图6-15、图6-16)。

　　很多灌木在防尘、防风沙、护坡和防止水土流失方面有显著作用。这样的灌木一般比较耐瘠薄、抗性强、根系广、侧根多,可以固土固石,常见的有胡枝子、夹竹桃、紫穗槐、沙棘、绣线菊、溲疏、锦带花等。

直立形　　狭塔形　　椭圆形　　册丘形

圆形　　垂枝形　　水平延展

蔓延　　平卧形

水平蔓生　　弓状平铺形　　长形

图 6-14　灌木种植类型

高灌木在垂直面封闭空间,但顶平面视线开敞

图 6-15　灌木种植示意-1

高灌木可以充当障景物,并将视线引向景观中的观赏目标

图 6-16　灌木种植示意-2

灌木在植物群落中属于中间层,起着乔木与地面、建筑物与地面之间的连贯和过渡作用,其平均高度基本与人平视高度一致,极易形成视觉焦点。有些灌木还兼有药用保健价值。

6.2.2　灌木的应用形式及方法

1. 与乔木树种配置

灌木与乔木树种配置能丰富景观的层次感,创造优美的林缘线,同时还能提高植物群体的生态效益。在配置时要注意乔、灌木树种的色彩搭配,突出观赏效果。乔木与灌木的配置也可以乔木作为背景,前面栽植灌木以提高灌木的观赏效果,如用常绿的雪松作背景,前面用碧桃、海棠等红花系灌木配置,观赏效果十分显著。传统的"松竹梅"岁寒三友的配置是松作背景,竹作配景,梅作主景。

2. 灌木做绿篱

凡是由灌木以近距离的株行距密植,栽成单行或多行的规则式种植形式,称为灌木绿篱。在规划设计中,根据灌木的高度不同,可以分为绿墙(约 1.6 m 以上)、高绿篱(1.6 m 以下,1.2 m 以上)、绿篱(1.2 m 以下,0.5 m 以上)和矮绿篱(0.5 m 以下)。根据功能要求与观赏要求不同,可分为常绿绿篱、花篱、果篱、刺篱、落叶篱、蔓篱、编篱等。

1) 常绿绿篱

由常绿树组成,为景观设计中最常用的绿篱。常用的主要树种有罗汉松、冬青卫矛、冬青、月桂、珊瑚树、蚊母树、欧洲红豆杉等(图 6-17)。

2) 花篱

由观花灌木组成,常用的主要有桂花、栀子、茉莉、金丝桃、迎春、木槿、珍珠梅、贴梗海棠、连翘等(图 6-18)。

3) 果篱

许多绿篱植物在果实长成时,可作观赏,且别具风格,如紫珠、枸骨、火棘等,在美国芝加哥植物园将苹果、梨等果树也修剪成果篱,将园艺融合到园林艺术中(图 6-19)。

图 6-17　北京道路冬青卫矛、金叶女贞等做绿篱

图 6-18　乐昌含笑花篱

图 6-19　火棘果篱

4）刺篱

刺篱主要起防范作用。常用的树种有花椒、小檗、蔷薇、黄刺玫、云实、枸橘等。

5）落叶篱

由落叶树组成，东北、华北地区常用，主要有棣棠、紫穗槐、锦鸡儿、榛子、榔榆、对节白蜡、小叶女贞等。

6）蔓篱

常用的植物有金银花、凌霄、常春藤、攀援蔷薇、木香、茑萝、牵牛花等。

7）编篱

有时把绿篱植物的枝条编结起来，做成网状或格状形式。常用植物有木槿、杞柳、紫穗槐等。

3. 与草坪或地被植物配置

以草坪地被植物为背景，上面配置榆叶梅、贴梗海棠、杜鹃花、紫薇、月季等红色系花灌木或棣棠、迎春等黄色系灌木以及紫叶小檗、紫叶李等色叶灌木，既引起地形的起伏变化，丰富地表的层次感，又克服了色彩上的单调感，还能起到相互衬托的作用。棣棠、红瑞木、黄干主教红瑞木、花柏、'蓝星'高山柏、密实卫矛的冬态也使草坪的竖向增添了诱人景致。

4. 配合和联系景物

灌木通过点缀和烘托，可使主景的特色更加突出，假山、建筑、雕塑、凉亭等都可通过灌木的配置而显得更生动。同时，景物与景物之间或景物与地面之间，由于形状、色彩、地位和功能上的差异，会彼此孤立、缺乏联系，这时可使用灌木使它们之间产生联系，获得协调。如在建筑物垂直的墙面与水平的地面之间用灌木转接和过渡，利用它们的形态和结构，能缓和建筑物和地面之间机械生硬的连接方式，对硬质空间起软化作用。低矮灌木形成的绿篱还有组织空间和引导视线的作用，可把游人的视线集中引导到景物上。

5. 布置花境

花灌木中许多种类可以作为布置花境的材料。与草本园林植物相比，花灌木作为花境材料具有更大的优越性，如生长年限长、维护管理简单、适应性强等，目前的花境中新优奇

117

特的花灌木种类越来越多。充分利用灌木丰富多彩的形、花、叶、果等观赏特点和随季节变化的规律布置的花境景观,可以使园林的林缘、水缘、路缘、建筑基础边缘的景观更加丰富多彩。

6. 布置专类园

花灌木中很多种类品种多,应用广泛,深受人们的喜爱,如月季品种已达2万多种,有藤本、灌木、树状、微型等,花色更是丰富多彩。这类花灌木常常布置成专类园,供人们集中观赏。适合布置专类园的花灌木还有牡丹、杜鹃、山茶、海棠、紫薇、忍冬、玫瑰、紫荆、决明、锦鸡儿、枸子、木瓜、山楂、鼠李、丁香、冬青、梅花、桃花、金缕梅等。另外,花朵芳香的花灌木还可以布置成芳香园,供人们赏花闻香。

6.3 攀援植物的功能及应用

6.3.1 攀援植物的功能

攀援植物除了同其他植物一样具有调节环境温度、湿度、杀菌、减噪、抗污染、固碳释氧等多种生态功能作用外,还因习性特殊,能在一般直立生长植物无法存在的场所生长,因而具有独特的生态效应。

藤蔓植物以其枝条细长,不能直立而不同于其他园林景观植物,具有非常明显的特色。

(1)在群落配置中无特定层次,生态学上称为层间植物,但可丰富植物景观竖向变化。藤蔓植物可以在植物景观群落的不同层次和方向延展,也可以配置在景观群落的最下层作为地被,还可以配置于植物群落的上部作垂直绿化或悬挂攀缘,甚至作为高架路、屋顶绿化的设计素材。

(2)茎蔓柔软不能直立,但可作垂直绿化。藤蔓植物可以通过其自身特有的结构沿着其他植物无法攀附的垂直立面生长、延展,在其他植物无法绿化美化时进行垂直绿化,这是藤蔓植物的优势和特色所在。

(3)植株形态无定形,但可作各种造型。藤蔓植物的形态决定于其所规划设计的对象。如用藤蔓植物装饰垂直的墙壁,其形则是平整的绿色挂毯;如用藤蔓植物绿化细长的电线杆,其形则似绿色长柱;如用藤蔓植物绿化地面,其形则为绿色地被;攀援大树可以枯木逢春,攀援亭廊花架可以成为有生命的立体雕塑。

(4)植株大小各异,但不拘配置空间。藤蔓植物既可以绿化大型的园林空间,又可以装饰园林中细微的局部。

6.3.2 攀援植物的应用形式及方法

1. 攀援植物的应用形式

根据环境特点、建筑物的不同类型、绿化功能要求,结合植物的生态习性、面积大小、气候变化、观赏特征等,选用适宜的类型和具体种类;也可根据不同类型植物的特点,设计和制作相应的绿化风格。攀援植物的应用形式主要有以下几种:

(1)垂挂式。常用紫藤、中华常春藤、地锦、锦屏藤等垂挂于景点入口、高架立交桥、人行天桥、楼顶(或平台)边缘等处,形成独特的垂直绿化景观。

(2)凉廊式。以紫藤、山葡萄、南蛇藤、三叶木通、啤酒花、何首乌、葛藤等攀援植物覆盖廊顶,形成绿廊与花廊,增加绿色景观。

(3)蔓靠式(凭栏式)。蔓靠式常用蔷薇等在围墙、栅栏、角隅附近栽植,用于生物围墙的营建。对蔓靠式植物应考虑适宜的缠绕、支撑结构并在初期对植物加以人工的辅助和牵引。

(4)附壁式。以地锦、中华常春藤、五叶地锦、爬行卫矛等附着建筑物或陡坡,形成绿墙或绿坡。用吸附型攀援植物直接攀附边坡,是常见而经济实用的绿化方式。不同植物吸附能力不尽相同,应用时需了解各种边坡表层的特点与植物吸附能力的关系。边坡越粗糙对植物攀附越有利,多数吸附型攀援植物均能攀附,具有黏性吸盘的地锦和具气生根的薜荔、常春藤等的吸附能力更强,有的甚至能吸附于玻璃幕墙之上。

2. 国内外攀缘植物应用状况

在现代景观发展过程中,风景园林师、建筑设计师、城市规划师和环境艺术师利用城市屋顶建造"空中花园""空中菜园""空中渔场""空中养殖场",开展立体绿化,收到了良好效果。美国的一位风景建筑师于 1959 年首先在楼顶建造了一座景色秀丽的"空中花园",他在屋顶上做了防水防渗处理,铺敷土壤,配植乔木花草特别是藤本植物,有曲折的通道穿行其间,并设靠椅、小凳,供人休息。由于防水处理得好,屋顶不漏不损,安然无恙。此后,屋顶花园在不少国家出现。前苏联的莫斯科和图拉等城市的一些工厂和机关利用楼房的屋顶兴建暖房,一年四季都可采摘鲜花、收获蔬菜。

日本设计的楼房除加大阳台,以提高绿化面积外,还把屋顶连成一片,成为广阔的绿化场地。日本城市高楼林立,设计师利用绿化来改变城市面貌的案例比比皆是。如位于东京中央区的圣路加国际医院里有一片"空中森林":郁郁葱葱的林木面积达 2 000 m²,六层楼高爬满了攀缘植物。访客常常到此处休憩,呼吸新鲜空气,感受鸟语花香。这是医院为了帮助病人获得走进大自然的感受,专门在 6 楼平台及建筑四壁营造的绿色风景。"与其让病人看到窗外的绿色,不如让他们走进绿色的空间"是这家医院的宗旨。新宿区的第一日本印刷公司总部大楼楼顶也有这么一片树林,公司职员们平时午休都喜欢在树下休憩娱乐。到了樱花盛放的季节,更可以登楼赏樱、俯瞰市容。

"空中花园"的出现,不仅仅是出于美化市容的考虑,更多的是保护城市环境、降低温室效应的需要。日本的城市化使得 43% 的人口居住在东京、大阪和名古屋三大城市圈。农村的年轻人纷纷涌进城市,造成 40% 的农村人口流失。虽然日本的森林覆盖率达到 67%,位居世界前列,但绿化状况在人口密集的城市地区并非如此乐观。拿人口占国家 1/4 的东京地区来说,绿地覆盖率只有 12%,市区的覆盖率为 28%。人均公园面积只有纽约的 1/5,因此日本政府把城市绿化纳入"21 世纪都市再生计划"的重要内容。日本各都、道、府、县政府都拟定了"绿色计划",即增加公园、草坪、树木等绿地面积,提高城市绿地覆盖率的计划。

城市绿地保护法还规定,凡是占地面积超过 1 000 m² 的新建筑必须把非建筑部分的 20% 用于建绿地,而且楼顶必须至少有 20% 的部分种植绿色攀缘植物,政府将为此提供补贴。修建空中花园的主要目的是缓解"热岛效应"。有研究表明,东京人口密集无绿地的都市中心夏季温度比绿树成荫的明治神宫地区要高 3～4℃。东京都全年的炎热天数比 30 年前增加了一倍,即便在晚上温度也不低于 25℃。专家认为,热岛效应的 80% 归咎于绿地的减少,20% 才是城市热量的排放。因此多植攀缘植物,可吸收城市热量,调节城市平衡。

德国则将楼房建成"阶梯式"或"金塔式"的住宅群,当人们在平台上布置起形形色色的屋顶花园后,远看犹如半壁花山,近瞧恰似花草峡谷。加拿大的设计师和建筑师在高层建筑楼顶上采用轻型多孔材料和构件,配上少许土壤,构筑出一派自然美景。除了把每个屋顶平台变成一个个微型花园之外,还要在墙面种攀缘植物,进行垂直绿化,或用蔓生花木搭连绿色的拱门、牌坊、花塔。

3. 攀援植物的应用方法

1) 棚架式绿化

选择合适的材料和构件建造棚架,栽植藤本植物,以观花、观果为主要目的,兼具有遮荫功能,这是最常见、结构造型最丰富的藤本植物景观营造形式。应选择生长旺盛、枝叶茂密、观花或观果的植物材料,对大型木本、藤本植物建造的棚架要坚固结实,对草本的植物材料可选择轻巧的构件建造棚架。可用于棚架的植物材料有猕猴桃、葡萄、三叶木通、紫藤、野蔷薇、木香、炮仗花、丝瓜、观赏南瓜、观赏葫芦等。绿门、绿亭、小型花架也属于棚架式绿化,只是体量较小,在植物材料选择上应偏重于花色鲜艳、姿态优美、枝叶细小的种类,如叶子花、铁线莲类、蔓长春花、探春等。棚架式绿化多布置于庭院、公园、机关、学校、幼儿园、医院等场所,既可观赏,又给人们提供了一个纳凉、休息的理想环境。

2) 绿廊式绿化

选用攀援植物种植于廊的两侧并设置相应的攀附物,使植物攀援而上直至覆盖廊顶形成绿廊。也可在廊顶设置种植槽并选用攀援或匍匐型植物,使枝蔓向下垂挂形成绿帘。绿廊具有观赏和遮荫两种功能,在植物选择上应选用生长旺盛、分枝力强、枝叶稠密、遮蔽效果好而且姿态优美、花色艳丽的种类,如紫藤、金银花、木通、铁线莲类、蛇葡萄、叶子花、炮仗花、常春油麻藤、使君子等。绿廊多用于公园、学校、机关单位、庭院、居民区等场所,廊内既可以观赏,又可形成私密空间,供人入内游赏或休息。在绿廊植物的设计中,不要急于将藤蔓引至廊顶,注意避免造成侧方空虚,影响景观效果。

3) 墙面绿化

把藤本植物通过诱引和固定,使其覆盖混凝土或砖制墙面,从而达到绿化和美化的效果。墙面质地对藤本植物的攀附有较大影响,墙面越粗糙,对植物的攀附越有利。较粗糙的建筑物表面可以选择枝叶较粗大的种类,如地锦、五叶地锦、薜荔、扶芳藤、凌霄、美国凌霄、钻地风等;而光滑细密的墙面(如马赛克贴面)则宜选用枝叶细小、吸附能力强的种类,如络石、紫花络石、常春藤、蜈蚣藤、绿萝、球兰等。为利于藤本植物的攀附,也可以墙面安装条状或网状支架,并进行人工缚扎和牵引。特别当无吸附能力或吸附能力低的藤本植物用于墙面绿化时,更要用钩钉、骑马钉、胶粘等人工辅助方式使植物附壁生长,但这种方式投工量大,一般不宜大面积推广,所以选择吸附能力强、适应性强的藤本植物是墙面绿化的关键(图 6-20)。

图 6-20　常春油麻藤墙面绿化

4) 篱垣式绿化

用藤本植物爬满篱垣栅栏形成绿墙、花墙、绿篱、绿栏等,不仅具有生态效益,而且可以使篱笆或栏杆显得自然和谐,而且生机勃勃,色彩丰富。由于篱垣的高度一般较矮,对植物材料攀援能力的要求不太严格,因此几乎所有的藤本植物都可用于此类绿化,但具体应用时应根据不同的篱垣类型选用适宜的植物材料。竹篱、铁丝网、小型栏杆等轻巧构件,应以茎柔叶小的草本种类为宜,如香豌豆、牵牛花、茑萝、打碗花、海金沙等;而普通的矮墙、钢架等可供选择的植物更多,除可用草本材料外,其他木本类植物如野蔷薇、软枝黄蝉、金银花、探春、炮仗藤、云实、藤本月季、使君子、甜果藤、大果菝葜、凌霄、五叶地锦等均可应用(图 6-21)。

5) 立柱式绿化

立柱式绿化可选用缠绕类和吸附类的藤本植物,如五叶地锦、常春藤、常春油麻藤、三叶木通、南蛇藤、络石、金银花、猕猴桃、扶芳藤、蝙蝠葛、南五味子等。对古树等特殊的立柱式绿化应选用观赏价值高的种类如紫藤、凌霄、美国凌霄、三角花、西番莲等。一般来说,立柱多处于污染严重、土壤条件差的地段,选用藤本植物时应注意其生长习性,选择那些适应性强、抗污染的种类会有利于形成良好的景观效果(图 6-22)。

图 6-21　蔷薇篱垣式绿化

图 6-22　凌霄立柱式绿化

6) 阳台、窗台及室内绿化

阳台、窗台及室内绿化是城市及家庭绿化的重要内容。用藤本植物对阳台、窗台进行绿化时,常用绳索、木条、竹竿或金属线材料构成一定形式的网棚或支架,设置种植槽,选用缠绕或攀援类藤本植物攀附其上形成绿屏或绿棚。这种绿化形式多选用枝叶纤细,体量较轻的植物材料,如茑萝、金银花、牵牛花、铁线莲、丝瓜、苦瓜、葫芦等。此类绿化也可以不设花架,种植野蔷薇、藤本月季、叶子花、探春、常春藤、蔓长春花等藤本植物,让其悬垂于阳台或窗台之外,能起到绿化美化的效果。

用藤本植物装饰室内也是常采用的绿化手段,根据室内的环境特点多选用耐阴性强、体量较小的种类。通常有两种栽植形式:一是,盆栽放置地面,盆中预先设置立柱使植物攀附向上生长,常用的藤本植物有绿萝、球兰、黄金葛等;二是,用枝细叶小的匍匐型种类,以悬吊或置于几桌、高台之上的方法使枝叶自然下垂,常见的如常春藤、洋常春藤、吊兰、过路黄、蔓天竺葵、旱金莲、垂盆草、天门冬、吊竹梅等。

7) 山石、陡坡及裸露地面的绿化

用藤本植物攀附假山和石头上,能使山石生辉,更富自然情趣。在陡坡地段种植植物较为困难,但不进行绿化一方面会影响景观,另一方面也会造成水土流失,而利用藤本植物的攀援、匍匐生长习性,可以对陡坡进行绿化,形成绿色坡面,既有观赏价值,又能起到良好的固土护坡作用。经常使用的藤本植物有络石、地锦、五叶地锦、常春藤、虎耳草、山葡萄、薜荔、钻地风等。

藤本植物还是地被绿化的好材料,许多种类都可用作地被植物,覆盖裸露的地面,如常春藤、蔓长春花、地锦、络石、垂盆草、铁线莲、悬钩子等。

6.4 竹类的功能及应用形式

竹是我国乃至世界园林常用的植物材料,它可以带给人们色彩、形态和清香等美的感受,拥有丰富的寓意和人文哲理。我国自古擅长营造园林竹景,竹景规划关键在于发挥其自然属性与人文特性,常常有刚劲挺拔、直入云霄、高洁淡雅、曲径通幽、叶影迷离、望之无尽、风吹不折、低吟颂赞君子等寓意。

钟灵毓秀的苏州古典园林也是我国竹景营造技法娴熟的例证,其中,以"林木绝胜"著称于世的拙政园可谓匠心独运,竹与水、石、墙、建筑的组合造景发挥得淋漓尽致。该园高度呈现出古人愿与一汪碧水相依,与亭台楼榭为伴,与松竹梅菊同乐等对自然的热爱和追求。

6.4.1 竹的自然属性

竹是禾本科竹亚科植物,分布在热带、亚热带地区,东亚、东南亚、印度洋及太平洋岛屿、热带非洲,种类很多,有的低矮似草,有的高如大树。根据《中国植物志》记载,除引种栽培者外,我国已知有 37 属 500 余种。自然分布限于在长江流域及其以南各省区,少数种类向北延伸至秦岭、汉水及黄河流域。

1. 色彩

竹林的总体色彩是绿的,令人赏心悦目,也孕育着大自然的无限生机。但是竹子的色彩并不单调,体现在笋色、叶色和秆色。竹笋的颜色主要为黄、白,也有黑褐色的竹笋,如嘉

兴雷竹(*Phyllostachys praecox*)几乎可以囊括所有的色彩;竹叶的颜色为墨绿、翠绿和黄绿,随着季节会有所变化,如竹叶出现黄色或白色条纹;竹秆的颜色主要为绿、黄、红,也有紫色的,如紫竹(*Ph. nigra*),由自然变异经过人工分离得到的乌哺鸡竹(*Ph. vivax*)的变型黄秆乌哺鸡竹(*Ph. vivax* 'Aureocanlis'),竹秆全秆呈硫黄色,基部节间还带有绿色纵条纹,观赏性极佳。

2. 形态

除了色彩上的丰富,竹子的形态多姿,俊秀挺拔,亭亭玉立,优雅而飘逸,有刚劲之势,又有柔美之韵。竹种类繁多,有乔木、亚乔木状,又有草本和藤本。地下茎依形态和生长方式分为三个基本类型,即合轴型、单轴型和复轴型。竹枝常中空,具节,根据秆茎每节分枝多少可分为四种类型,即一枝型、二枝型、三枝型和多枝型。竹的高矮粗细也不一,大型竹种高度通常在 8～15 m,如刚竹(*Ph. sulphurea*),枝叶繁茂,冠幅较大,而龙竹(*Dendrocalamus giganteus*)直径可达 30 cm,高度最高可达 25 m;中型竹高度一般在5～8 m之间,如方竹(*Ghimonbambusa quadrangularis*)呈小乔木状;而小型竹常呈灌木状,如菲白竹(*Sasa fortunei*)和箭竹(*Fargesia spathacea*);鹅毛竹(*Shibataea chinensis*)植株矮小,类似草坪。竹秆的形状多样,有略微肿胀似佛肚形的佛肚竹(*Bambusa ventricosa*)和呈钝圆四棱形的方竹(*Chimonobambusa quadrangularis*),而龟甲竹(*Phyllostachys heterocycla*)的竹秆节片似龟甲或龙鳞,凹凸有致,坚硬且粗糙。竹叶的形状也各不相同,有的纤细狭长,看似柔软的羽毛,有的则宽阔、舒展。竹子的枝条更是姿态各异,有的斜向上开展,有的呈攀援状,有的则悬垂。

3. 香味

竹林具有一种独特的清香。竹笋自古被奉为菜中珍品,医学上认为,竹笋味甘、微寒,可清热化痰。从竹茎或竹笋中提取出来的液态竹汁,鲜橙透明,竹香淡雅,爽口怡人,具有独特营养物质。竹筒饭,是把大米盛装在竹筒内烧制而成,混合了竹子的清香。此外,碗垫、蒸架、锅铲子、蒸笼、夹子、果篮、笼屉、笊篱、案板等均有用竹子制成的。竹制餐具受到人们的喜爱,不光是由于其刚柔相济的材性,也在于竹子特有的清香、淳朴色调,给人一种质朴、古典的美感。置身竹林当中,不仅是通过视觉感官接受园林中的装饰、组景和空间景象,竹子特有的香味可以刺激人们的嗅觉,获得精神愉悦和健康体验。

6.4.2　竹的人文特性

竹是一种重要的文化载体,不但是日常生活的植物景观材料,在精神领域更拥有独特的人文特性,竹的人文特性主要表现于丰富的竹文化及其意境。竹秆的挺拔和坚韧象征着刚强,中空和竹节象征着虚怀若谷、高风亮节,其人文内涵已经深深融入到中华民族的血液当中,成为中国传统文化的重要组成部分。

1. 竹文化

竹子不仅是中华民族历史长河中物质文明建设的重要资源，也渗透和凝聚于社会精神文化之中，最终积淀成为源远流长的中华竹文化。除了在日常生活中竹与人们的衣食住行用有着极为密切的联系以外，更为突出的是，有诸多的文学作品将竹子作为称颂对象，诗词歌赋当中歌竹咏竹的作品屡见不鲜。竹子挺拔苍翠、风韵独特，历史上许多文人写过竹的赞诗，以竹之景抒竹之情，表达了文人志士坚贞、虚心、高达、旷远的高尚心理。如王维的《竹里馆》："独坐幽篁里，弹琴复长啸。深林人不知，明月来相照。"杜甫有"绿竹半含箨，新梢才出墙"的诗句。宋代文学家苏轼对竹子十分喜爱，在《于潜僧绿筠轩》中写道："宁可食无肉，不可居无竹。无肉令人瘦，无竹令人俗。"陆游盛赞"好竹千竿翠，新泉一勺水。"清代"扬州八怪"之一的郑板桥，一生画竹，爱竹如癖，与竹结下了深厚情谊，留下了很多咏竹佳句，著名的《竹石》："咬定青山不放松，立根原在破岩中。千磨万击还坚劲，任尔东南西北风"高度赞扬了竹子不畏逆境、蒸蒸日上的秉性；在《题墨竹图》诗中他写道："细细的叶，疏疏的节；雪压不倒，风吹不折"，赞赏竹是"秋风昨夜渡潇湘，触石穿林惯作狂；惟有竹枝浑不怕，挺然相斗一千场。"由此可见，竹文化即竹子的文人气质，是跟文人的艺术追求和生活环境不可分割的。

2. 竹意境

竹子枝叶柔美，竹秆挺拔，在园林中可呈现如诗如画而又真实迷人的意境。其一，刚强不屈，虚心有节。杭州西湖景区有多处竹景，其中云栖竹径长达 1 km，距离西湖相对偏远，却也因此达到一种远离尘嚣的竹里通幽之感。沿着石板路前行，抬头可望万千竹秆直入云霄，向前则纵深感强、引人入胜，人们可领略其清凉、寂静和幽雅之美。视线的通透、鸟儿的清唱、山色的幽静祛除人的疲劳感，清山如画，优美怡人。沧浪亭"前竹后水，水之阳又竹，无穷极。澄川翠干，光影会合于轩户之间，尤与风月为相宜。"在清澈的小河边栽植青翠的竹子，阳光照射下，竹影在门窗之间交错相接，在风月之中显得尤其动人。以竹子作为一种柔化处理，刚柔并济，均衡调和。留园被称"吴中第一园"，其中许多建筑将全园的空间进行巧妙分隔，并衬以梧竹，竹色清寒，波光澄再碧，又名"寒碧山庄"。竹子在曲廊、水际之间进行空间调和，柔中带刚，使得全园透迤相续、变化无穷，大展步移景异之妙趣。

6.4.3 竹景类型

竹景是风景园林生态分类系统的重要形式，可认为竹景指以竹子作为主要植物参与构成的园林景观。

竹景依据空间尺度，可分为竹景点、竹园和竹海（表6-1）。最常见的竹景为近人尺度，即观察者的注意力与认知所集中的一定范围的竹景点；近人竹景的观赏具有局限性，观赏画面是静态的和朴素的，如拙政园的梧竹幽居。竹园是一系列连续的近人竹景画面所构成的竹景空间，其中人体移动路线作为空间的串连的线索，从而形成竹景序列，如云栖竹径、个园等。竹海是超乎近人观赏尺度的大地景观，相对而言，竹海跨越竹园的范围；竹海的观赏画面是全局的和意象的。在古典园林当中最常见的是竹与亭、廊、阁、轩等园林建筑或水体组合成近人竹景,如网师园的"竹外一枝轩",这座水岸建筑的命名呼应其北面庭院内的两丛慈竹,廊外琴棋书画,窗内百竿摇绿,人们可观赏到灵巧而素雅的一番景象。

表 6-1 依据空间尺度的竹景类型

竹景类型	尺度	特征	案例
竹景点	近人尺度	静态的、朴素的	竹外一枝轩、梧竹幽居
竹园	人的尺度＋视觉速度	移动的、序列的	云栖竹径、个园
竹海	鸟瞰尺度	全局的、意象的	宜兴竹海、南山竹海

依据其使用功能,可分为一般竹景、专类竹园和自然竹海(表 6-2)。一般竹景主要以观赏功能为主,如狮子林、留园、网师园中的竹景;专类竹景有保护、培育、科研、观赏和教育等功能,如辰山植物园竹种园和杭州植物园竹园;自然竹林是未经或较少经人工改造的一类竹景,承担观赏和生态功能,如安吉大竹海、蜀南竹海等。

表 6-2 依据使用功能的竹景类型

竹景类型	功能	案例
一般竹景	观赏	狮子林、留园、网师园中的竹景
专类竹园	保护,培育,科研,观赏,教育	辰山植物园竹种园、杭州植物园竹园、北京紫竹院、济南植物园竹园、潍坊植物园竹园
自然竹林	生态,观赏	安吉大竹海、蜀南竹海

在竹景中,标志物即节点,由此可将竹景根据物质形态分为节点竹景、线形竹景和区域竹景(表 6-3)。节点竹景是指观察者可以进入的具有某种特征的集中点,它既是连接点亦是聚集点,空间上有外向的,也有向内围合而成的。线形竹景通常是两个区域的界线,或者具有一定分隔作用的明确的边界,如滨水地带。线形竹景具有连续性、方向性和可见性,能够承担屏障或者引导的作用。区域竹景是较大范围的、具有同一特征的大量群植竹林所呈现的景观。

表 6-3 依据物质形态的竹景类型

竹景类型	特征	组成要素
节点竹景	要素集聚,视觉焦点	竹,园林建筑,水体,其他植物,地形
线形竹景	依赖一定的边界,具指引性	竹,建筑,墙,水体
区域竹景	以片植为主,结合其他园林要素	大规模的成片竹林

6.4.4 竹景营造

中国自古以来形成了较为完善的古典园林景观的设计风格,当代竹景建造也常引用古典园林的造景手法进行空间处理。拙政园是私家园林的典范,其中多样的造景手法、无限的空间意识、园主人的情怀寄托是中国古典园林的精华所在。近人竹景点的营造方法、中国古典园林竹景配置理论可以归纳梳理以下三个方面。

1. 竹景营造法则

1）尊重自然环境与地形

竹子是来源于自然,并应用于景观环境的植物。受老庄道家学说的哲学思想影响,中华文化中反映出一种至真至朴的自然追求,但并非听任自然,而是"虽由人作,宛自天开"。如植于园路两侧的竹,即为组织流线以引导方向的竹景。无论是点缀的竹石小品亦或以竹命其名的独立竹景,竹景营造将人的意志与自然结合,达到"山水相宜,景到随机"的效果。

2）灵活构建景观风貌与格局

竹应与花窗亭榭组合,借景而造。明末计成《园冶》归纳了"巧于因借,精在体宜"的造园智慧,并称"借者,园虽别内外,得景则无拘远近",从拙政园的梧竹幽居望及西侧园外的报恩寺塔,即将园外之景借入园内。竹与亭台、水阁、浮廊共造时,应有借景意识,灵活布置景观格局。园有异宜,构园无格。竹景的机理与形态不可拘于成法,讲究应变,彰显个性。

3）传达竹景文化与独特意境

竹景之胜,在刚柔,在题匾,在意境。梧竹幽居处,竹枝的柔美与方亭的刚硬之气共存,匾额的"梧竹幽居"将二者交融一体,意境超然,幽深静谧,高雅而含蓄。竹景的意境与竹的栽植技巧紧密相连,若是竹径,则宜高大,表现其幽远深邃;若为小道两侧,则宜用矮竹,增加亲和力;梧竹幽居的竹则高于方亭,以弥补其重量感的不足,达到均衡。此外,植竹宜疏不宜密,宜群不宜孤,以表现其通透、谦和的特性。

2. 竹景构成要素

竹景在空间上,包含竹子、地形、水体、建筑和其他植物等组成要素(图6-23)。地形是竹景的基础,要求硬实而舒适,尽量保持其乡土地形,充分借用其山坡或者水岸,融合当地最好的自然要素。由建筑来确定整体框架,以竹进行空间界定。每一处景观,都摆脱不了处理整体与局部的关系,列植竹子是分隔空间最好的方法,从整体中分配出一个或若干个相对小的空间,化繁为简,以丰富空间的多样性。类似地,竹的遮挡功能也用于空间的围合,选用适当高度的草坪、花卉、灌木可以区分出开敞的、半开敞的、封闭的或者半封闭的空间,以屏蔽、限制和引导人们的视线。运用借景、框景、夹景、透景等设计手法,对原有的周边景观进行弥补或筛选。园林建筑透过竹叶与竹秆之间的缝隙,或者竹子透过花窗,增添景观的神秘感,又使空间具有延伸感,激发人们的兴趣。

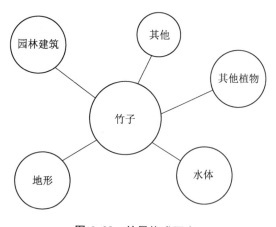

图6-23 竹景构成要素

3. 竹景营造策略

1) 生境自然，竹地理微

清人笪重光的《画筌》曰："山本静，水流则动；石本顽，树活则灵。"寓意着地形的改造利用和协调处理，方可使园林产生动静结合的变化。竹子喜温暖湿润的气候，需充足的水分，又要良好的排水，因此，植竹讲求尊重生境，顺应自然。若是连绵起伏的山脉，竹景则呈现出层林叠翠的景观，竹林将建筑和道路掩映在绿荫之中；若将竹用于小园林的假山中，则可形成近人竹景，是园林中障景、框景、漏景的构景材料。利用浑然天成的立地环境，对原有地势稍加利用，必要时改造山水骨架，引入其他园林植物，增加景观异质性，以形成多种层次的竹景变化，打造通透或婉转的竹景透视线。亦可适当抬高竹景或亭楼等建筑，构筑台阶，形成微地形，产生仰望、俯视、平视等不同观赏视角。

2) 画境素雅，竹径通幽

近人竹景能提供观赏竹姿、色、形、味的最佳空间感，最易形成巧妙的画境。通常竹景是动与静、虚与实、时间与空间的融合体。拙政园是市井中开辟出的一片自然田园、思想净土，利用山水的环绕、花草的培植、建筑的组合，营造出有机的、丰富多彩的、流动的和令人充满联想的画境空间，它反映了自然风光的美好，也代表着园主人的品行和志向，这处淡雅清静的空间是园主人与自然和社会之间求取平衡的场所。在拙政园和狮子林中，反复出现门洞、漏窗、山石与竹的结合。视点不断移动的同时，竹景传达给人们不同的构图，楼廊亭桥和植物种类的变化和丰富，使人们产生观赏到竹径通幽之感，并欣赏到粉墙竹影、漏窗透竹和竹石共生等图景。

3) 意境悠远，竹达人情

意境是画境的升华，也是竹景营造的最高目标。竹石无心，妙手有情，方寸之间，又见河山。竹景含有一种禅宗之美，透出自然空灵、清远淡泊的意境。苏州园林多是文人士大夫归隐后的心灵安顿之地，拙于政者才来灌园鬻蔬，不是不想为政，而是无奈于政。梧竹幽居实为托物言志，梧桐叶落秋意正浓，唯有翠竹不畏寒霜，苍绿依然，远离漩涡止于静水，在寂寞中体味清冷。放弃庙堂的富丽，山林清韵处有萧散之美，方为主人真意。简洁淡雅的竹景风格与人情的高雅相互融通，甚至可以超越景观形体的束缚。如梧竹幽居的竹，种植百秆斑竹还是两丛孝顺竹，在意境上各有千秋。因地相宜，竹到随机，竹之画意、书意、诗意，皆为通达。

6.4.5 拙政园之竹景营造

拙政园是明代苏州著名私家园林，建于明正德国年(1509 年)，是当时退隐御史王献臣所筑，取潘岳《闲居赋》中"筑室种树""灌园鬻蔬，以供朝夕之膳，此亦拙者之为政也"之意，遂名"拙政园"。拙政园以水为主、疏朗平淡、巧借自然。全园分东、中、西三部分。东部明快开朗，以平冈远山、松林草坪、竹坞曲水为主。中部为其精华所在，池广树茂，景色宜人，临水布置有形体不一、高低错落、主次分明的建筑。西部水池曲折，台馆分峙，回廊起伏，水波合影，别有情趣。东园主人王心一在《归田园居记》中记载："东西桂树为屏，其后则有山如幅，纵横皆种梅花。梅之外有竹，竹临僧舍，旦暮梵声，时从竹中来。"由此可见，拙政园内不乏配植竹子。

1. 竹景类型列举

在古典园林中,大面积的群植竹景极少,竹景以精宜为胜,体现出文人园林独特的情调。拙政园内约配置有几十种竹子,竹在园中承担了重要功能,可与建筑、植物组合一体,如梧竹幽居即竹子、梧桐结合一座方亭而成,玲珑馆周围遍植翠竹,青翠欲滴。亦有竹沿水岸、园路成列栽植,如种植在芙蓉榭附近水岸的竹子,在秫香馆东侧的小园路两侧,低矮的箬竹与石头、竹篱共同围成一条小石子路,自然幽静而充满野趣。在绿漪亭附近园路与围墙之间的 3 m 宽绿地上栽植有一片胸径 3~8 cm 的竹,路边辅以竹制的小护栏。另有竹与假山置石、花窗、植物等灵活搭配,显得舒畅雅洁,滋味非凡。如海棠春坞,本是一间书房,院内植有两株海棠,几竿紫竹,结合小体量的太湖石布置,背景是南面的白墙,墙面刻有"海棠春坞"的砖额,显得造型别致,清雅宜人。连接远香堂与廊桥小飞虹的园廊,漏花窗下种植着低矮的水竹,通透而静谧,并与石头形成刚与柔的对比。此外,拙政园中的竹景还有听雨轩、倒影楼、与谁同坐轩等。

图 6-24　梧竹幽居

2. 梧竹幽居

梧竹幽居(图 6-24)位于拙政园中园,紧邻着分隔中园和东园的围墙。在意境上,梧竹幽居并非单指一座方亭而已,此外还包括回廊、梧桐和竹子,甚至还包括从方亭透过圆门借景观望到的海棠春坞、石板桥、置石、亭子和其他植物。

平面布局上,梧竹幽居景点位于东西中轴线上略偏北的位置(图 6-25)。中轴线由东向西,经过梧竹幽居、荷风四面亭、与谁同坐轩,最终指向距离拙政园 700 m 开外的报恩寺的佛塔,并将其借为园景,供人们远望。梧竹幽居的方亭并未落于中轴线之上,而是略往北偏,一方面显示了文人的谦卑,同时可亲近与望及更大的水面景色。梧竹幽居西侧的大湖面主要种植荷花,为梧竹幽居增色许多。香远益清,亭亭净植,花开之时,芬芳满园。方亭周围的几处建筑的命名都极妙地运用了"香"字,如雪香云蔚亭、远香堂、香洲等。另外,距离梧竹幽居最近的小山坡上,有一座待霜亭,其楹联妙极:墙外青山横黛色,门前流水带花香。待霜亭与绣绮亭分别位于轴线的两侧的小山之上。

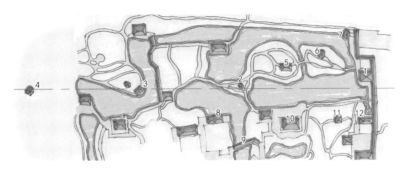

1—梧竹幽居;2—荷风四面亭;3—与谁同坐轩;4—报恩寺佛塔(园外);5—雪香云蔚亭
6—待霜亭;7—绿漪亭;8—香洲;9—小飞虹;10—远香堂;11—绣绮亭;12—海棠春坞

图6-25 拙政园中园平面图

方亭约5 m见方,亭中央布置一张方形花岗岩石桌,供人们歇息。东、南、西、北四个方向各开一个圆门,蕴含着天圆地方的哲学思想。亭内有文徵明所题的"梧竹幽居"匾额,两侧悬挂的对联出自晚清书画篆刻名家赵之谦之手,曰:"爽借清风明借月,动观流水静观山。"清风属虚,明月属实,一虚一实,相生相济。山石为静,流水为动,动静皆宜,情景交织。从亭内透过圆门可得到春夏秋冬四季韵味的框景,圆门之外有一圈回廊,可全方位观赏亭外之景。梧竹幽居的方亭尤能表现"因地相宜,巧于因借"的妙处,方亭北侧的园廊转角与西侧的大规模水面,形成了紧凑与疏朗的强烈对比。从私密性上考虑,东侧的过廊则可作为一种心理防护的设施,背靠长廊,面向莲池,幽竹青青,梧桐遮荫。此外,亭外四时之景不同,韵味无穷。南门之外是小桥流水,风中摇曳两株迎春,江南美景如诗如画;西门水岸有一株枫杨,荷花映夏古树参天,水光山色置入眼帘;北门有梧桐翠竹视线通透,绿漪亭外隔竹相望,修廊远映清静素雅;东门外粉墙黛瓦明净如雪,徵明园景碑记隽永,长廊迤逦应时巧借。

6.5 棕榈植物的功能及应用

6.5.1 棕榈植物的功能

棕榈类植物多单干直立,不分枝,叶形洒脱,雅致秀美,有很高的观赏价值。棕榈类植物能抗多种污染,如有毒气体等,还有较强的滞尘和护坡保土的功能。还有很多棕榈类植物的根、茎、叶、花、果等具有很高的观赏价值,如椰子的种子可以制冷饮和提取食用油,海枣是著名的甜品,油棕有世界油王之称,棕榈、椰子等树干可作建筑材料,槟榔种子可入药。

6.5.2 棕榈植物的应用形式及方法

1. 观赏棕榈可营造热带景观

棕榈类植物是营造热带景观的一类独特的风景园林植物,树型多样且独特,颇具南国风光特色(图6-26)。有些高大的棕榈类树种高达数十米,树姿雄伟,茎干单生,苍劲挺拔,它的根、茎、叶、花、果均有着自身特有的形态美,加上叶型美观,与茎干相映成趣,是热带景观营造必不可少的树种。

棕榈植物分布广、形态习性各异对于各种生境条件都有相应的棕榈植物,具有不同的造景功能。以厦门棕榈科植物的观赏特性为例。厦门棕榈科植物主要有观树形类、观干类观叶类和观叶类等几种类型。观树形类有飓风椰子、美丽针葵、西谷椰子、雪佛里椰子等。观干类有大王椰子、拐杖椰子、酒瓶椰子、印度叉干棕等。观叶类有红槟榔、银叶葵、狐尾椰子、圆叶蒲葵等。还有少数观果类有巨籽棕、双籽棕等。加那利海枣、假槟榔等羽叶型大姿态优美;蒲葵丝的葵叶似圆扇叶;国王椰子、袖珍椰子叶色翠绿、温润欲滴;鱼尾葵、狐尾椰子叶形奇特,趣味无穷。

很多棕榈植物的花序显著、果实鲜艳耀眼、能表现季相变化。一次性开花结果的棕榈植物如糖椰成熟后,花序自上而下地开放表现了生命周期的更迭交替。大型单干型棕榈植物可用于隔离带等的绿化美化,对园林空间分隔有显著作用,中小型丛生型棕榈植物如三药槟榔、小琼棕等,可分别用作树篱和矮篱,既丰富了景观层次又增添了景观内容。

图 6-26 观赏棕榈可营造热带景观

图 6-27 椰子作行道树用

2. 乔木种类的棕榈可作行道树用

棕榈科植物树型美,落叶少,常用于市区和国内的道路绿化,与道路附近的建筑物和其他公共设施配套。如大王椰子、假槟榔、董棕、海枣、蒲葵等独干乔木型种类,其树干粗壮高大,挺拔清秀,雄伟壮观,且树体通视良好,利于交通安全,可把它们列于道路两旁、分车带或中央绿带上,犹如队列整齐的仪仗队,具有雄伟庄严的气氛。如海口道路边栽植整齐的椰子引导行车方向,这些高大挺拔的椰子还可使驾驶员产生安全感,最底层配置一些花灌木,如杜鹃等,景观效果极佳(图6-27)。

3. 灌木类棕榈，可于路边、林缘甚至树荫下丛植或群植

灌木类棕榈尤其是以耐阴或喜阴的为主，如棕竹、山槟榔等。至于棕榈、蒲葵等，因其喜阳又耐阴，故可用不同年龄树苗参差互栽，高低错落，掩映有致。

4. 观赏棕榈生长缓慢，干叶雅致秀美，适应室内盆栽观赏

常见的观赏棕榈如棕竹、蒲葵、散尾葵、小琼棕等，宜厅室盆栽。至于棕榈、鱼尾葵、刺葵属、欧洲矮棕等，更是木桶栽培、厅堂摆放的良好素材。

近年来，棕榈科植物以其特有的装饰美化效果在室内绿化中越来越受青睐。一般地说，凡是有一定耐阴性，树干不过于高大，树形、叶形、叶色等有一定观赏价值者，均可用于室内绿化。目前，常用的种类有短穗鱼尾葵、富贵椰子、袖珍椰子、散尾葵、蒲葵、国王椰子、棕竹、夏威夷椰子、三角椰子、美丽针葵等。这些种类均可盆栽置于室内欣赏，但要根据其耐阴性，体积大小，选择适宜的摆放场所。

另外，有些棕榈科植物如散尾葵、美丽针葵，鱼尾葵等叶片富含纤维质，坚韧柔软，易于弯曲造型，可切取叶片，用作室内插花配叶材料。

6.6　草本园林植物的功能及应用

6.6.1　露地草本园林植物的功能

在景观绿地中除栽植乔木和灌木外，适当地配置一些露地草本园林植物可以提高景观效果。此外，在建筑物周围、道路两旁、疏林下、空旷地、坡地、水边等，都是栽种草本园林植物的场所。草本园林植物有很高的观赏价值，可以绿化和美化环境；可以释放出一些杀菌物质，减少传染病的发生；很多露地观赏草本园林植物对多种有害气体（如二氧化硫、氟化氢、氯气、氨气等）具有较强的吸收能力，可以净化大气；某些草本园林植物对污染环境的硫化物、氯化物等特别敏感，因此，可用来监测上述有害物质。由此可见，草本园林植物有很多功能，在对其应用时，要有意识地将这些功能融入到景点的构思中，使其不仅能绿化美化环境，更能够为人们提供一个具有保健功能的空间。不同的植物具有不同的景观特色，其干、叶、花、果的形状、大小、色泽、香味各不相同。北方的四季变化比较明显，一年中春夏秋冬四季的气候变化，使植物产生了花开花落、叶展叶落等形态和色彩的变化，出现了周期性变化的风貌。这是植物对气候的一种特殊反应，是生物适应环境的一种表现。如多数的植物会在春季发芽，秋季结实；而植物的色彩也会由绿变黄或其他颜色。植物的季相变化构成了园林景观中最为直观和动人的景色，这些颜色调和了钢筋混凝土的丛林冰冷，让城市生活变得斑斓夺目。由此，对城市中草本植物季相特征的了解显得尤为重要，把握城市草本植物的物候现象，可以掌握景观的季节节奏，有助于宏观地控制景观环境的营建。

6.6.2　露地草本园林植物的应用形式及方法

露地草本园林植物因能够直接露地栽培，所以是景观绿化中应用最广的植物种类，多

以其丰富的色彩美化重点部位形成景观。根据应用布置方式,大概可分为几种形式:

1. 花坛

花坛是在具有一定几何形轮廓的植床内,种植各种不同色彩的风景园林植物而构成一幅具有华丽纹样或鲜艳色彩的图案画。按照表现主题不同、规划方式不同、维持时间长短不同,花坛有不同的分类。

1) 按表现主题不同花坛的分类

(1) 花丛式花坛。花丛式花坛也可称为盛花花坛,以观赏草本园林植物群体的华丽、色彩为表现主题(图 6-28)。选为花丛式花坛栽植的草本园林植物必须开花繁茂,在花朵盛开时,植物的枝叶最好全部为花朵所掩盖,达到见花不见叶的程度。所以草本园林植物开花的花期必须一致,如果花期前后会零落,这样的草本园林植物就达不到良好的效果。叶大花小、叶多花少,以及叶和花朵稀疏或高矮参差不齐的草本园林植物就不宜选用。

花丛式花坛可以由一种草本园林植物的群体组成,也可以由好几种草本园林植物的群体组成。由于平面长和宽的比例不同,花丛式花坛又可分为:花丛花坛、带状花丛花坛和花缘等。

为了维持花丛式花坛花朵盛开时的华丽效果,花坛的草本园林植物必须经常更换。通常多应用球根草本园林植物及一年生草本园林植物,一般多年生草本园林植物不适宜选作花丛式花坛的应用。

(2) 模纹花坛。模纹花坛也可称为嵌镶花坛,表现的主题与花丛式花坛不同,不以风景园林植物本身的个体美为表现主题,而是应用各种不同色彩的观叶植物或花叶兼美的植物组成华丽复杂的图案纹样(图 6-29)。模纹花坛因为内部纹样繁复华丽,所以植床的外形轮廓应比较简洁。模纹花坛常分为带状模纹花坛、毛毡花坛、彩结花坛、浮雕花坛等类型。

图 6-28　花丛式花坛

图 6-29　模纹花坛

(3) 标题式花坛。标题式花坛在形式上和模纹花坛没有区别,但其表现主题不同。模纹式花坛的图案完全是装饰性的,没有明确的主题思想。但标题式花坛有时是由文字组成,有时具有一定含意的图徽或绘画,有时是肖像。标题式花坛通过一定的艺术形象来表达一定的思想主题,常设置在坡地的倾斜面,并用木框固定,可以使游人看得格外清楚(图 6-30)。

(4) 草坪花坛。大规模的花坛群和连续花坛群如果完全按花丛式花坛或模纹式花坛来种植,成本较高,而且如果管理不周,非但不能收到美观的效果,反而会引起相反的作用。因此,在街道、大广场上,除主要的花坛采用花丛式花坛或模纹式花坛外,其余较次要的花坛,可采用草坪花坛的形式。

草坪花坛布置在铺装道路和广场的中间,植床有一定的外形轮廓,植床高出地面,并且有边缘石装饰起来。草坪花坛内不许游人进入游憩。草坪花坛的表面要求修剪平整,为了求得较华丽的效果,可以用花叶并美的多年生草本园林植物来镶边。草坪花坛选择的草种,最好是禾本科及莎草科,观赏价值很高且适应性也比较强的植物,草种可以不必耐踩,但返青要早,秋天枯黄期要晚。

2）按规划方式不同花坛的分类

（1）独立花坛。独立花坛并不意味着在构图中是独立或孤立存在的,它是主体花坛,是作为局部构图的一个主体而存在,可以是花丛式、模纹式、标题式,但不宜采用草坪式。独立花坛常布置在建筑广场的中央、街道或道路的交叉口、公园的进出口广场上、公共建筑物的正前方、林荫花园道的交叉口等地。

（2）花坛群。当许多个花坛组成一个不能分隔的构图整体时,称为花坛群,花坛与花坛之间为草坪或铺装场地。最简单的花坛群,可以是布置在中轴线左右的两个对称的花坛（每个个体花坛本身是不对称的）。花坛群内部的铺装场地及道路,是允许游人活动的。大规模的花坛群内部还可以设置座椅、花架,供游人休息。花坛群可以全部采用模纹式,也可以是花丛式的花坛来组成(图 6-31)。

（3）花坛组群。由几个花坛群组合成为一个不可分割的构图整体,这个构图整体被称为花坛组群。通常布置在城市的大型建筑广场上,大型的公共建筑前方,或是在大规模的规则式园林中,其构图中心常常是大型的喷泉、水池或雕像。

（4）带状花坛。宽度在 1 m 以上,长度比宽度大 3 倍以上的长形花坛称为带状花坛。带状花坛不能作为静态风景的构图主体,对于带状花坛的欣赏,游人的视点必须是运动的,所以,带状花坛应是连续构图。在连续的风景中,带状花坛可以作为主景,例如在道路中央或林荫花园道中央。带状花坛还可以作为配景,例如作为观赏草坪、草坪花坛的镶边,道路两侧的装饰、建筑物的墙基装饰等。带状花坛可以是模纹式、花丛式或标题式的。

图 6-30　标题花坛

图 6-31　花坛群

（5）连续花坛群。许多个独立的花坛或带状花坛成直线排列成一行,组成一个有节奏的、有规律的、不可分割的构图整体,这个构图整体被称为连续花坛群。它采用的是连续的构图方式,总是布置在道路旁,有时也可布置在草地上。

2. 花境

传统上的花境是半自然的草本园林植物设计形式,由多种草本园林植物组成并根据自然风景中草本植物自然生长的规律,加以艺术提炼而应用于景观的形式。花境植物种类多,色彩丰富,具有山林野趣,观赏效果十分显著。欧美国家特别是英国景观设计中花境应用十分普遍,中国也对花镜进行着各种应用形式的探索。依据花境的观赏形式可以分为单面观赏花境和双面观赏花境。单面观赏花境多以树丛、树群、绿篱或建筑物的墙体为背景,植物配置前低后高以利于观赏(图6-32)。双面花境多设置在草坪或树丛间,两边都有步道,供双面观赏,植物配置采取中间高两边低的方法,各种植物呈自然斑状混交(图6-33)。

图 6-32　单面观花境　　　　图 6-33　双面观花境

花境中各种草本园林植物在配置时既要考虑到同一季节中彼此的色彩、姿态、体型、数量的对比与调和,同时还要求在一年之中随季节的变换而显现不同的季相特征,使人们产生时序感。适应布置花境的植物材料很多,既包括一年生草本园林植物,宿根、球根草本园林植物,还可采用一些生长低矮、色彩艳丽的花灌木和观叶植物,既可观花、观叶,也可观果。特别是宿根和球根草本园林植物能较好地满足花境的要求。

由于花境布置后可多年生长,不需经常更换,若想获得理想的四季景观,必须在种植规划时深入了解和掌握各种植物的生态习性、外观表现、花期、花色等,对所选用的植物材料具有较强的感性认识,巧妙配置,才能体现出花境的景观效果。例如郁金香、风信子、荷包牡丹、耧斗菜、雏菊等仅在上半年生长,在炎热夏季即进入休眠,花境中应用这些植物时,就需在株丛间配植一些夏秋生长茂盛而春至夏初又不影响其他植物生长与观赏的草本园林植物,这样花境就不至于出现衰败的景象。再如石蒜类的植物根系较深,属先花后叶植物,如能与浅根性、茎叶葱绿而匍地生长的卧茎景天混植,不仅相互生长不受影响,而且由于卧茎景天茎叶对石蒜类花的衬托,会使景观效果显著提高。

当进行花境设计时,相邻的植物色彩要协调搭配,生长势强弱与繁衍的速度应大致相似,以利于长久稳定地发挥花境的观赏效果。花境的边缘即花境种植的界限,不仅确定了花境的种植范围,也便于周围草坪的修剪和周边的整理清扫。依据花境所处的环境不同,边缘可以是自然曲线,也可以采用直线。高床的边缘可用石头、砖头等垒砌而成,平床多用低矮致密的植物镶边,也可用草坪带镶边。

3. 花丛和花群

这种应用方式是将自然风景中野花散生于草坡的景观应用于园林绿化,从而增加绿化的趣味性和观赏性。花丛和花群布置简单,应用灵活,株少为丛,丛连成群,繁简均宜。植物选择高矮不限,但以茎干挺直、不易倒伏为佳。花丛和花群常布置于开阔的草坪周围,使林缘、树林、树群与草坪之间有一个联系的纽带,也可以布置在道路的转折处或点缀于院落之中,均能产生较好的观赏效果。同时,花丛和花群还可布置于河边、山坡、石旁,使景观生动自然(图 6-34)。

图 6-34　花丛

4. 花台

将植物栽植于高出地面的台座上,类似花坛但面积较小。我国古典园林中这种应用方式较多,现在多应用于庭院,上植草花作整形式布置。由于面积狭小,一个花台内常只布置一种植物。因花台高出地面,故选用的植物株形较矮、繁密匍匐或茎叶下垂于台壁,如玉簪、芍药、鸢尾、兰花、沿阶草、天门冬等。

5. 基础栽植

在建筑物及一些构筑物基础周围通常用草本植物作基础栽植(图 6-35)。

(1) 建筑物周围的草本园林植物栽植。建筑物周围与道路之间常形成一狭长地带,在这一地带上栽植草本园林植物能够丰富建筑的立面,使建筑物周围的环境得到美化,并对建筑物和路面起到衔接作用。对于具有落地玻璃窗的建筑物来说,窗外栽植的草本园林植物可和室内的环境融为一体,给室内增添无限的生机。

(2) 墙基处的草本园林植物栽植。墙基处栽植草本园林植物可以缓冲墙基、墙角与地面之间生硬的线条,对墙体和地面具有软化和装饰作用,特别在不美观的墙面前种植风景园林植物,墙面如同画布,栽植的植物则好像一幅画一样给人以美的艺术享受。

图 6-35　毛地黄做基础栽植

(3) 雕塑、喷泉、塑像基座的草本园林植物栽植。在雕塑、喷泉及其他小品的基座附近通常用草本园林植物作基础种植,起到烘托主题、渲染气氛的作用,并能软化构筑物生硬的线条、增加生气。例如在纪念性景观中,伟人或英雄人物的塑像通常设置于中轴线上形成主景,可用草本园林植物来装饰基座来烘托英雄人物的崇高形象,加强塑像的艺术感染力。鲜艳的植物色彩与白至褐色的塑像基座形成对比,增强亮度,提高景观效果。

（4）园路用草本园林植物镶边。这也是基础栽植的一种形式,有助于提高园路的景观效果,给人们带来美的享受。在用草本园林植物作基础栽植时,首先,要注意背景和色彩的搭配,例如以墙体作背景,植物材料的色彩与墙面的颜色有对比才能产生良好的景观效果。同时,草本园林植物材料的选择还要与建筑的风格及周围的环境相协调,如在建筑物周围和墙基多做整形式行列种植,落地式玻璃窗前则选用自然式栽植。活泼的雕塑作品用草花做基座装饰显得潇洒自然,纪念性塑像基座用五色草纹样可表现伟人的高大形象。最后,在用草本园林植物作基础栽植时,要考虑栽植的自然条件和植物习性,如在建筑物北侧应选择耐阴性强的植物玉簪、铃兰、玉竹等,南侧则用萱草、菊花、火炬花等喜阳草本园林植物。

（5）花钵。花钵可以说是活动花坛,是一种移动景观,随着现代化城市的发展,植物种植施工手段逐步完善而推出的草本园林植物应用形式(图 6-36)。种植钵造型美观大方,纹饰以简洁的灰、白色调为宜,从造型上看,有圆形、方形、高脚杯形,以及由数个种植钵拼组成的六角形、八角形、菱形等图案,也有木制的种植箱、花车等形式,造型新颖别致、丰富多彩,钵内放置营养土用于栽植草本园林植物。种植钵移动方便,里面草本园林植物可以随季节变换,使用灵活,装饰效果好,是深受欢迎的草本园林植物种植形式。主要摆放在广场、街道及建筑物前进行装点,施工容易,能够迅速形成景观,符合现代化城市发展的需要。

图 6-36 花钵

花钵选用的植物种类十分广泛,如一年或二年生草本园林植物、球根草本园林植物、宿根草本园林植物及蔓生性植物等。应用时选择应时的草本园林植物作为种植材料,如春季用石竹、金盏菊、雏菊、郁金香、水仙、风信子等,夏季用虞美人、美女樱、百日草、花菱草等,秋季用矮牵牛、一串红、鸡冠花、菊花等。所用植物的形态和质感要与钵体的造型相协调,色彩上有所对比。如白色的种植钵与红、橙等暖色系花搭配会产生艳丽、欢快的气氛,与蓝、紫等冷色系花搭配会给人宁静素雅的感觉。

6.6.3 温室盆栽草本园林植物的应用形式及方法

温室草本园林植物一般以盆栽为主,以便冬季到来时移入温室内防寒。盆栽植物既可于温暖季节用来布置装饰室外环境,也可用于布置室内,应用方便灵活,使用也越来越多,概括起来,有以下几个方面:

1. 公共场所的草本园林植物装饰

包括机场、车站、码头、广场、宾馆、饭店、影剧院、体育馆、大礼堂、博物馆及其他场所,都需要用草本园林植物来美化装饰。这些场所的草本园林植物所起的作用主要是点缀空间环境,因此,应用时首先要以不妨碍交通和不给人们造成不便为原则,其次选择的草本园林植物材料要与周围的环境和使用的性质相一致。如举行庆祝的会场布置,应该色彩鲜艳,烘托喜庆气氛,而展览陈列室则以淡雅素朴的植物为宜,休息厅应给予最精致的植物装饰,因为人们在休息时会去欣赏或品评所布置的草本园林植物。另外还要了解草本园林植物的习性,特别是对光的要求,如彩叶草、酢浆草、五色梅需在阳光直射的情况下才能生长良好,若长久放在较暗的室内,就会失去其装饰效果。

2. 私人居室的草本园林植物装饰

居住建筑中草本园林植物装饰主要应用于卧室、客厅、阳台、餐厅等处。阳台是摆放盆花进行装饰的理想地点,因为阳台的光线相对充足,可摆放一些喜光的观花草本园林植物。室内通常以耐阴的常绿观叶植物进行布置和装饰,以调和室内布局,增添居室的生机。布置时要注意不妨碍人的活动为原则。几案、柜橱上陈列的草本园林植物以小巧玲珑为上,数量不宜多,但质量要高。

3. 温室专类园布置

为满足人们对温室草本园林植物的观赏需要,可以专门开辟观赏温室区,布置热带、亚热带植物供参观游览。如竹芋类、凤梨类、兰花、仙人掌类及多浆植物等种类繁多、观赏价值高,其生态习性接近的可布置成专类园的形式供人参观、游览。而对温度要求不太高的植物,如棕榈、苏铁类,可用来布置室内花园。

6.7　水生风景园林植物的功能及应用

6.7.1　水生植物的功能

水生植物不仅具有较高的观赏价值,其中不少种类还兼有食用、药用之功能,如荷花、睡莲、王莲、鸢尾、千屈菜、萍蓬草等,都是人们耳熟能详且非常喜爱的草本园林植物,并广泛应用于水景中;芡实、菱角、莼菜、香蒲、慈姑、茭白、莲藕、水芹、荸荠等,除了可绿化水体环境外,还是十分美味的食用蔬菜,且具有药效和保健作用;而怪柳、杞柳、鹿角苔、皇冠草、红心芋等观赏水草则成为美化现代家居环境的新宠儿。水生植物集观赏价值、经济价值、环境效益于一体,在现代城市绿化环境建设中发挥着积极的作用。

6.7.2　水生植物配植的原则

1. 水生植物配植的科学性

水体的种植设计概言之即通过广义的水生植物(包括沼生及湿生植物)的合理配植,创造优美的景观。这一合理配植的过程,便是建立人工水生植物群落的过程。为了达到最佳和持久的景观效果,种植设计中满足植物的生态需求是根本的原则。这其中,充分了解自然界水生植物群落的特点及其演替规律,了解特定种类全面的生态习性,然后在此基础上根据水体的类型、深浅等选择合适的植物种类,并合理地构筑种植设施,加上群落建成后合理的人工干预及养护管理,才能保证水生植物的正常生长发育,充分展示水生植物的观赏特点,创造出源于自然、高于自然的艺术风貌(图6-37)。

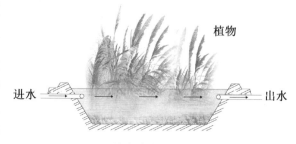

(a) 地表流人工湿地

园林作为具有艺术特性的专业,其与科学的关系同样如此,所谓天地有大美而不言,"美的是科学的,科学的也必然是美的",或者说美体现了自然之道,自然之道必然是美的。无论是中国古典园林的叠山理水、亭台筑造,还是西方园林或现代园林的植物配置、花木养护又或喷泉飞瀑,它们都必须以科学规律为依据,又随科学的发展而进步,又或因其技术限制而提出了科研要求并促进着科学步伐的不断前进。水景植物配置作为园林艺术的一个方面,它以植物和水为造景元素力求创造美丽的境域,而植物作为一种生命元素其使用和安排必然服从自然科学的规律。首先,在画境营造方面,植物的安排

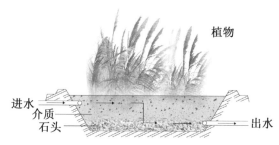

(b) 潜流式人工湿地

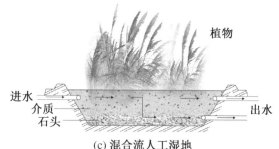

(c) 混合流人工湿地

图6-37 人工湿地类型

和布局须以艺术构图为方法以形式美为法则,在植株大小、植物形态、植物花叶果实颜色等选择方面下功夫;其次,在意境营造方面要依据社会文化背景,或从一定地域的人文风情找线索,从而遵循人文社会科学;再次,植物种类选择需以生物科学、生态科学为基础,选择适宜特定水景环境下生长的花草树木。如此,水景植物配置不仅是艺术的,更应是科学的,它符合艺术与科学的辩证关系,我们应当像对待科学的艺术一样对待水景植物配置,以科学的方法指导这样的一门技术和艺术。"完美的植物景观,必须具备科学性与艺术性两方面的高度统一,既要满足植物与环境在生态上的统一,又要通过艺术构图原理体现出植物个体及群体的形式美,及人们在欣赏时所产生的意境美。"

2. 水生植物配植的艺术性

1）色彩构图

淡绿透明的水色,是调和各种景物色彩的底色,如水边的碧草绿叶,水面的绚丽植物,岸边的亭台楼阁,头顶的蓝天白云都可以在虽则透明,然而却变化万端的水色的衬托下达到高度的协调(图6-38)。

2）线条构图

平直的水面通过配植具有各种姿态及线条的植物,可以取得不同的景观效果。平静的水面如果植以睡莲,则飘逸悠闲,宁静而妩媚;若点缀萍蓬草、荇菜,则随风花颤叶移,姿态万端;加以浮石,则水波荡漾,一幅平和、静谧的图画跃然眼前。相反,如果池边种植高耸尖峭的水杉、落羽杉、水松等,则直立挺拔的线条与平直的水面和水岸均形成强烈的对比,景观生动而具有强烈的视觉冲击力。而水面荷花亭亭玉立,水边香蒲青翠挺拔,波动影摇,则别有一番情致。我国传统园林自古以来水边植柳,创造出柔条拂水、湖上新春的景色。此外,水边树木探向水面的枝条,或平伸,或斜展,或拱曲,在水面上形成优美的线条,创造出独特的景观效果(图6-39)。

图 6-38　水生植物的缤纷色彩　　　　图 6-39　水生植物与跌泉搭配更有效果

3）倒影的运用

水景的最大特点就是产生倒影。水面不仅是调和各种植物的底色,而且能形成变化莫测的倒影(图6-40)。无论是岸边的一组树丛、亭台楼榭,还是一弯拱桥,甚或挺立于水面的荷叶,都会在水面形成美丽的倒影,产生对影成双、虚实相生的艺术效果。不仅如此,静谧的水面还可以倒影蓝天白云,云飘影移,变化无穷,似动似静,有形有色,景观之奇妙陆地不可复有。正因为此,水景园中,无论多小的水面,都切忌将水面种满植物,须至少留出2/3之面积供欣赏倒影,而且水面植物种植位置,也需根据岸边景物仔细经营,才可以将最美的画面复现于水中。如果植物充满水面,不仅欣赏不到水中景观,也会失去水面能提高空间亮度,使环境小中见大的作用,水景的意境和赏景的乐趣也就消失殆尽。

图 6-40　水生植物于水面形成的倒影

4）透景与借景

水边植物景观是从水中欣赏岸上景色及从岸上欣赏水景的中介,因此水边植物配植切忌封闭水体,通过疏密有致的配植做到需蔽者蔽之,宜留者留之,既免失去画意,又可留出透景线供岸上、水中互为因借并彼此赏景。

6.7.3　水生植物景观设计

1. 水面景观

在湖、池中通过配植浮水植物、飘浮植物及适宜的挺水植物,遵循上述艺术构图原理,在水面形成美丽的景观。配植时注意植物彼此之间在形态、质地等观赏性状上的协调和对比,尤其是植物和水面的比例(图 6-41)。

图 6-41　水面景观

图 6-42　岸边景观

2. 岸边景观

水景园的岸边景观主要通过湿生的乔灌木和挺水植物组成(图 6-42)。乔木的枝干不仅可以形成框景、透景等特殊的景观效果,而且不同形态的乔木还可组成丰富的天际线,或与水平面形成对比,或与岸边建筑相配植,组成强烈的景观效果。岸边的灌木或柔条拂水,或临水相照,成为水景的重要组成内容。岸边的挺水植物虽然多数矮小,但或亭亭玉立,或呈大小群丛与水岸搭配,点缀池旁桥头,极富自然之情趣。线条构图是岸边植物景观最重要的表现内容。

3. 沼泽景观

自然界沼泽地分布着多种多样的沼生植物,成为湿地景观中最独特和丰富的内容。在西方的水景中有专门供人游览的沼泽园,其内布置各种沼生植物,姿态娟秀,色彩淡雅,分布自然,野趣尤浓。游人沿岸游览,欣赏大自然美景的再现,其乐无穷。在面积较大的沼泽园中,可种植沼生的乔灌草等多种植物,并设置汀步或铺设栈道,引导游人进入沼泽园的深处,去欣赏奇妙的沼生植物或湿生乔木的气根、板根等奇特景观。在小型水景园中,除了在岸边种植沼生植物外,也常结合水池构筑沼园或沼床,栽培沼生植物,丰富水景园的观赏内容。沼床的形状一般与水池相协调,即整形式水池配以整形式沼床,自然式水池配以自然式沼床。

4. 滩涂景观

滩涂是湖、河、海等水边的浅平之地,景观设计中早就有对滩涂景观的运用。王维辋川别业中有水景栾家濑,是一段因水流湍急而形成平濑水景的河道,王维诗"飒飒秋雨中,浅浅石溜泻;跳波自相溅,白鹭惊复下"生动地描写了滩涂的景色;另有湖边白石遍布成滩的白石滩,裴迪诗云:"踡石复临水,弄波情未极;日下川上寒,浮云澹无色",可见其对滩涂景观的喜爱。在水景设计中可以再现自然的滩涂景观,结合湿生植物的配植,带给游人回归自然的审美感受。有时将滩涂和园路相结合妙趣横生,意味无穷。

6.8　草坪及地被植物的功能及应用形式

6.8.1　草坪及地被植物的功能

与其他植物相比,草坪和地被植物由于密集覆盖地表,不仅有美化环境的作用,而且对于环境有着更为重要的生态意义,如保持水土;占领隙地,消灭杂草;减缓太阳辐射;调整温度,改善小气候;净化大气;减少污染和噪声;用作运动场及游憩场所;预防自然灾害等。

6.8.2　草坪植物的应用

1.　草坪作主景的配置

草坪以其平坦致密的绿色平面,能够创造开朗柔和的视觉空间,具有较高的景观价值,可以作为景观的主景进行配置。如在大型的广场、街心绿地和街道两旁,四周是灰色硬质的建筑和铺装路面,缺乏生机和活力,铺植优质草坪,形成平坦的绿色景观,对广场、街道的美化装饰具有极大的作用。特别是近年来随着物质文化水平的提高和人们对生态环境的日益关注,许多大中城市都把铺设开阔、平坦、美观的草坪纳入风景园林规划建设之中,并作为城市文明的一个标志。公园中大面积的草坪能够形成开阔的空间,丰富了景点内容,并为游客提供活动、休息场所。

2.　草坪作基调的配置

绿色的草坪是城市景观最理想的基调,是绿地的重要组成部分。如同绘画一样,草坪是画面的底色和基调,而色彩艳丽、轮廓丰富、变化多样的树木、草本园林植物、建筑、小品等,则是主角和主调。如果景观中没有绿色的草坪作基调,这些树木、草本园林植物、建筑、小品无论如何色彩绚丽、造型精致,也会因缺乏底色的对比与衬托,得不到统一的美感,就会显得杂乱无章,景观效果明显下降。

3.　草坪与其他植物材料的配置

18 世纪中叶,英国自然风景园出现后,园林中开始大面积地使用自然式草坪。草坪植物因其独特的开阔性和空间性在现代园林绿地中占有十分重要的位置。城市公园中大片的绿色草坪常给人以平和、凉爽、亲切和视野开阔、心胸舒畅的感觉。根据形式,草坪可分规则式草坪和自然式草坪。规则式草坪常与雕塑、纪念碑、建筑等规则式环境结合,起烘托作用。自然式草坪多结合自然地形,因势而作,与起伏地势结合,边缘常配以自然式栽植的观赏树木,可形成山景草坪,利用开阔平远的水面,选择水边栽植的植物,也可创造水景草坪。公园中草坪一般都有主景,主景可以是孤植树、树丛、建筑、山石等。如北京植物园大草坪上结合地形种植树丛,株距各不相同,远观颇有山林意趣,游人在树下活动,十分惬意。草坪边缘植物种植宜疏密相间,曲折有致,高低断续。草坪及地被的种类很多,植物园中选用不同品种的草坪草可以丰富空间效果和视觉效果,形成观赏地被,结合起伏的地形,使空间更加丰富、耐人寻味。

1)草坪与乔木树种的配置

草坪与孤植树、树丛、树群相配既可以表现树体的个体美,又能加强树群、树丛的整体美。我国传统园林中的植物配置,讲究相互衬托的造景手法,达到以小见大的效果。城市园林中,如何在较小面积的草坪中,创造大自然的意境,并满足游人的活动和赏景需要是植物配置设计值得研究的一个重要课题。单株树在草坪上的散植,形成疏林草地景观,这是国外应用最多的设计手法,既能满足人们在草地上游憩娱乐的需要,树木又可起到遮荫功能,同时这种景观又最接近自然,满足都市居民回归自然的心理。由几株到多株树木组成的树丛和树群与草坪配置时,宜选择高耸干直的高大乔木,中层配置灌木作过渡,就可与地面的草坪配合形成丛林景观,如能借助周围的自然地形,如山坡、溪流等,则更能显示山林绿地的意境。这种配置如果以树丛或树群为主景,草坪为基调,则一般要把树丛、树群配置于草坪的主要位置,或作局部的主景处理,要选择观赏价值高的树种以突出景观效果,如春季观花的木棉、玉兰,秋季观叶的乌桕、银杏、枫香、黄连木等适宜作草坪上的主景树群或树丛。如果以草坪为主景,树丛、树群背景种植时,应该把树丛、树群配置于草坪的边缘,增加草坪的开朗感,丰富草坪的层次。这时选择的树种要单一,树冠形状、高度与风格要一致,结构应适当紧密,形成完整的绿面,并与草坪的色彩相适宜,不能杂乱无章或没有主次(图 6-43)。

2) 草坪与花灌木的配置

园林中栽植的花灌木经常用草坪作基调背景,以草坪为衬托,加上地形的起伏,灌木花卉盛开时,鲜艳的花朵与碧绿的草地形成一幅美丽图画,景观效果非常理想。大片的草坪中间或边缘用碧桃、樱花、海棠、连翘,迎春、杜鹃、棣棠、溲疏、八仙花等花灌木点缀,能够使草坪的色彩变得丰富起来,并引起层次和空间上的变化,提高草坪的观赏价值(图 6-44)。在这方面英国的邱园、新西兰的基督城植物园、新加坡植物园、荷兰库肯霍夫公园、杭州花港观鱼等已成该配置形成的经典。

图 6-43 草坪与乔木配置

图 6-44 草坪与花灌木配置

3) 草坪与草本园林植物的配置

用草本园林植物、石景点缀草坪是常用的手法,如在草坪上种植草本园林植物,埋置石块,半露土面,犹如山的余脉,能够增加山林野趣,给草坪绿地带来了雅趣。随着城市街道、高速公路两边及分车带草坪用量的增加,缀花草坪的配置越来越引起人们的重视。在广阔的草坪上配置早花的二月兰,黄色的油菜花,绚丽的虞美人,迷人的郁金香,紫花的马鞭草,动人的波斯菊,互为衬托,相得益彰,使绿色的草毯形成清新和谐的景色。

4. 草坪与建筑物和其他景点的配置

草坪与纪念碑、雕塑、喷泉等建筑物及其他景点配置,具有很好的衬托效果。例如,天安门广场中心的人民英雄纪念碑,碑身安放在汉白玉雕栏的月台上,月台的四面铺植翠绿的冷季型草坪,使纪念碑整体在规整、开阔的草坪的衬托下,显得更加雄伟庄严。又如,北京植物园的展览温室、辰山植物园的展览温室是庞大的现代化建筑,造型优美,为不影响视觉效果,又能很好地衬托建筑,在四周布置了大面积的草坪,产生了很好的艺术效果。建筑物周围的草坪可作为建筑的底景,增加艺术表现力,软化建筑的生硬性,同时也使建筑的色彩变得柔和。

5. 草坪的边缘处理、装饰和保护管理

草坪的边缘是草坪的界限标志,也是组成草坪空间感的重要因素。草坪边缘是草坪与路面、草坪与其他景观的分界线,可以实现向草坪的自然过渡,并对草坪起到装饰美化作用。草坪边缘有的用直线形成规则式,有的采用曲线形成自然式,有的用其他材料镶边,使草坪与路面之间有一过渡的纽带,有的则用草本园林植物、灌木镶边增强草坪的景观效果。对禁止游人入内的观赏性草坪,在边界用不同造型的围栏进行围合也是常用的方法。

足球场、高尔夫球场作为草坪运用的专用形式,对于改善运动环境,提高运动视觉界面方面的探索也要深化起来。

6.8.3 地被植物的应用

地被植物株丛紧密、低矮(50 cm 以下),经简单管理即可用于代替草坪覆盖地表、防止水土流失、降尘滞噪、净化空气、消除污染的园林植物。其特点一是种类繁多,枝、叶、花、果富于变化,色彩丰富,季相特征明显;二是适应性强,可以在阴、阳、干、湿不同的环境条件生长,形成不同的景观效果;三是地被植物有层次上的变化,易于修饰成各种图案;四是繁殖简单,养护管理粗放,成本低,见效快。但地被植物不易形成平坦的平面,大多不耐践踏。

1. 因地制宜的配置地被植物

充分了解种植地的条件和所用地被的特性是合理配置的前提。立地条件是指种植地的气候特点、土壤理化性状、光照强度、湿度等。例如在疏林中光线较好处一般开花较多的地被植物都可以种植,如鸢尾类、萱草类、大金鸡菊、剪夏罗等。一些孤植或丛植的乔木下,沿阶草、阔叶麦冬、大吴风草、佛甲草等常绿地被植物可以用作基部种植,营造自然风光。

2. 高度搭配适当

地被植物是人工植物群落的最下层,起到衬托的作用。突出上层乔灌木,并与上层错落有致地组合,使其群落层次分明。上层乔、灌木分枝点较高,种类较少,可以选择植株较高的地被植物,如八角金盘、杜鹃类、洒金桃叶珊瑚、阔叶十大功劳、小檗类、十大功劳、金丝桃、绣线菊类、胡枝子、栒子、铺地柏等。上层植株分枝点较低,则用爬行卫矛、蔓长春、多花筋骨草等匍匐生长的种类。种植地面积大、种植地开阔、上层乔灌木稀疏,可以配置较高的地被植物如萱草类、鸢尾类等;种植地面积小,则应配置较矮的种类如佛甲草、大叶过路黄、金叶过路黄、红花酢浆草、白三叶等。

3. 色彩搭配协调

地被植物与上层乔灌木配置时,要注意色彩的搭配。上层乔灌木为落叶树时,林下可选择一些常绿的地被植物种植,如杭州植物园在灵峰的梅林下种植爬行卫矛、蔓长春花、多

花筋骨草、金边阔叶山麦冬等。上层乔灌木为常绿树时,可选用耐阴性强、花色明亮、花期较长的种类,如玉簪、紫萼、臭牡丹、八仙花、蔓长春花等,达到丰富色彩的目的。上层乔灌木为开花植物或秋色叶树种时,下层种植的地被植物的花期和色彩应与之呼应。

　　地被植物的种类很多,它们有不同的叶色、花色、果色,在不同的季节显出不同的效果。叶色深绿的沿阶草、常春藤,黄色的金叶过路黄、金山绣线菊,紫红色的紫叶酢浆草、紫锦草,白色花叶的银边沿阶草、花叶野芝麻,黄红相间的花叶鱼腥草,黄色花叶的金边阔叶麦冬、金脉大花美人蕉,花色五彩缤纷的鸢尾属植物、石蒜属植物,白花的白花酢浆草、水栀子,粉红花的红花酢浆草、八宝,红花的火星花、剪夏罗,蓝花的多花筋骨草、蔓长春花,紫红花的垂花葱、美国薄荷,黄花的亚菊、委陵菜、蒲公英等,结红果的蛇莓、紫金牛,黄果的黄果金丝桃。不同色彩的地被植物成片栽植,与上层乔灌木相配合,丰富了群落层次,增添了景观效果。

第7章 风景园林植物的景观营造

本章概要

　　本章主要通过介绍风景园林植物的外形美、色彩美、质地美、意境美等美学特征,多样的美学功能,探讨了风景园林植物规划设计时应遵循的生态性、艺术性与经济性原则。

7.1 风景园林植物的美学特征

7.1.1 风景园林植物的外形美

每种园林植物都有独特的形态,植物的外观形态在设计中常以简图的形式表现出来。一般风景园林植物的外观形态有纺锤形、圆柱形、水平展开形、圆球形、尖塔形、垂枝形和特殊形。每一种形状的植物都具有自己独特的性质以及独特的设计应用。下面将分别进行论述。

1. 纺锤形

纺锤形植物外形细、窄、长,顶部尖细。在设计中,纺锤形植物通过引导视线向上的方式,突出空间的垂直面。能为一个植物群和空间提供一种垂直感和高度感(图7-1)。这类植物有北美海棠、北美崖柏、地中海柏木等。当纺锤形植物与较低矮的圆球形或展开形植物一起种植时,对比十分强烈,犹如"惊叹号"的外形往往成为视线的焦点。但如在设计中用的数量过多,其所在的植物群体和空间,会给人一种超过实际高度的幻觉,因为过多的视线焦点使得空间构图"跳跃"破碎,故在植物配置设计时应适度选择和使用纺锤形植物。

图7-1 纺锤形植物在布局中用于增强其高度的变化

2. 圆柱形

这类植物除了顶是圆形,其他形状都与纺锤形相同,也具有与纺锤形植物相同的设计用途。代表植物有钻天杨、糖槭和紫杉。

3. 水平展开形

这类植物具有水平方向生长的习性,故宽和高几乎相等。展开形植物的形状能使设计构图产生一种宽阔感和外延感,会引导视线沿水平方向移动(图7-2)。因此,这类植物通常用于从视线的水平方向上联系其他植物形态,宜重复地灵活使用。展开形植物和平坦的地形、下展的地平线和低矮水平延伸的建筑相协调,在构图中将展开植物与垂直的纺锤形和圆柱形植物一起种植,可形成对比效果。将该植物布置于平矮的建筑旁,能延伸建筑物的轮廓,使其融汇于周围环境之中(图7-3)。这类植物主要有矮紫杉、鹿角桧等。

图 7-2　平展型植物使布局有宽阔的延伸感

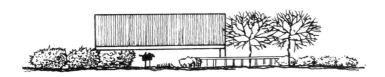

图 7-3　平展型植物将建筑的水平线联系在环境中

4.　圆球形

圆球形植物具有明显的圆环或球形形状,是植物类型中为数最多的种类之一,因而在设计布局中,该类植物在使用频率上也最高。不同于纺锤形或展开形植物,该植物类型在引导视线方面既无方向性,也无倾向性。因此,使用圆球形植物一般不会破坏设计的统一性。圆球形植物外形圆柔温和,可以调和其他外形较强烈形体,也可以和其他曲线形的因素相互配合、呼应,特别是波浪起伏的地形(图 7-4)。

图 7-4　布置中圆球形植物占突出地位

5.　圆锥形

这类植物的外观呈圆锥状,整个形体从底部逐渐向上收缩,最后在顶部形成尖头。圆锥形植物除具有易被人注意的尖头外,总体轮廓也非常分明和特殊。因此,该类植物可以用来作为视觉景观的焦点,特别是与较矮的圆球形植物配植在一起时,对比之下尤为醒目(图 7-5);可以与尖塔形的建筑物或是尖耸的山巅相呼应,也可以适当地用在硬性的、几何形状的传统建筑设计中。鉴于其外形的特殊性,使用时要充分考量场地条件。该类植物主要有雪松、云杉属、连香树等。

图 7-5　圆锥形植物在圆球形和展开形植物中的突出作用

6. 垂枝形

垂枝形植物具有明显的下垂或下弯的枝条。在自然界中,地面较低洼处常生长着垂枝植物,如河床两旁数量众多的垂柳。在设计中,它们能起到将视线引向地面的作用(图7-6)。垂枝形植物还可种于一泓水湾的岸边,以配合波动起伏的涟漪,象征着水的流动。为能表现出植物的姿态,最理想的做法是将该类植物种在种植池的边沿或地面的高处。常见的植物有:垂柳、龙爪槐、细尖枸子、龙爪桑、垂枝榆、垂枝樱、垂枝梅、垂枝欧洲山毛榉、垂枝桦等。

图 7-6 垂枝形植物从墙上垂下或将视线引向地面

7. 特殊形

特殊形植物具有奇特的造型,形状千姿百态,有不规则的、多瘤节的、歪扭式的和缠绕螺旋式的。这种类型的植物通常是在某个特殊环境中已生存多年的成年老树。除专门培育的盆景植物外,大多数特殊形植物的形象都是由自然力造成的。鉴于其独特的外形,这类植物最好作为孤植树,将其放在突出的设计位置上,构成独特的景观效果。一般说来,无论在何种景观内,一次只宜置放一棵这种类型的植物,要避免产生杂乱的景象。然而,并非所有植物都能准确地符合上述分类。有些植物的形状极难描述,而有些植物则越过了植物类型的界限。尽管如此,形态作为植物的一个重要的观赏点,它可以自成一景。但当它以群体出现时,单株形象即会消失,其自身的造型能力便会受到削弱。在此情况中,整个群体植物的外观便成了重要的方面。

垂直生长的植物可用于创造突出的景观,在植物景观设计中增加高度方面的因素。水平扩展的植物在竖向结构中增加了宽度方面的因素。悬垂形态的植物可形成柔和的线条并与地面发生有机的联系。圆球状的植物适用于构成大的丛植,作为边界和围栏。各种形态的植物可利用形状和材料的对比来构成突出的景观,以避免设计的单调。

外观形态相似的植物在视觉上常常趋向于一个整体。它们自身或与整个群体相互协调共同构成和谐的种植设计作品。在一个设计中采用某一种占主导地位的植物形态可以使整个种植设计达到统一的效果。

多种植物外观形态的综合运用可以创造、限定、提升和塑造外部空间,同时也可起到引导观赏者感受设计空间方式的作用。二维形式是水平的,缺乏立体感;外凸的三维形式可以使观赏者在周围移动过程中从外部获得多样景观点的体验;内凹的三维形式则使观赏者从形式到自身内部感受景观点的视觉体验。

三维形态可以是积极的,也可以是消极的。积极空间具备围合的视觉范围,通常视线集中在内部;消极空间是打开的空间,具备无限的视觉范围。形态是景观设计要素,规划设计中应当不拘泥于单个形态,而应运用组合形态来达到植物景观设计的目标。选择一种占支配地位的形态,能建立起外部空间的全面特征。

7.1.2　风景园林植物的色彩美

风景园林植物除了具有一定大小、形态外,最引人注目的观赏特征便是植物的色彩。植物的色彩可以被看作是情感象征,这是因为色彩直接影响室外空间的气氛和情感。鲜艳的色彩给人以轻快、欢乐的气氛,而深暗的色彩则给人严肃深沉的气氛。

植物的色彩,通过植物的各个部分而呈现出来,如树叶、花朵、果实、枝条、树皮等。树叶的主要色彩呈绿色,也伴随着深浅的变化,如黄、蓝、古铜色等。此外,植物具有丰富的色彩,存在于春秋时令的树叶、花朵、枝条和树干之中。

1.　叶色

风景园林植物的叶色变化多样,可分为以下几类:

1) 绿叶类

绿色是叶子的基本颜色,绝大多数风景园林植物在年生长周期中的大部分时间内均为绿色的。依叶色的深浅又可分为嫩绿、浅绿、鲜绿、浓绿、墨绿、亮绿、暗绿等。常见的深绿叶色植物有云杉、侧柏、女贞、桂花、榕树等;淡绿色有水杉、七叶树、玉兰、刺槐等。

2) 彩叶类

(1) 春色叶类:有色类叶色常因季节的不同而发生变化,春季新发生的嫩叶有显著不同叶色的植物,统称为春色叶植物。如臭椿、三角枫、山麻杆的春叶呈红色,黄连木、石楠、桂花春叶呈紫红色等。许多常绿植物的新叶不限于在春季发生,只要发出新叶为非常色,即可称为新叶有色类,如四季桂的一些品种。

(2) 秋色叶类:凡在秋季叶子颜色能显著变化的植物,均称为秋色叶植物。主要以乔灌木为主,秋叶呈红色或紫红色的有黄栌、鸡爪槭、三角枫、茶条槭、五叶地锦、黄连木、南天竹、乌桕、枫香、重阳木、丝棉木、榉树等;秋叶呈黄色的有银杏、元宝枫、白蜡、复叶槭、鹅掌楸、槐树、白桦、悬铃木、金钱松、杨树、柳树、七叶树、石榴、无患子等;秋色叶颜色由黄色转为红色的有水杉、池杉、落羽杉、山胡椒等。

(3) 常色叶类:有些植物的变种或品种,叶常年均为异色(非绿色),而不必待秋季来临,称为常色叶树。全年呈紫红色的有紫叶小檗、紫叶李、紫叶桃、红枫、加拿大紫荆、红叶石楠、紫叶矮樱等;全年叶均为金黄色的有金叶鸡爪槭、金叶女贞、金叶雪松、金叶圆柏等。

(4) 双色叶类:叶背与叶表的颜色显著不同的植物,称为双色叶植物,如银白杨、新疆杨、胡颓子、广玉兰、沙棘、紫背竹芋、吊竹梅、彩叶草等。

(5) 斑色叶类:叶上具有其他颜色的斑点或花纹,如红背桂、桃叶珊瑚、变叶木、花叶鹅掌柴、花叶复叶槭、金心大叶黄杨、银边大叶黄杨等。

2. 花色

（1）红色系花:海棠、桃、杏、梅、樱花、蔷薇、玫瑰、山茶、杜鹃、锦带花、夹竹桃、合欢、绣线菊、紫薇、扶桑等。

（2）黄色系花:迎春、迎夏、连翘、金钟花、黄木香、金桂、金丝桃、蜡梅、黄蝉、黄菖蒲、菊花、萱草、黄花菜、黄金菊等。

（3）蓝色系花:紫藤、紫丁香、木兰、木槿、泡桐、八仙花、紫萼、鼠尾草、鸢尾、花菖蒲、牵牛、铁线莲等。

（4）白色系花:茉莉、山梅花、女贞、溲疏、荚蒾、白玉兰、白花杜鹃、珍珠梅、栀子花、六月雪、马蹄莲、玉簪、白晶菊、白三叶、百合、瓜叶菊、丝兰、凤尾兰等。

3. 果实色彩

（1）红色果实:桃叶珊瑚、小檗类、金银木、山楂、冬青、枸骨、火棘、郁李、南天竹、花楸、樱桃等。

（2）黄色果实:银杏、梅、杏、柚、佛手、木瓜、贴梗海棠、梨等。

（3）黑色果实:小叶女贞、女贞、小蜡、五加、金银花、常春藤、香樟等。

（4）白色果实:红瑞木、湖北花楸、雪果、陕甘花楸等。

4. 干皮色彩

（1）紫色的干皮:紫竹。

（2）红褐色的干皮:马尾松、杉木、山桃、红瑞木等。

（3）黄色的干皮:金竹、硕桦等。

（4）灰褐色的干皮:一般的树种都是此色。

（5）呈绿色的干皮:部分竹类植物、梧桐、棣棠等。

（6）呈斑驳色彩的干皮:黄金间碧玉竹、木瓜、白皮松、悬铃木等。

（7）呈白色的干皮:白桦、胡桃等。

植物的色彩应在设计中起到突出植物尺度和形态的作用。深色植物使空间具有稳定作用,显得恬静,具有拉近距离的倾向,会使人感到空间比实际窄小。浅色则相反,具有扩大距离的倾向,给人愉快和兴奋(图7-7)。搭配时,一般深色常安排于底层使构图稳定,上层安排浅色,使构图轻快。

在夏季树叶色彩的处理上,最好是在布局中使用一系列具有色相变化的绿色植物,在构图上有丰富层次的视觉效果。另外,将两种对比色配置在一起,色彩的反差更能突出主题。如绿色在红色或橙色的衬托下,会显得更浓绿。不同色调的绿色,可以突出景物,也能重复出现达到统一,或从视觉上将设计的各部分连接在一起。深绿色所营造的空间给人以恬静安详、坚实凝重的感觉,常在设计中起着重要的作用。但若过多地使用该种色彩,会给室外空间带来阴森沉闷感。而且深色植物极易有移向观赏者的趋势,在一个视线的末端,深色会缩短观赏者与被观赏景物之间的距离。同样,一个空间中的深色植物居多,会使人感到空间比实际窄小。

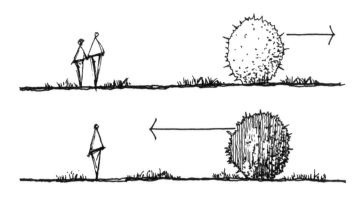

图 7-7　深色植物"趋向"观赏者,浅色植物"远离"观赏者

在处理设计所需要的色彩时,应以中间绿色为主,其他色调为辅。这种无明显倾向性的色调能像一条线,将其他所有色彩联系在一起(图 7-8)。绿色的对比效果表现在具有明显区别的叶丛上。各种不同色度的绿色植物,不宜过多、过碎地布置在总体中,否则整个布局会显得杂乱无章。另外,在设计中应小心谨慎地使用一些特殊色彩,如青铜色、紫色或带有杂色的植物,因为这些植物色彩异常独特,极易引人注意。在总体布局中,只能在特定的场合中保留少数特殊色彩的园林植物。同样,鲜艳的花朵也只宜在特定的区域内成片大面积布置,如果在布局中出现过多的艳丽色,构图同样会显得琐碎。

图 7-8　中色调植物应作为深色植物与浅色植物之间的媒介

若在景观布局中使用夏季的绿色植物作为基调,那么秋色叶和花色则可以作为强调色。红色、橙色、黄色、白色和粉色,都有助于增添空间的活力,吸引观赏者的视线。色彩鲜明的区域,面积要大,位置要开阔并且日照充足。因为在阳光下比在阴影里可使其色彩更加鲜艳夺目,但如果将艳丽的色彩配置在阴影里,艳丽的色彩则能给阴影中的平淡无奇带来欢快、活泼之感。

秋色叶和花卉的色彩丰富、艳丽,与夏季的绿叶一样,在室外空间设计中都能起到影响到景观设计多样性、统一性以及空间感受的作用。

7.1.3　风景园林植物的质地美

所谓植物的质地,是指单株植物或群体植物直观的粗糙感和细腻感。它受植物叶片的大小、枝条的长短、树皮的外形、植物的综合生长习性以及观赏者的距离等因素的影响。在植物配置中,植物的质地会影响整个景观布局的协调性和多样性、视距感以及一个植被设计的质感。植物的质地可分为粗壮型、中粗型和细小型。

1. 粗壮型植物

粗壮型植物通常有大叶片及粗壮的枝干,常见的植物有梧桐、珊瑚树、龙舌兰、七叶树、广玉兰、泡桐等。粗壮型的植物观赏价值较高,容易吸引观赏者的注意,所以在使用时要适度,以免凌乱。另外,粗壮型的植物常造成观赏者与植物间的可视距离短于实际距离的幻觉,所以狭窄空间不适于用过多的粗壮型植物。粗壮型植物多用于不规则景观中,极难适应那些要求整洁的形式和鲜明轮廓的规则景观。

2. 中粗型植物

中粗型植物指那些具有中等大小叶片、枝干和适宜密度的植物。与粗壮型植物相比,中粗型植物透光性较差,但轮廓较明显。由于中粗型植物占植物群落的多数,因而它在种植中占有的比例也较大。与中间绿色植物一样,中粗型植物也应成为一项设计的基本结构,充当粗壮型和细小型植物之间的过渡成分。

3. 细小型植物

细小型植物生长有许多小叶片和微小、脆弱的小枝,具有齐整密集的特性。美国皂荚、鸡爪槭、北美乔松、尖叶梅子、金凤花、菱叶绣线菊等,都属细质地植物。

细质地植物柔软纤细,在风景中极不醒目。在布局中,它们往往难以成为视觉的焦点,当观赏者与布局间的距离增大时,它们首先会在人们的视线中消失(仅就质地而言)。因此,细质地植物最适合在布局中充当中性背景,为布局提供优雅、细腻的外表特征,或与粗质地和中粗质地植物相互配合增加景观的变化。

由于细质地植物在布局中不太醒目,它们具有一种"远离"观赏者的倾向。当大量细质地植物被植于一个户外空间时,它们会构成一个大于实际空间的幻觉。因此细质地植物适用于紧凑狭小的空间中。

粗质感的植物趋向观赏者,细质感的植物远离观赏者。在进行景观设计时,若想达到理想的设计目标,一方面应均衡,这种空间的可视轮廓虽然受到限制,但在视觉上又起到扩展空间的作用,使用这三种不同类型的植物,质地种类太少,布局会显得单调,但若种类过多,布局又会显得杂乱。对于较小的空间来说,这种适度的种类搭配十分重要,而当空间范围逐渐增大,或观赏者逐渐远离所视植物时,这种趋势的重要性也将逐渐减小。一方面按比例配置不同质地类型的植物,如使用中质地植物作为粗质地和细质地植物的过渡成分。不同质地植物的小组群过多,或从粗质地到细质地植物的过渡太突然,都易使布局显得杂乱和无条理。另一方面,鉴于细质地植物尚有其他观赏特性,因此在质地的选取和使用上必须结合植物的大小、形态和色彩,以便增强所有这些特性的功能。

总而言之,观赏植物的大小、形态、色彩和质地等,是设计师在使用植物素材时应认真协调的因素。

7.1.4 风景园林植物的意境美

中国园林景观营造深受历代山水诗、山水画、哲学思想乃至生活习俗的影响。在植物选择上,十分重视"品格"。从植物的形态、质感、色彩、大小、季相变化等方面入手,从传统文化和生活习俗等方面研究分析植物的象征意义,运用比拟和隐喻的手法,赋予植物以人的思想、情感。植物自身没有感情色彩,然而因其各具特色的形态特征、生长习性,千百年来被文人墨客赋予了其独特的文化寓意。

梅花:有骨气、有节气;

荷花:清白纯洁;

松树:坚贞不屈、长寿;

红豆:相思、恋念;

柳树:依依不舍、绵绵不断的情感;

玫瑰:爱情;

菊花:清高。

景观设计的意境美是将植物自身的文化内涵和设计者的宇宙观、人文观和审美观融合,并使之反应在景观空间之中,成为景观体系中最具有深远意境的元素。现代人可以利用古人留下的优美的诗歌、散文以及优秀的山水画作品,来指导植物景观设计,但要切记意在其神,而非其形。

7.2　风景园林植物的美学功能

从美学的角度来看,植物可以在外部空间,将一幢房屋形状与其周围环境联结在一起,统一和协调环境中其他不和谐因素,突出景观中的景点和分区,减弱构筑物粗糙呆板的外观以及限制视线。下面将详细叙述植物重要的美学作用。

7.2.1　完善作用

植物通过重现房屋的形状和块面的方式,或通过将房屋轮廓线延伸至其相邻的周围环境中的方式,来完善某项设计,为设计提供统一性,使建筑物和周围环境相协调,无论从视觉上还是功能上成为一个统一体(图7-9)。

图7-9　植物与建筑互补,植物延长建筑轮廓线

7.2.2　统一作用

植物充当一条导线,将环境中所有不同的构成因素从视觉上连接在一起(图7-10)。在户外环境的任何一个特定部位,植物都可以充当恒定因素,其他因素变化而自身始终不变。

正是由于它在此区域的不变性，能将其他因素统一起来。这一功能运用的典范，体现在城市中沿街的行道树，街道上每一间房屋或商店门面各自不同，如果沿街没有行道树，街景就会分割成零乱的建筑物。沿街的行道树可充当与建筑有关联的联系成分，从而将所有建筑物从视觉上连接成一个统一的整体（图 7-11）。

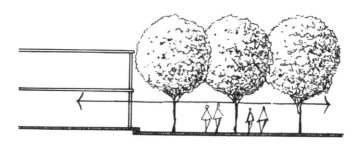

图 7-10　树冠的下层延续了房屋的天花板，使室内外空间融为一体

图 7-11　树木的共同性将街景统一

7.2.3　强调作用

植物的另一美学作用，就是在一处景观区域中突出或强调某些特殊的节点（图 7-12）。植物的这一功能是借助它截然不同的大小、形态、色彩或与邻近环绕物不相同的质地来实现的。它能将观赏者的注意力集中到其所在的位置。鉴于植物的这一美学功能，它极其适合用于公共场所出入口、交叉点、房屋入口附近，或与其他显著可见的场所联合。

图 7-12　植物的强调作用

7.2.4　识别作用

识别作用与强调作用极其相似，是指出或"认识"一个空间或环境中某景物的重要性和位置，植物能使空间更显而易见，更易被认识和辨明（图 7-13）。植物特殊的大小、形状、色彩、质地或排列都能发挥识别作用。

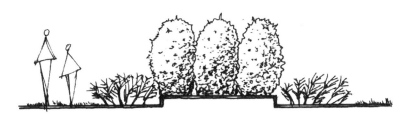

图 7-13 植物的识别作用

7.2.5 软化作用

植物可以在户外空间中软化和减弱形态粗糙及僵硬的构筑物。无论何种形态、质地的植物,都比那些呆板、生硬的建筑物和无植被的城市环境显得更加柔和。被植物柔化的空间,比没有植物的空间更富有人情味。

7.2.6 框景作用

框景是根据选择的特定视点,利用植物透视景物,观赏由树干所围合成的景色,构成一幅仿佛镶嵌于镜框内的立体画面。植物对可见或不可见景物,以及对展现景观的空间序列,都具有直接的影响。就如同那种将树干置于景物的一旁,而较低枝叶则高伸于景物之上端的方式(图 7-14)。

图 7-14 植物的框景作用

7.3 风景园林植物规划设计的原则

风景园林植物的规划设计是利用乔木、灌木、藤本和草本园林植物的观赏性来创造景观,并发挥植物的形体、线条、色彩等自然美,配置成一幅幅美丽动人的画面,供人们观赏。

要创作优美的植物景观,配置时既要满足植物与环境在生态适应上的统一,又要通过艺术的构图原理体现出植物个体及群体的形式美,以及人们在欣赏时所产生的意境美,这是风景园林植物配置的主要原则。

7.3.1 风景园林植物配置的生态性原则

风景园林植物配置的生态性,是指要遵循"师法自然"的原则,即遵循植物生长的自身规律及对环境条件的要求,因地制宜、适地适树,科学配置,使各类植物各得其所,做到乔木、灌木、地被、攀援、岩生、水生等植物共生共存。这里包含有两层含义:

1. 尊重植物自身的生态习性

风景园林植物不仅有乔木、灌木、草本、藤本等形态特征之分,更有喜阴喜阳、耐水湿、耐干旱、喜酸喜碱以及其他抗性等生理、生态特性的差异。风景园林植物配置如果不尊重植物的这些生态特性和生长规律,植物就生长不好甚至不能生长。如垂柳喜水湿,有下垂的枝条、修长的叶形,适宜栽植在水边;红枫弱阳性、耐半阴,枝条婆娑,阳光下红叶似火,但是夏季孤植于阳光直射处易遭日灼之害,故易植于高大乔木的林缘区域;桃叶珊瑚的耐阴性较强,喜温暖湿润气候和肥沃湿润土壤,与香樟的生长环境条件相似,是香樟林下配置的良好绿化树种,如果配置在郁闭度较低的棕榈林下则生长不良。

2. 符合当地自然环境条件特征

风景园林植物除了有其固有的生态习性,还有明显的自然地理条件特征。每个区域的地带性植物都有各自的生长气候和地理条件,经过长期的生长与周围的生态系统已达成了良好的互利互补关系。改变植物的生长环境必然要付出沉重的代价。

城市中的植物配置由于地理条件因素的制约,物种种类较少,植物群落结构单调,缺少自然地带性植被特色。单一结构的植物群落,由于植物种类较少,形成的生态群落结构很脆弱,极容易向逆行方向演替,其结果是草坪退化,树木病虫害增加。所以发掘区域植物特色,丰富植物种类是植物学研究的重点。

物种多样性是生物多样性的基础。植物配置为了追求立竿见影的效果,轻易放弃了许多优良的物种,否定慢生树种、抛弃小规格苗木都是不尽合理的配置方法。植物本身无所谓低劣好坏,关键在于如何运用这些植物,将植物运用在哪个地方以及后期的养护管理技术水平。因此,在植物配置中,首先,设计者应多研究植物的特性及生长特点,考虑如何与其他植物进行组合。如某些适应性较强的落叶乔木有着丰富的色彩、较快的生长速度,就可与常绿树种以一定的比例搭配,一起构成复层群落的上半部分。落叶树可以打破常绿树四季常绿、三季有花一统天下的局面,为春天增添嫩绿的新叶,为夏天增添阴凉,为秋天增添丰富的色相,为冬天增添阳光。其次,要提倡大力开发运用乡土树种。乡土树种适应能力强,不仅可以起到丰富植物多样性的作用,还可以使植物配置更具地方特色。再次,要丰富群落结构构成。单乔、单灌、单草、乔灌、乔草、灌草、乔灌草因不同的生态、景观和社会功能要求,进行不同种类、不同平面布局、不同垂直结构的配置。单一的草坪与乔木、灌木、复层群落结构相比,不仅植物种类有差异,而且在生态效益上也有着显著的差异。草坪在涵养水源、净化空气、保持水土、消噪吸尘等方面远不及乔、灌、草组成的植物群落。在城市公共绿地中,乔—草结构模式在保证生态效益的同时,还能兼顾景观的社会效益。良好的复层结构乔—灌—草植物群落将能最大限度地利用土地及空间,使植物能充分利用光照、热量、水势、土肥等自然资源,产出比草坪高数倍乃至数十倍的生态经济效益,尤其在滞尘减噪方面能充分发挥作用。乔木能改善群落内部环境,为中、下层植物的生长创造较好的小生境条件;小乔木或者大灌木等中层树可以充当低层屏障,既可挡风,又能增添视觉景观;下层灌木或地被可以丰富林下景致,保持水土,弥补地形不足。

乔灌草复层混交、引进外来物种、强调野草之美等是仅强调生态效益的手法,树阵、草坪、花海是仅强调景观效益的做法,毕竟园林是生态、景观、社会和经济效益的综合体,要把科学性、艺术性、功能性、文化性和多样性统筹兼顾,方能规划出既因地制宜又风景如画的作品。

7.3.2　风景园林植物配置的艺术性原则

植物景观是运用艺术手段产生的美的组合,在造景时要注重植物细部的色彩与形状的搭配,要遵循一定的组合规律,巧妙而充分地利用构景要素,即植物的形貌、色彩、线条和质感等来进行构图,体现出植物个体及群体的形式美,使人们在欣赏时体会到意境美,并通过植物的季相及生命周期的变化,使其成为一幅活的动态图画。

1. 形式美原理

1) 主从与统一

主从即主体和从属的关系。主与从构成了重点和一般的对比与变化,在变化中寻求统一是艺术设计中的绝对法则,最伟大的艺术就是把最繁杂的多样变成最高度的统一。在风景园林植物配置中,植物的形貌、色彩、线条、质感及相互组合等都应具备一定的变化,以显示差异性,同时也要使它们之间保持一定的一致性,以求得统一感。经典的树丛设计往往遵循一定的设计原则,如三株一丛构成的不等边三角形的变化,但树种选择必须一致或外形相似,以产生视觉上的统一感。但若树种仅为两种,则一种一株的植物不能为最大,由此体现出树种优势和形态的突出。四株和五株的树位基本遵循三株树丛的规律,但要注意围合出一定的封闭空间。在风景园林植物配置时,强调和突出主景的方法除了以上述的几何设计外,还有以下几种方法:

(1) 轴心或重心位置法。即把主景安置在中轴线或轴线之交汇处(节点或拐角),从属景物置于轴线之两侧副轴线上。而就区域或群体的设置,应以围合重心为重点,根据体量、色彩等因素以及心理效应的影响,管理分配主从景物。

(2) 对比法。对比的本身就是一种相互显隐的结果,主景一般形体高大或形象优美,色彩鲜明,或奇特无比,可作为从属景物的反衬,即所谓的"相形见绌"。

2) 对比与调和

对比和调和是艺术构图的重要手段之一。风景园林植物配置时应用对比的手法,会使景观丰富多彩,生动活泼;运用调和的手法,以求统一和凸显主题。如性状的对比与调和,可包括高低大小、形状等内容。

高低大小:风景园林植物配置时,高大的乔木与低矮的灌木及草坪地被形成的高矮对比。在大面积草坪中央植几株高大的乔木,空旷寂寥,别开生面,是因为利用了高度差给人带来的视错觉。

形状:植物景观有三种形状,圆形、方形和三角形。圆形反映了曲线特有的自然、紧凑,象征着朴素、简练,具清新之美而无冗长之弊。方形是由一系列直线构图而成的,与人类关系甚为紧密。在实际造景时,要潜心琢磨植物的自然和人工造型以及周围建筑物的造型。如在街道绿化的中央分隔带中,修剪成方形的侧柏和圆球形的冬青卫矛之间隔以尖塔形的圆柏,既体现了对比的快节奏,又因形状的渐变而协调统一。

此外对比与调和还包括风景园林植物体量和色彩的对比与调和、虚实的对比与调和、明暗的对比与调和,以及质地和开闭的对比与调和。

3）均衡与稳定

最简单的均衡,就是常说的对称,但大多数景观通常采用的是不对称均衡。在风景园林植物配置时,将体量、质感各异的植物种类按均衡的原则配置,景观就会显得很稳定,而稳定正是使人们获得放松和享受的基本形式。根据环境的特点,可采用与之相协调的对称式均衡,如大门两旁配置对称的两株玉兰,显得稳定而有条理;也可采用不对称式均衡,如在自然式园路的两旁,一边种植一株体量较大的乔木,另一边植以数量较多而体量较小的灌木,以求得自然的均衡感和稳定感。

4）比例与尺度

风景园林植物配置处处讲究比例与尺度,比例是部分与部分之间、整体和局部之间、整体和周围环境之间的大小关系,与其具体的尺度无关。不同比例的景观构成在人的心理会产生不同的感受。尺度是指与人有关的物体实际大小与人印象中的大小之间的关系,它和具体的尺寸有着密切的关系,而且容易在人的心理产生定型。在植物配置时对于比例和尺度的要求比较严格,因为实际的比例和尺度美是以各种几何构图在人的视觉印象比较中产生的。在空间构造中考虑植物的长度及空间的比例是十分必要的。

5）韵律与节奏

在风景园林植物配置时,有规律的变化会产生韵律感,可以避免单调。如路边连续较长的带状花坛,毫无变化就显得单调,而若以大、小花坛交替的形式,打破其连续不断的构图,则会使其景观效果更具活力和韵律。韵律可以简单表现,交替韵律、渐变韵律等,如一种树等距离排列,一种乔木和一种花灌木相间排列;也可以复杂表现,称为起伏韵律、交错韵律等,如道路旁常用多种植物布置成高低起伏、疏密相间的具有复杂变化的构图。

2. 色彩美原理

风景园林植物色彩美主要通过引起视觉美来呈现,而艺术心理学家认为视觉美最敏感的是色彩,其次才是形体、线条与质感。植物的色彩丰富,可表现出不同的艺术效果,营造出缤纷的色彩景观。

1）色相调和

单一色相调和容易,意向缓和、轻柔,有醉人的气氛与情调,应按深浅排列,产生稳健感,调和失宜则显杂乱无章。相近色相调和较易,过渡不会显得生硬,意向和谐,并能加强变化的趣味性。对比色相调和富有现代感、生动活泼,明视性高。

2）色块搭配

色块是颜色的面积和体量,现代城市绿化中常用大面积色块或色带构成各种图案来美化周围的环境。

3）背景搭配

绿色背景前宜用色彩鲜艳的草本园林植物或白色雕塑。其他背景,如建筑等,要注意所选植物的色彩与其合理搭配。

7.3.3　风景园林植物配置的经济性原则

植物配置的经济性是指景观绿化的投资、造价、养护管理费用等方面的问题,要力求少花钱多办事,施工养护管理方便。广义上讲,植物造景的经济性是指以最适当的投入,考虑植物景观可持续发展所带来的景观效益、社会效益、生态效益等,从而取得最佳的效益值。

1.　适地适树

一般来说,适地适树是指根据当地气候、土壤等各生境条件来选择能够健壮生长的树种。通常的做法是选用乡土树种,这样可保证树种对本地自然条件的适应性,此外,必须从长期生长于本地的外来树种中进行选择。一些外来树种是因为具有某些优点而被引入,已经过长期的"考验",这些树种已经适应当地气候。如悬铃木、雪松、广玉兰、香樟经过长时间适地的考验和锻炼,已经成为园林的基调树种和骨干树种。

2.　风景园林结合生产

植物在实现美化环境的同时,自身还具有诸多生产功能。如玫瑰园、芍药园、草药园等都可以带来一定的经济收益。

3.　建设的长、短期结合

植物造景,涉及成本问题,如种植小规格的苗木,既可降低单位面积的绿地造价,又可在较长时间内节约维护资金;既能形成一定的景观,又能考虑长远的发展。

总之,风景园林植物的景观营造既离不开美学艺术,也离不开科学的规划,风景园林学是一门交叉学科,包含了自然科学和社会科学等诸多学科的内容。因此,风景园林应与自然生态、社会环境的建设同步发展。风景园林植物配置设计不单是植物的堆积,也是一种艺术设计,是园林艺术的创新和实践。

第8章 风景园林植物配置的图纸表现

本章概要

　　本章主要介绍了风景园林植物配置的设计原则和程序,以及风景园林植物配置的图纸表现技术。

8.1 风景园林植物景观设计原则和程序

8.1.1 设计原则

1. 符合规划设计项目的性质和功能要求

园林植物造景,首先要从风景园林的性质和主要功能出发。不同的规划设计项目具备不同的功能。如街道的主要功能是蔽荫、吸尘、隔音、美化等。因此要选择易活、对土、肥、水要求不高、耐修剪、树冠高大挺拔、叶密荫浓、生长迅速、抗性强的树种作行道树。综合性公园,从其承担的功用性出发,在进行设计时应满足其物质与精神方面的需求,如要有供人群集体活动的广场或大草坪、有遮荫的乔木、有艳丽的成片的灌木、有安静休息需要的密林、疏林等。烈士陵园的植物景观设计要注意纪念意境的营造。医院庭园植物景观应注意周围环境的卫生防护和噪声隔离,可采用在周围种植密林的方式阻隔噪音。工厂生产区绿化的主要功能是防护、吸尘、隔音;工厂的厂前区、办公区应以美化环境为主;居住区的设计主要是供人们休闲、娱乐用的。在进行植物的选择和配置上都要合理规划,从而达到最终的设计目标。

2. 适地适树,满足植物的生态要求

1)强调植物分布的地带性,选择适地植物

每个地方的植物都是经过对该地区生态因子长期适应的结果。近年来,一些设计为了追求新、奇、特的效果,大量地从外地引进各种名贵树种,然而这些树种却长势不佳,有些甚至死亡,原因就在于植物配置时没有考虑植物分布的地带性和生态适应性。因此,在植物配置时应根据立地的具体条件,以乡土树种为主,适当引进外来树种。

2)注重生物多样性,保持资源的可持续发展

在植物配置时,应尊重自然所具有的生物多样性,尽量不要出现单个物种的植物群落形式。要注意有些植物之间存在拮抗作用,布置时不能放在一起。例如,刺槐会抑制邻近植物的生长,配置时应当和其他植物分开来种植。梨桧锈病是在桧柏、侧柏与梨、苹果、海棠这两种寄主中完成的,所以不要把梨、苹果、海棠与桧柏、侧柏在一起配置。核桃叶能分泌大量核桃醌对苹果有毒害作用,这两种树种也要隔离栽植。所有这些因素在植物配置时都必须严格掌握。

3)构建植物群落结构合理性,遵循群落的演替规律

对于一个植物群落,不仅要注意它的物种组成,还要注意物种在空间上的排布方式,也就是空间结构。它包括植物的垂直结构和水平结构,上层的植物喜光,中层的植物半喜光或稍耐阴,下层的植物就比较耐阴。这些都为我们在进行植物配置时提供了一定的理论依据。从河流两岸的自然植物分布情况看,在水中生长的是水生植物,在靠近河岸地方生长的是比较耐水湿的植物,在离岸边稍远的地方生长着较耐水湿的植物,在远离岸边的地方生长着旱生植物,因此,人工植物群落的布局和栽植,要遵循群落演替规律。

3. 考虑园林艺术的需要

1) 总体艺术布局上要协调

规划设计不仅具有实用功能,同时还具有美的功能,它们能给人以视觉、听觉、嗅觉上的美感、愉悦感。因此植物的配置应符合艺术美的规律,最大程度地体现园林植物"美"的魅力。不同的绿地、景点、建筑物性质和功能都是有差异的,在植物配置时要体现不同的风格,处理好建筑、山,水、道路的关系。如公园、风景区要求树种多样,色彩丰富且活泼明快、四季都有景可观。寺院、古迹地则求其庄严、肃穆,配置树种时必须注意其体形大小、色彩浓淡要与建筑物的性质和体量相适应。

2) 考虑四季景色的变化

应综合考虑时间、环境、植物种类及其生态条件的不同,使丰富的植物色彩随着季节的变化交替出现,如在游人集中的地段,四季要有景可赏。植物景观组合的色彩、芳香、植株、叶、花、果的形态变化也要丰富,在应用时要做到主次分明,从功能出发,突出某一个主题,以免产生空间的杂乱感。

3) 全面考虑植物形、色、味、声的效果

人们对植物景观的欣赏需求是多方面的,而不存在全能的园林植物。因此,要发挥每种园林植物的特点,就应根据园林植物自身具有的特点进行设计。如鹅掌楸主要观赏其叶形,紫荆主要赏其春花,成片的松树可以形成"松涛"。有些植物有较多功能,如月季花从春至秋,花开不断,既可观色赏形,又可闻香,但在北方冬季会停止生长,倘若以常绿树与其做配置,则可以补其冬季之枯燥。

4) 园林植物配置要从总体考量

植物种植要处理好与建筑、山、水、道路之间的关系。根据局部环境在总体布置中的要求,应采用不同的种植形式,规则式园林植物种植多对植、列植,而在自然式园林中则采用不对称的自然式种植,充分表现植物材料的自然姿态。如在大门、主要道路、整形广场、大型建筑物附近多采用规则式种植,而在自然山水、草坪及不对称的小型建筑物附近则采用自然式种植。在平面上要注意种植的疏密;在竖向上要注意林冠线,树林中要注意开辟透景线;同时要重视植物的景观层次,远近观赏效果,远观看其整体效果,近观欣赏单株树的个体美,如形态、花、果、叶等。

4. 要有合理的搭配和种植密度

植物的密度大小直接影响绿化景观和绿地功能的发挥。树木造景设计应以成年树冠大小作为株行距的最佳设计,但也要注意近期效果和远期效果相结合。采用速生树与慢生树、常绿树与落叶树、乔木与灌木、观叶树与观花树相互搭配,在满足植物生态条件下创造复层绿化。

在植物种植设计时,还要考虑保留与利用原有树木,尤其是古树名木,可在原有树木基础上搭配其他的植物。

5. 全面考虑园林植物的季相变化和色、香、形的对比与和谐

植物造景要综合考虑时间、环境、植物种类及其生态条件的不同,使植物色彩随着季节的变化交替出现,使园林绿地的各个分区地段突出一个季节的植物景观。在游人聚集的地段应做到四季有景可赏。植物景观组合的色彩、芳香、个体、叶、花的形态变化也是多种多样的,但要主次分明,从功能出发,突出某一个方面,以免产生杂乱感。

8.1.2 设计程序

植物景观配置设计既是一门艺术又是一门实践性极强的技术。相对于其他行业设计而言,植物景观配置,无论是从艺术的角度还是从技术的角度来看,都是一个发展上相对滞后的领域:从艺术角度来说,它缺乏完整系统的设计理论指导;从技术角度来说,它缺乏明确的设计标准和结果评判标准。再加上植物景观配置特有的生态问题和时空变化等特性,它们无疑都将增加植物景观配置设计工作的难度,也会增加植物景观配置设计工作的随意性和不确定性。

植物景观配置设计中存在一定基本的设计流程,它们可以用来减少植物景观配置设计工作的随意性和不确定性,增加设计结果的可判定性,增加设计工作的系统性。植物景观配置的设计过程可划分为以下几个阶段。

1. 任务书阶段

在接到工程项目之后,设计人员首先应和设计委托方进行沟通,了解委托方的具体要求,包括有哪些意愿、设计的造价、设计的期限等内容。

2. 研究分析阶段

1)基地情况调查
基地基本情况主要包括地形、地势、原有设施以及周边的环境状况等。通过实地勘测或查询当地资料,做出实地的平面图、地形图、剖面图等。

绘制详细的平面图时,大面积测量,比例尺以1:10 000～1:5 000(等高线5～20 m)为宜;小面积基地以1:1 000～1:500(等高线1～5 m)为宜;细部的花草等配植以1:200～1:100(等高线1～0.5 m)为宜。

① 调查范围包括:自然环境和人文环境。

② 自然条件包括:地形、地势、方位、风向、温度、土壤、降水、物候、湿度、风力、日照、面积等。

③ 人文条件包括:都市、村庄、交通、治安、邮电、法规、教育、娱乐、传统风俗习惯等。

2)基地分类分析
对项目进行基地现场踏勘及资料分析后,应及时对各类信息进行整理归纳,以避免遗忘一些重要细节(图8-1)。

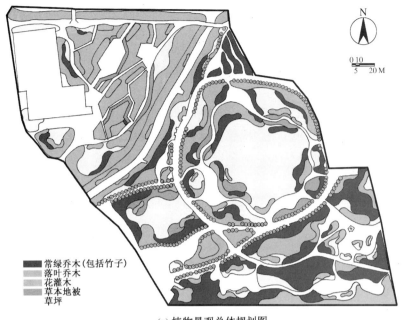

常绿乔木(包括竹子)
落叶乔木
花灌木
草本地被
草坪

(a) 植物景观总体规划图

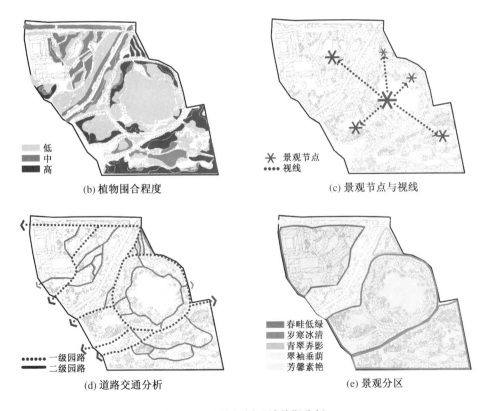

低
中
高

(b) 植物围合程度

景观节点
视线

(c) 景观节点与视线

一级园路
二级园路

(d) 道路交通分析

春畦低绿
岁寒冰清
青翠弄影
翠袖垂荫
芳馨素艳

(e) 景观分区

图 8-1 植物规划设计前期分析

3）设计构想阶段

设计构想是用图示的方式把思考的活动与活动之间的相互关系、空间与空间活动的机能关系等有机地安排到相应的区域位置。设计者可以先构思出自己的设想图,然后根据基地关系图解进行调整,最后形成概念图。

设计构思多半是由项目的现状所激发产生。要注意这种最初的构思、感觉及对项目地点的反应,因为会有许多潜在的因素影响设计构思。在现场应注意光照、已有景观对设计者的影响及其他感官上的影响。明确植物材料在空间组织、造景、改善基地条件等方面应起的作用,做出种植方案构思图。构思的过程就是一个创造的过程,每一步都是在完成上一步的基础上进行的。应随时用图形和文字形式来记录设计思想,并使之具体化。

在这一阶段,要提出一套可以达到工程目标的初步设计思想,并根据这套思想来安排基本的规划要素。

步骤1:确定对植物材料的功能需求。以项目目标为基础,确立规划环境的形状。必须考虑墙、顶棚、地板、天棚、栏杆、障碍物、矮墙和地面覆盖物这些植物材料的基本"构筑"方式。

步骤2:确立初步的理念。根据种植规划设计的要素,如形式、色彩、结构等来确定整个空间内的景物设计。这些景物或受这些要素支持或受宏观环境控制所形成的小环境,应该反映设计者的设计理念。

步骤3:依据规划要求来选择适用的物种。

步骤4:得出初步的植物规划。在这份初步规划中,总结出调查结果、评论以及设计思想。与客户一起检阅这份计划,获得意见与建议并做出必要的修改。

4）设计执行阶段

(1)设计草案。设计草案是将各种设计要素加以落实,并表现在正确的位置上的初步的绘图方法。

(2)细部设计与设计图绘制。完整的细部设计图应包括地形图、分区图、平面配置图、断面图、立面图、施工图、剖面图、鸟瞰图等(图8-2)。

(3)工程预算书的编制及施工规范的编写。

8.1.3 文本说明书内容

作为规划设计师,在承接设计任务后,除了要做出专业的设计图纸外,还要对项目方案做出详细的文本说明书,内容主要包括以下几个方面。

主要依据:批准的任务书,所在地的气象条件、地理条件、风景资源、人文资源、周边环境。

规模和范围:建设规模、面积及游人容量,分期建设情况,设计项目组成、对生态环境的影响、游览服务设施的技术分析。

艺术构思:主题立意、景区、景点布局的艺术效果分析和游览、休息线路的布置。

地形规划概况:整体地形设计、特殊地段的设计分析。

种植规划概况:立地条件分析、植被类型分析、植物造景分析。

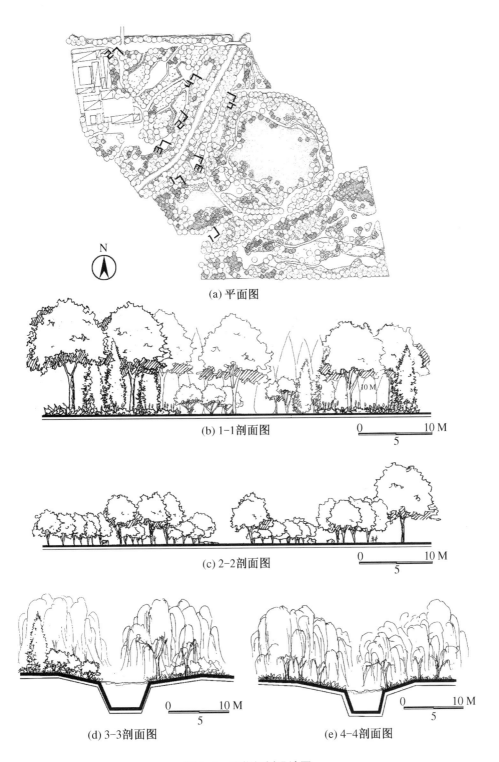

(a) 平面图

(b) 1-1剖面图

(c) 2-2剖面图

(d) 3-3剖面图

(e) 4-4剖面图

图 8-2　植物规划设计图

功能与效益:该项目所起的功能作用,对该地区生活影响的预测和各种效益的估价。

技术、经济指标:用地平衡表、土石方概述、能源消耗概述、管线电气的敷设。

需要在审批时决定的问题:与城市规划的协调、拆迁、交通情况、施工条件、施工季节。

工程概算书。

8.2 风景园林植物配置的图纸表现技术

植物景观设计图纸作为基本的表达工具,用以保证植物景观设计的实施,同时也是委托方、设计师和施工方之间重要的沟通工具。工程的施工方根据设计图纸,按照设计师的说明进行植物材料的布置。因此,设计方案所需的所有信息都应当在图纸中表现出来,包括正式的种植说明书、施工要求和种植细目。对施工方来说,任何口头解释都不能作为施工依据。施工方把图纸作为价格设定、劳力测算、工具需求和获取植物材料的依据。风景园林植物景观设计图纸的组成如下所列。

1. 风景园林植物配置的表现图

种植设计表现图不仅追求尺寸与位置的精确,而且还要在艺术地表现设计者的意图,追求图面的视觉效果,追求美感。平面效果图、透视效果图、鸟瞰图等都可以归入这个范畴。种植设计表现图应包括以下几个部分:

(1) 比例尺,包括文字和图案两种形式。

(2) 风玫瑰。

(3) 原有植物材料。

(4) 需要调整和移植的植物。

(5) 现有的和规划的乔木、灌木、藤本植物和地被。

(6) 适用的地形图。

(7) 必要的详图(通常需要单独的图纸)。

(8) 小地图。

(9) 标题栏:工程名称;工程地址;设计师(名字、固定地址、注册章);日期;页码。

(10) 植物名录表:项目代码(或者是使用的图例);植物数量(位置、总数);植物名称(中文名、拉丁名);植物规格及种植条件(规格:容器、高度、胸径,种植条件:容器大小、土团及捆绑办法、裸根);灌木和地被占用的面积;备注(比如"多分枝"或"攀爬植物");植物类别(如乔木、灌木、地被等);价格估算(也可以留空,由工程承包方或者是投标方提供费用数据)。

(11) 草皮面积(在平面图和统计表中都要有所反映;如果草皮是现有的,就需要在图纸上面表达出来以示区分)。

2. 施工图设计

1) 施工总平面图(放线图),1∶100～1∶500

表明各设计要素之间具体的平面关系和准确位置。标出放线的坐标网格、基点、基线的位置。图纸内容:保留现有的地下管线(红线表示)、建筑物、构筑物、主要现场树木等;设计地形等高线(细黑虚线表示)、高程数字、山石和水体(以粗黑线加细线表示);园林建筑和构筑物的位置(以粗黑线表示);道路广场、园灯、园椅、果皮箱等(用中粗实线表示);放线坐标网,做出工程序号等。

2) 竖向施工图,1∶100～1∶500

表明各设计因素的高差关系。

(1) 平面图内容:现状与原地形标高;设计等高线,等高距为 0.25～0.5 m;土山山顶标高;水体驳岸、岸顶、岸底标高;池底高程,用等高线表示,水面要标出最低,最高及常年水位;建筑物的室内、出入口与室外标高;道路、转折点处标高,纵坡坡度;必要时增加土方调配图,方格为 2 m×2 m～10 m×10 m,标注各方格点原地面标高、设计标高、填挖高度,列出土方平衡表。

(2) 剖面图,1∶20～1∶50。在重点地区、坡度变化复杂地段做出剖面图,以表示出各关键部位标高。

(3) 做法说明。内容包括:夯实程度;土质分析;微地形处理;客土处理。

3) 园路、广场施工图

(1) 平面图,1∶20～1∶100。内容包括:路面总宽度及细部尺寸;放线用基点、基线及坐标;与周围构筑物、地上、地下管线的距离及对应标高;路面及广场的高程、路面纵向坡度、路中标高、广场中心与四周标高及排水方向;雨水口位置,雨水口详图或注明标准图索引号;路面横向坡度,曲线园路线形,标出转弯半径或以方格网 2 m×2 m～10 m×10 m 表示;路面面层花纹。

(2) 剖面图,1∶20～1∶50。内容包括:路面、广场纵横剖面上的标高;路面结构;表层、基础做法。

(3) 做法说明。放线依据;路面强度;路面粗糙度;铺装缝线容许尺寸;路牙与路面结合部做法及绿地结合部高层做法;异型铺装块与道牙衔接处理;正方形铺装块折点、转弯处做法。

4) 种植施工图,1∶100～1∶500

(1) 平面图。在平面图上应按实际距离尺寸标出各种园林植物的种类、数量、种植方式、与周围固定构筑物和地上地下管线之间的距离。自然式种植可以用方格网控制距离和位置,方格网规格为 2 m×2 m～10 m×10 m。现状保留的树种,如属于古树名木,要单独注明。

(2) 立面、剖面图,1∶20～1∶50。在竖向上反应了植物天际线的变化,以及与地上、地下管线之间的关系,标明施工时准备选用的植物高度、体型及与山石的关系。

(3) 局部放大图。包括重点树丛、各树种关系、古树名木周围处理和混交林种植的详细尺寸,花坛的花纹细部及与山石的关系。

（4）苗木表,包括植物种类、拉丁学名、观赏特性、规格、胸径(以 cm 为单位,写到小数点后一位)、冠幅、高度(以 m 为单位,写到小数点后一位)、观花类花色说明、数量及备注等。

5) 假山施工图,1∶20—1∶50

（1）平面图。山石平面位置、尺寸;山峰、制高点、山谷、山洞的平面位置、尺寸及各处高程;植物及其他设施的位置、尺寸。

（2）剖面图。山石或山峰的控制高程;山石基础结构;管线位置、管径;植物种植池的做法、尺寸、位置。

（3）立面图。假山整体形态。

（4）做法说明。堆石手法;接缝处理;山石纹理处理;山石形状、大小、纹理、色泽的选择原则;山石用量控制。

6) 园林建筑小品施工图

（1）建筑物、园林建筑小品的平面及详细尺寸。

（2）建筑物、建筑小品的立面图、剖面图及各部分详细尺寸。

（3）主要建筑物、建筑小品应作出效果图。

（4）管线及电信施工图:各管线、电线的平面图;要注明每段管线的长度、管径、高程及如何接头。

3. 风景园林植物种植施工详图

施工图设计文件包括施工图、文字说明和预算。施工图尺寸和高程均以米为单位,要写到小数点后两位。

1) 种植平面图

在种植平面图中应标明每种树木的准确位置,树木的位置可用树木平面图标圆心或过圆心的短十字线表示。在图面上的空白处用引线和箭头符号标明树木的种类,也可只用数字或代号简略标注。同一种树木群植或丛植时可用细线将其中心连接起来统一标注。随图还应附植物名录,名录中应包括与图中一致的编号或代号、普通名称、拉丁学名、数量、尺寸以及备注。很多低矮的植物常常成丛栽植,因此在种植平面图中应明确标出种植坛或花坛中的灌木、多年生草花或一、二年生草花的位置和形状,坛内不同种类宜用不同的线条轮廓加以区分。在组成复杂的种植坛内还应明确划分每种类群的轮廓、形状,标注上数量、代号,覆上大小合适的格网。灌木的名录内容和树木类似,但需加上种植间距或单位面积内的株数。草花的种植名录应包括编号、中文名、学名、数量、高度、栽植密度,有时还需要加上花色和花期等(图 8-3)。

种植图的比例应根据其复杂程度而定,较简单的可选小比例,较复杂的可选大比例,面积过大的种植宜分区作种植平面图,详图不标比例时应以所标注的尺寸为准。在较复杂的种植平面图中,最好根据参照点或参照线作网格,网格的大小应以能相对准确地表示种植的内容为准。还有其他一些要求如下:

（1）在图上应按实际距离尺寸标注出各种植物的种类和数量。

（2）标明与周围固定构筑物和地下管线距离的尺寸。

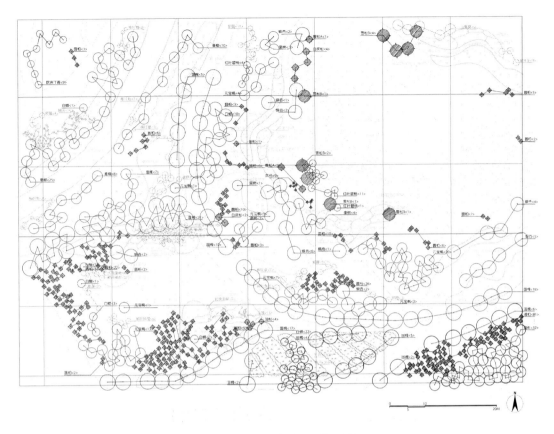

图 8-3　乔木种植平面施工图

（3）施工放线依据。

（4）自然式种植可以用方格网控制距离和位置，方格网用 2 m×2 m～10 m×10 m，方格网尽量与测量图的方格线在方向上一致。

（5）现状保留树种，如属于古树名木，则要单独注明。

（6）图的比例尺为 1∶100～1∶500。

（7）一些乔灌木平面画法如图 8-4。

2）立面图剖面图

（1）在竖向上标明各植物之间的关系、植物与周围环境及地上地下管线设施之间的关系。

（2）标明施工时准备选用的植物的高度、体型。

（3）标明与山石的关系。

（4）图的比例尺通常为 1∶20～1∶50。

（5）一些乔灌木的平面图画法见图 8-5。

3）局部放大图

（1）重点树丛、各树种关系、古树名木的周围处理和覆层混交种植详细尺寸。

（2）花坛的花纹细部。

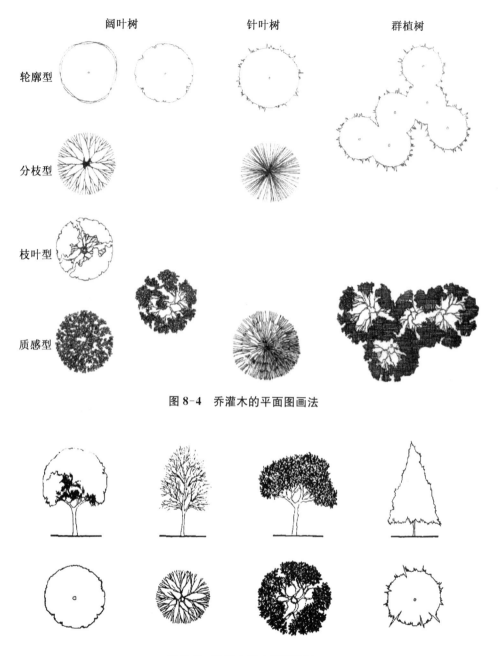

阔叶树　　　　　　　针叶树　　　　　　　群植树

轮廓型

分枝型

枝叶型

质感型

图 8-4　乔灌木的平面图画法

图 8-5　乔灌木的立面图画法

4）详图

种植施工图中的某些细部尺寸、材料和做法等需要用详图表示。例如，不同胸径的树木需要带不同的土球，根据土球大小决定种植穴的尺寸、回填土的厚度、支撑固定桩的做法和树木的修剪。用贫瘠土壤作回填土时需适当加些肥料，当基地上保留的树木周围需填、挖土方时，应考虑设置挡地墙。在铺装地上或树坛中种植树木时需要作详细的平面和剖面以表示树池或树坛的尺寸、材料、构造和排水。

5）说明

（1）放线依据。

（2）与各市政设施、管理单位配合情况的交代。

（3）选用苗木的要求（品种、养护措施）。

（4）栽植地区土层的处理，客土或栽植土的土质要求。

（5）施肥要求。

（6）苗木供应规格发生变动的处理。

（7）重点工程采用大规格苗木时，采用苗木的编号与现场定位的方法。

（8）非植树季节的施工要求。

6）苗木表

（1）种类、拉丁学名、观赏特性。

（2）规格、胸径（以 cm 为单位，写到小数点后一位）、冠径、高度（以 m 为单位，写到小数点后一位）。

（3）观花类标明花色。

（4）数量及备注。

表 8-1　常州沙家浜芦苇荡景区绿化苗木表（部分）

类型	树种	学名	规格	单位	数量	备注
常绿乔木	马尾松	*Pinus massoniana*	胸径 8.0,高 450	株	43	
	高秆女贞	*Ligustrum lucidum*	胸径 12.0	株	20	树形优美
	杨梅	*Myrica rubra*	胸径 10.0	株	66	
	白玉兰	*Magnolia denudata*	胸径 12.0	株	41	
落叶乔木	落羽杉	*Taxodium distichum*	胸径 10.0	株	15	
	池杉	*Taxodium ascendens*	胸径 8.0	株	492	全冠
	枫杨	*Pterocarya stenoptera*	胸径 10.0	株	106	
	桤木	*Alnus cremastogyne*	胸径 10.0	株	85	
	黄连木	*Pistacia chinensis*	胸径 10.0	株	56	
	朴树	*Celtis sinensis*	胸径 13.0	株	151	
	重阳木	*Bischofia polycarpa*	胸径 12.0,高 400	株	65	分枝点 200
落叶乔木	合欢	*Albizia julibrissin*	胸径 12.0	株	129	
	三角枫	*Acer buergerianum*	胸径 15.0	株	80	
	香花槐	*Robinia pseudoacacia* 'Idahoensis'	胸径 7.0,冠幅 250	株	16	
常绿小乔木及灌木	金桂花	*Osmanthus fragrans*	胸径 7.0,冠幅 250	株	95	
	山茶	*Camellia japonica*	高 200.0,冠幅 80	株	96	红罗宾
	红叶石楠	*Photinia* × *fraseri*	冠幅 80	m²	418	
	火棘	*Pyracantha fortuneana*	高 80.0,冠幅 60	株	41	

（续表）

类型	树种	学名	规格	单位	数量	备注
落叶小乔木及灌木	樱花	*Prunus serrulata*	地径5.0,高250	株	216	
	木槿	*Hibiscus syriacus*	高150.0	株	138	
	紫叶李	*Prunus cerasifera* 'Atropurpurea'	地径5.0	株	2	
	木芙蓉	*Hibiscus mutabilis*	高150.0	株	305	2分枝以上
	紫薇	*Lagerstroemia indica*	地径4.0	株	100	
	桃	*Prunus persica*	地径4.0	株	126	树形优美
	碧桃	*Prunus persica* 'Duplex'	地径4.0	株	34	
竹类	孝顺竹	*Bambusa multiplex*	高200.0	丛	764	
	紫竹	*Phyllostachys nigra*	茎1.5,高250	m²	660	16株/m²
	刚竹	*Phyllostachys viridis*	茎2	m²	385	
	阔叶箬竹	*Indocalamus latifolius*	茎1,高40,6杆/丛	m²	605	
地被植物	八角金盘	*Fatsia japonica*	高40.0	m²	2 785	16株/m²
	大吴风草	*Farfugium japonicum*		m²	730	16株/m²
	白三叶	*Trifolium repens*	播种	m²	1 195	
	阔叶麦冬	*Liriope platyphylla*	5芽/丛、25丛/m²	m²	5 480	
地被植物	金丝桃	*Hypericum chinensis*	高40.0,冠幅30	m²	540	36株/m²
	忽地笑	*Lycoris aurea*	5球/丛、25丛/m²,	m²	465	
	金焰绣线菊	*Spiraea bumalda* 'Gold Flame'	高40.0,冠幅30	m²	2 505	36株/m²
水生湿生植物	萍蓬草	*Nuphar pumilum*	2芽/m²	m²	1 935	
	荇菜	*Nymphoides peltatum*	16株/m²	m²	170	
	菖蒲	*Acorus calamus*	3芽/丛、25丛/m²	m²	90	
	纸莎草	*Cyperus papyrus*	25株/m²	m²	168	
	泽苔草	*Caldesia parnassifolia*	25株/m²	m²	155	
	薏苡	*Coix lacryma-jobi*	播种	m²	950	
	狼尾草	*Pennisetun alopecuroides*	播种	m²	790	
草坪植物	高羊茅	*Festuca elata*	高羊茅草皮(30×40),满铺,留缝1	m²	55 500	
	多花黑麦草	*Lolium multiflorum*	黑麦草草皮(30×40),满铺,留缝1	m²	51 510	

附　　录

中文名	拉丁文名	中文名	拉丁文名
'蓝星'高山柏	*Juniperus squamata* 'Blue Star'	斑竹	*Phyllostachys bambusoides* f. *lacrima-deae*
矮牵牛	*Petunia*×*hybrida*		
矮雪轮	*Silene pendula*	板栗	*Castanea mollissima*
矮紫杉	*Taxus cuspidata* var. *nana*	半夏	*Pinellia ternata*
凹叶景天	*Sedum emarginatum*	半支莲	*Portulaca grandiflora*
八宝景天	*Hylotelephium erythrostictum*	报春花	*Primula malacoides*
八角	*Illicium verum*	暴马丁香	*Syringa reticulata* subsp. *amurensis*
八角金盘	*Fatsia japonica*		
八仙花	*Hydrangea macrophylla*	北美鹅掌楸	*Liriodendron tulipifera*
芭蕉	*Musa basjoo*	北美红杉	*Sequoia sempervirens*
霸王棕	*Livistona speciosa*	北美乔松	*Pinus strobus*
白鹤芋	*Spathiphyllum kochii*	北美崖柏	*Thuja occidentalis*
白花紫露草	*Tradescantia fluminensis*	北美圆柏	*Juniperus virginiana*
白花酢浆草	*Oxalis corymbosa* 'Alba'	贝叶棕	*Corypha umbraculifera*
白桦	*Betula platyphylla*	荸荠	*Eleocharis dulcis*
白芨	*Bletilla striata*	笔筒树	*Sphaeropteris lepifera*
白晶菊	*Mauranthemum paludosum*	闭鞘姜	*Costus speciosus*
白鹃梅	*Exochorda racemosa*	蓖麻	*Ricinus communis*
白蜡	*Fraxinus chinensis*	碧桃	*Amygdalus persica* 'Duplex'
白兰	*Michelia alba*	薜荔	*Ficus pumila*
白梨	*Pyrus bretschneideri*	蝙蝠葛	*Menispermum dauricum*
白栎	*Quercus fabri*	扁柏	*Chamaecyparis* spp.
白皮松	*Pinus bungeana*	变叶木	*Codiaeum variegatum*
白杆	*Picea meyeri*	藨草	*Scirpus triqueter*
白三叶	*Trifolium repens*	滨菊	*Leucanthemum vulgare*
白穗花	*Speirantha gardenii*	槟榔	*Areca catechu*
白头翁	*Pulsatilla chinensis*	波斯菊	*Cosmos bipinnatus*
白英	*Solanum lyratum*	菠菜	*Spinacia oleracea*
百合	*Lilium brownii* var. *viridulum*	补血草	*Limonium sinense*
百日草	*Zinnia elegans*	捕蝇草	*Drosera indica*
百山祖冷杉	*Abies beshanzuensis*	布迪椰子	*Butia capitata*
柏木	*Cupressus funebris*	彩苞凤梨	*Vriesea poelmanii*

中文名	拉丁文名	中文名	拉丁文名
彩虹肖竹芋	*Calathea roseopicta*	慈菇	*Sagittaria trifolia*
彩叶草	*Coleus scutellarioides*	慈竹	*Bambusa emeiensis*
菜豆	*Phaseolus vulgaris*	刺柏	*Juniperus formosana*
菜豆树	*Radermachera sinica*	刺槐	*Robinia pseudoacacia*
糙叶树	*Aphananthe aspera*	刺葵	*Phoenix hanceana*
草地早熟禾	*Poa pratensis*	刺楸	*Kalopanax septemlobus*
草莓	*Fragaria×ananassa*	葱兰	*Zephyranthes candida*
侧柏	*Platycladus orientalis*	丛生福禄考	*Phlox subulata*
茶竿竹	*Pseudosasa amabilis*	粗榧	*Cephalotaxus sinensis*
茶梅	*Camellia sasanqua*	翠菊	*Callistephus chinensis*
茶条槭	*Acer tataricum* subsp. *ginnala*	翠云草	*Selaginella uncinata*
檫木	*Sassafras tzumu*	打碗花	*Calystegia hederacea*
菖蒲	*Acorus calamus*	大豆	*Glycine max*
常春藤	*Hedera nepalensis* var. *sinensis*	大果菝葜	*Smilax macrocarpa*
常春油麻藤	*Mucuna sempervirens*	大果榕	*Ficus auriculata*
常夏石竹	*Dianthus plumarius*	大花葱	*Allium giganteum*
巢凤梨	*Nidularium innocentii*	大花金鸡菊	*Coreopsis grandiflora*
巢蕨	*Neottopteris nidus*	大花蓝盆花	*Scabiosa tschiliensis* var. *superba*
柽柳	*Tamarix chinensis*		
秤锤树	*Sinojackia xylocarpa*	大花六道木	*Abelia×grandiflora*
池杉	*Taxodium distichum* var. *imbricatum*	大花马齿苋	*Portulaca grandiflora*
		大花美人蕉	*Canna×generalis*
赤楠	*Syzygium buxifolium*	大花紫薇	*Lagerstroemia speciosa*
赤松	*Pinus densiflora*	大花醉鱼草	*Buddleja colvilei*
赤竹属	*Sasa* ssp.	大金鸡菊	*Coreopsis lanceolata*
稠李	*Padus avium*	大丽花	*Dahlia pinnata*
臭椿	*Ailanthus altissima*	大麻	*Cannabis sativa*
臭牡丹	*Clerodendrum bungei*	大明竹	*Pleioblastus gramineus*
雏菊	*Bellis perennis*	大薸	*Pistia stratiotes*
垂花葱	*Allium cernuum*	大王椰子	*Roystonea regia*
垂柳	*Salix babylonica*	大吴风草	*Farfugium japonicum*
垂盆草	*Sedum sarmentosum*	大血藤	*Sargentodoxa cuneata*
垂丝海棠	*Malus halliana*	大叶桉	*Eucalyptus robusta*
垂笑君子兰	*Clivia nobilis*	大叶冬青	*Ilex latifolia*
垂枝桦	*Betula pendula*	大叶过路黄	*Lysimachia fordiana*
垂枝梅	*Armeniaca mume* 'Pendula'	大叶柳	*Salix magnifica*
垂枝欧洲山毛榉	*Fagus sylvatica* 'Pendula'	大叶铁线莲	*Clematis heracleifolia*
垂枝樱	*Cerasus serrulata* 'Pendula'	大叶仙茅	*Curculigo capitulata*
垂枝榆	*Ulmus pumila* 'Pendula'	待宵草	*Oenothera stricta*
春兰	*Cymbidium goeringii*	单穗鱼尾葵	*Caryota monostachya*
莼菜	*Brasenia schreberi*	淡竹	*Phyllostachys glauca*

中文名	拉丁文名	中文名	拉丁文名
倒挂金钟	*Fuchsia hybrida*	盾蕨	*Neolepisorus ovatus*
稻	*Oryza sativa*	多花报春	*Primula polyantha*
德国鸢尾	*Iris germanica*	多花黑麦草	*Lolium multiflorum*
灯台莲	*Arisaema bockii*	多花筋骨草	*Ajuga multiflora*
灯台树	*Cornus controversa*	多叶羽扇豆	*Lupinus polyphyllus*
灯心草	*Juncus effusus*	鹅毛竹	*Shibataea chinensis*
滴水珠	*Pinellia cordata*	鹅掌柴	*Schefflera octophylla*
荻	*Miscanthus sacchariflorus*	鹅掌楸	*Liriodendron chinense*
地肤	*Kochia scoparia*	蛾蝶花	*Schizanthus pinnatus*
地锦	*Parthenocissus tricuspidata*	二乔玉兰	*Yulania × soulangeana*
地毯草	*Axonopus compressus*	二月兰	*Orychophragmus violaceus*
地榆	*Sanguisorba officinalis*	法国悬铃木	*Platanus orientalis*
地中海柏木	*Cupressus sempervirens*	番红花	*Crocus sativus*
棣棠	*Kerria japonica*	番木瓜	*Carica papaya*
点地梅	*Androsace umbellata*	番茄	*Lycopersicon esculentum*
吊灯花	*Ceropegia trichantha*	繁缕	*Stellaria media*
吊兰	*Chlorophytum comosum*	方竹	*Chimonobambusa*
吊钟花	*Enkianthus quinqueflorus*		*quadrangularis*
吊竹梅	*Tradescantia zebrina*	飞燕草	*Consolida ajacis*
钓钟柳	*Penstemon campanulatus*	非洲凤仙	*Impatiens walleriana*
丁香	*Syringa* Linn.	非洲菊	*Gerbera jamesonii*
丁子香	*Syzygium aromaticum*	菲白竹	*Pleioblastus fortunei*
东方杉	*Taxodium mucronatum* ×		'Variegatus'
	Cryptomeria fortunei	菲黄竹	*Pleioblastus viridistriatus*
东京樱花	*Cerasus yedoensis*		'Variegatus'
冬葵	*Malva crispa*	榧树	*Torreya grandis*
冬青	*Ilex chinensis*	费菜	*Sedum aizoon*
冬青卫矛	*Euonymus japonicus*	粉单竹	*Bambusa chungii*
董棕	*Caryota urens*	粉花凌霄	*Pandorea jasminoides*
冻绿	*Rhamnus utilis*	粉花绣线菊	*Spiraea japonica*
豆瓣绿	*Peperomia tetraphylla*	粉条儿菜	*Aletris spicata*
豆梨	*Pyrus calleryana*	风铃草	*Campanula medium*
杜鹃	*Rhododendron simsii*	风信子	*Hyacinthus orientalis*
杜梨	*Pyrus betulifolia*	枫香	*Liquidambar formosana*
杜松	*Juniperus rigida*	枫杨	*Pterocarya stenoptera*
杜英	*Elaeocarpus decipiens*	凤凰木	*Delonix regia*
杜仲	*Eucommia ulmoides*	凤梨	*Ananas comosus*
短穗鱼尾葵	*Caryota mitis*	凤尾蕨	*Pteris cretica* var. *nervosa*
短穗竹	*Brachystachyum densiflorum*	凤尾丝兰	*Yucca gloriosa*
短叶雀舌兰	*Dyckia brevifolia*	凤尾竹	*Bambusa multiplex* 'Fernleaf'
对节白蜡	*Fraxinus hupehensis*	凤仙花	*Impatiens balsamina*

179

中文名	拉丁文名	中文名	拉丁文名
凤眼莲	*Eichhornia crassipes*	光叶子花	*Bougainvillea glabra*
佛肚竹	*Bambusa ventricosa*	广东万年青	*Aglaonema modestum*
佛甲草	*Sedum lineare*	广玉兰	*Magnolia grandiflora*
佛手	*Citrus medica* var. *sarcodactylis*	桄榔	*Arenga pinnata*
		龟背竹	*Monstera deliciosa*
佛手掌	*Mesembryanthemum uncatum*	龟甲冬青	*Ilex crenata* 'Convexa'
扶芳藤	*Euonymus fortunei*	龟甲竹	*Phyllostachys heterocycla*
扶桑	*Hibiscus rosa-sinensis*	桂花	*Osmanthus fragrans*
浮萍	*Lemna minor*	桂竹	*Phyllostachys reticulata*
福建柏	*Fokienia hodginsii*	桂竹香	*Erysimum cheiri*
福禄考	*Phlox drummondii*	国王椰子	*Ravenea rivularis*
复叶槭	*Acer negundo*	果子蔓	*Guzmania atilla*
复羽叶栾树	*Koelreuteria bipinnata*	过路黄	*Lysimachia christiniae*
富贵椰子	*Howea belmoreana*	还亮草	*Delphinium anthriscifolium*
甘蔗	*Saccharum officinarum*	海金沙	*Lygodium japonicum*
柑橘	*Citrus reticulata*	海南三七	*Kaempferia rotunda*
橄榄	*Canarium album*	海三棱藨草	×*Bolboschoenoplectus mariqueter*
刚竹属	*Phyllostachys* spp.		
杠柳	*Periploca sepium*	海棠	*Malus spectabilis*
高粱	*Sorghum bicolor*	海桐	*Pittosporum tobira*
高山火绒草	*Leontopodium alpinum*	海仙花	*Weigela coraeensis*
高山榕	*Ficus altissima*	海芋	*Alocasia macrorrhiza*
高山石竹	*Dianthus chinensis* var. *morii*	海枣	*Phoenix dactylifera*
高雪轮	*Silene armeria*	海州常山	*Clerodendrum trichotomum*
高羊茅	*Festuca elata*	含笑	*Michelia figo*
葛藤	*Argyreia seguinii*	寒兰	*Cymbidium kanran*
珙桐	*Davidia involucrata*	旱金莲	*Tropaeolum majus*
狗牙根	*Cynodon dactylon*	旱柳	*Salix matsudana*
枸骨	*Ilex cornuta*	旱伞草	*Cyperus alternifolius*
枸橘	*Poncirus trifoliata*	豪猪刺	*Berberis julianae*
枸杞	*Lycium chinense*	禾雀花	*Mucuna birdwoodiana*
构树	*Broussonetia papyrifera*	合果芋	*Syngonium podophyllum*
瓜叶菊	*Pericallis hybrida*	合欢	*Albizia julibrissin*
观光木	*Michelia odora*	何首乌	*Fallopia multiflora*
观音兰	*Tritonia crocata*	荷包牡丹	*Lamprocapnos spectabilis*
观音莲座蕨	*Angiopteris fokiensis*	荷花(莲)	*Nelumbo nucifera*
贯月忍冬	*Lonicera sempervirens*	荷兰菊	*Aster novi-belgii*
光萼荷	*Aechmea fasciata*	核桃楸	*Juglans mandshurica*
光棍树	*Euphorbia tirucalli*	鹤望兰	*Strelitzia reginae*
光里白	*Hicriopteris laevissima*	黑麦草	*Lolium perenne*
光叶蔷薇	*Rosa wichuraiana*	黑松	*Pinus thunbergii*

中文名	拉丁文名	中文名	拉丁文名
黑心金光菊	*Rudbeckia hirta*	湖北百合	*Lilium henryi*
黑藻	*Hydrilla verticillata*	湖北海棠	*Malus hupehensis*
红背桂	*Excoecaria cochinchinensis*	湖北花楸	*Sorbus hupehensis*
红槟榔	*Cyrtotachys lakka*	槲寄生	*Viscum coloratum*
红豆杉	*Taxus wallichiana* var. *chinensis*	蝴蝶花	*Iris japonica*
		蝴蝶兰	*Phalaenopsis aphrodite*
红豆树	*Ormosia hosiei*	蝴蝶树	*Heritiera parvifolia*
红枫	*Acer palmatum* 'Atropurpureum'	虎耳草	*Saxifraga stolonifera*
		虎头兰	*Cymbidium hookerianum*
红花檵木	*Loropetalum chinense* var. *rubrum*	虎尾兰	*Sansevieria trifasciata*
		虎眼万年青	*Ornithogalum caudatum*
红花文殊兰	*Crinum latifolium*	虎杖	*Reynoutria japonica*
红花羊蹄甲	*Bauhinia blakeana*	花柏	*Chamaecyparis pisifera*
红花油茶	*Camellia chekiangoleosa*	花菖蒲	*Iris ensata* var. *hortensis*
红花酢浆草	*Oxalis corymbosa*	花椒	*Zanthoxylum bungeanum*
红桦	*Betula albosinensis*	花蔺	*Butomus umbellatus*
红姜花	*Hedychium coccineum*	花菱草	*Eschscholtzia californica*
红蓼	*Polygonum orientale*	花榈木	*Ormosia henryi*
红千层	*Callistemon rigidus*	花毛茛	*Ranunculus asiaticus*
红球姜	*Zingiber zerumbet*	花楸	*Sorbus pohuashanensis*
红瑞木	*Swida alba*	花孝顺竹	*Bambusa multiplex* 'Alphonse-Kar'
红桑	*Acalypha wilkesiana*		
红树	*Rhizophora apiculata*	花叶鹅掌柴	*Schefflera octophylla* 'Variegata'
红松	*Pinus koraiensis*		
红叶石楠	*Photinia × fraseri*	花叶复叶槭	*Acer negundo* 'Variegata'
红叶甜菜	*Beta vulgaris*	花叶芦竹	*Arundo donax* 'Versicolor'
红叶苋	*Iresine herbstii*	花叶蔓长春	*Vinca major* 'Variegata'
红羽毛枫	*Acer palmatum* 'Dissectum Ornatum'	花叶水葱	*Schoenoplectus tabernaemontani* 'Zebrinus'
猴面花	*Mimulus guttatus*	花叶万年青	*Dieffenbachia picta*
篌竹	*Phyllostachys nidularia*	花叶艳山姜	*Alpinia zerumbet* 'Variegata'
厚皮香	*Ternstroemia gymnanthera*	花叶野芝麻	*Lamiastrum galeobdolon*
厚朴	*Houpoea officinalis*	花叶鱼腥草	*Houttuynia cordata* 'Variegata'
狐尾椰子	*Wodyetia bifurcata*		
狐尾藻	*Myriophyllum verticillatum*	花叶芋	*Caladium bicolor*
胡萝卜	*Daucus carota* var. *sativus*	花叶竹芋	*Maranta bicolor*
胡桃	*Juglans regia*	花烛	*Anthurium andraeanum*
胡颓子	*Elaeagnus pungens*	华北落叶松	*Larix principis-rupprechtii*
胡杨	*Populus euphratica*	华南紫萁	*Osmunda vachellii*
胡枝子	*Lespedeza bicolor*	华山松	*Pinus armandii*
葫芦	*Lagenaria siceraria*	华盛顿棕	*Washingtonia robusta*

中文名	拉丁文名	中文名	拉丁文名
华中五味子	*Schisandra sphenanthera*	火炬树	*Rhus typhina*
画眉草	*Eragrostis pilosa*	火炬松	*Pinus taeda*
桦树	*Betula* spp.	火炭母	*Polygonum chinense*
槐	*Sophora japonica*	火星花	*Crocosmia crocosmiflora*
槐叶苹	*Salvinia natans*	藿香蓟	*Ageratum conyzoides*
皇冠草	*Echinodorus amazonicus*	鸡蛋花	*Plumeria rubra* 'Acutifolia'
皇后葵	*Syagrus romanzoffiana*	鸡冠花	*Celosia cristata*
黄槽竹	*Phyllostachys aureosulcata*	鸡麻	*Rhodotypos scandens*
黄蝉	*Allemanda neriifolia*	鸡爪槭	*Acer palmatum*
黄菖蒲	*Iris pseudacorus*	积雪草	*Centella asiatica*
黄刺玫	*Rosa xanthina* f. *xanthina*	姬凤梨	*Cryptanthus acaulis*
黄秆乌哺鸡竹	*Phyllostachys vivax* 'Aureocanlis'	吉祥草	*Reineckea carnea*
		檵木	*Loropetalum chinense*
黄干主教红瑞木	*Cornus sericea* 'Flaviramea'	加拿大早熟禾	*Poa compressa*
黄葛树	*Ficus virens* var. *sublanceolata*	加拿大紫荆	*Cercis canadensis*
黄瓜	*Cucumis sativus*	加拿利海枣	*Phoenix canariensis*
黄花菜	*Hemerocallis citrina*	加杨	*Populus*×*canadensis*
黄花夹竹桃	*Thevetia peruviana*	嘉兴雷竹	*Phyllostachys praecox* 'Prevernalis'
黄花蔺	*Limnocharis flava*		
黄花石蒜	*Lycoris aurea*	夹竹桃	*Nerium indicum*
黄金间碧玉竹	*Phyllostachys aureosulcata* 'Spectabilis'	荚蒾	*Viburnum dilatatum*
		假槟榔	*Archontophoenix alexandrae*
黄金菊	*Euryops chrysanthemoides*× *speciosissimus*	假俭草	*Eremochloa ophiuroides*
		假叶树	*Ruscus aculeata*
黄槿	*Hibiscus tiliaceus*	尖叶枸子	*Cotoneaster acuminatus*
黄连木	*Pistacia chinensis*	剪股颖	*Agrostis matsumurae*
黄栌	*Cotinus coggygria*	剪秋罗	*Lychnis fulgens*
黄木香	*Rosa banksiae* 'Lutea'	剪夏罗	*Lychnis coronata*
黄蔷薇	*Rosa hugonis*	建兰	*Cymbidium ensifolium*
黄山木兰	*Magnolia cylindrica*	箭竹	*Fargesia spathacea*
黄山松	*Pinus taiwanensis*	箭竹属	*Fargesia* spp.
黄杉	*Pseudotsuga sinensis*	姜花	*Hedychium coronarium*
黄蜀葵	*Abelmoschus manihot*	茭白	*Zizania latifolia*
黄檀	*Dalbergia hupeana*	胶东卫矛	*Euonymus kiautschovicus*
黄杨	*Buxus sinica*	接骨木	*Sambucus williamsii*
茴香	*Foeniculum vulgare*	节节菜	*Rotala indica*
蕙兰	*Cymbidium faberi*	结香	*Edgeworthia chrysantha*
活血丹	*Glechoma longituba*	金边冬青卫矛	*Euonymus japonicus* 'Aureomarginatus'
火棘	*Pyracantha fortuneana*		
火炬花	*Kniphofia uvaria*	金边虎尾兰	*Sansevieria trifasciata* var. *laurentii*
火炬姜	*Etlingera elatior*		

中文名	拉丁文名	中文名	拉丁文名
金边阔叶麦冬	*Liriope muscari* 'Variegata'	酒瓶椰子	*Hyophorbe lagenicaulis*
金边桑	*Acalypha widesiana* var. *Morginata*	桔梗	*Platycodon grandiflorus*
金凤花	*Caesalpinia pulcherrima*	菊花	*Chrysanthemum morifolium*
金柑	*Citrus japonica*	菊苣	*Cichorium intybus*
金光菊	*Rudbeckia laciniata*	菊芋	*Helianthus tuberosus*
金花茶	*Camellia petelotii*	榉树	*Zelkova serrata*
金莲花	*Trollius chinensis*	巨花蔷薇	*Rosa odorata* var. *gigantea*
金缕梅	*Hamamelis mollis*	巨人柱	*Carnegiea gigantea*
金脉大花美人蕉	*Canna generalis* 'Striatus'	巨籽棕	*Lodoicea maldivica*
金钱松	*Pseudolarix amabilis*	飓风椰子	*Dictyosperma album*
金山绣线菊	*Spiraea japonica* 'Gold Mound'	卷柏	*Selaginella tamariscina*
金丝桃	*Hypericum monogynum*	卷丹	*Lilium tigrinum*
金松	*Sciadopitys verticillata*	决明	*Senna tora*
金粟兰	*Chloranthus spicatus*	君迁子	*Diospyros lotus*
金线石菖蒲	*Acorus gramineus* var. *pusillus*	君子兰	*Clivia miniata*
金心冬青卫矛	*Euonymus japonicus* 'Aureovariegatus'	咖啡	*Coffea* spp.
金叶过路黄	*Lysimachia nummularia* 'Aurea'	糠椴	*Tilia mandshurica*
		栲	*Castanopsis fargesii*
金叶鸡爪槭	*Acer palmatum* 'Aurea'	可可	*Theobroma cacao*
金叶女贞	*Ligustrum vicaryi*	孔雀草	*Tagetes patula*
金叶小檗	*Berberis thunbergii* 'Aurea'	孔雀竹芋	*Calathea makoyana*
金叶雪松	*Cedrus deodara* 'Aurea'	苦草	*Vallisneria natans*
金叶圆柏	*Sabina chinensis* 'Aurea'	苦瓜	*Momordica charantia*
金银花	*Lonicera japonica*	苦槠	*Castanopsis sclerophylla*
金银木	*Lonicera maackii*	苦竹	*Pleioblastus amarus*
金樱子	*Rosa laevigata*	阔瓣含笑	*Michelia cavaleriei* var. *platypetala*
金鱼草	*Antirrhinum majus*	阔叶麦冬	*Liriope platyphylla*
金鱼藻	*Ceratophyllum demersum*	阔叶箬竹	*Indocalamus latifolius*
金盏菊	*Calendula officinalis*	阔叶十大功劳	*Mahonia bealei*
金钟花	*Forsythia viridissima*	蜡瓣花	*Corylopsis sinensis*
锦带花	*Weigela florida*	蜡梅	*Chimonanthus praecox*
锦鸡儿	*Caragana sinica*	兰花	*Cymbidium* spp.
锦葵	*Malva cathayensis*	蓝果忍冬	*Lonicera caerulea*
锦屏藤	*Cissus sicyoides*	蓝花楹	*Jacaranda mimosifolia*
锦熟黄杨	*Buxus sempervirens*	蓝目菊	*Osteospermum ecklonis*
井栏边草	*Pteris multifida*	蓝雪花	*Ceratostigma plumbaginoides*
景天	*Sedum* spp.	蓝亚麻	*Linum perenne*
韭兰	*Zephyranthes carinata*	蓝羊茅	*Festuca glauca*
		榔榆	*Ulmus parvifolia*
		老人葵	*Washingtonia filifera*

中文名	拉丁文名	中文名	拉丁文名
乐昌含笑	*Michelia chapensis*	芦苇	*Phragmites australis*
冷杉	*Abies fabri*	芦竹	*Arundo donax*
冷水花	*Pilea notata*	鹿角桧	*Juniperus× pfitzeriana*
狸藻	*Utricularia vulgaris*	鹿角蕨	*Platycerium wallichii*
梨树	*Pyrus* spp.	鹿角苔	*Riccia fluitans*
藜	*Chenopodium album*	露兜树	*Pandanus tectorius*
李子	*Prunus salicina*	栾树	*Koelreuteria paniculata*
荔枝	*Litchi chinensis*	罗汉松	*Podocarpus macrophyllus*
栎	*Quercus* spp.	萝卜	*Raphanus sativus*
连翘	*Forsythia suspensa*	椤木石楠	*Photinia davidsoniae*
连香树	*Cercidiphyllum japonicum*	络石	*Trachelospermum jasminoides*
楝	*Melia azedarach*	骆驼刺	*Alhagi sparsifolia*
两耳草	*Paspalum conjugatum*	落新妇	*Astilbe chinensis*
两栖蓼	*Polygonum amphibium*	落叶松	*Larix gmelinii*
量天尺	*Hylocereus undatus*	落羽杉	*Taxodium distichum*
辽东冷杉	*Abies holophylla*	旅人蕉	*Ravenala madagascariensis*
列当	*Orobanche coerulescens*	绿萝	*Epipremnum aureum*
铃兰	*Convallaria majalis*	麻黄	*Ephedra* spp.
凌霄	*Campsis grandiflora*	麻栎	*Quercus acutissima*
菱	*Trapa bispinosa*	麻叶绣线菊	*Spiraea cantoniensis*
菱叶绣线菊	*Spiraea×vanhouttei*	蟆叶秋海棠	*Begonia rex*
领春木	*Euptelea pleiosperma*	马鞭草	*Verbena officinalis*
令箭荷花	*Nopalxochia ackermannii*	马齿苋	*Portulaca oleracea*
流苏树	*Chionanthus retusus*	马尼拉草	*Zoysia matrella*
硫华菊	*Cosmos sulphureus*	马唐	*Digitaria sanguinalis*
柳杉	*Cryptomeria japonica* var. *sinensis*	马蹄金	*Dichondra micrantha*
		马蹄莲	*Zantedeschia aethiopica*
柳树	*Salix* spp.	马尾松	*Pinus massoniana*
六倍利	*Lobelia erinus*	马银花	*Rhododendron ovatum*
六月雪	*Serissa japonica*	马醉木	*Pieris japonica*
龙柏	*Juniperus chinensis* 'Kaizuka'	麦冬	*Ophiopogon japonicus*
龙船花	*Ixora chinensis*	麦秆菊	*Helichrysum bracteatum*
龙胆	*Gentiana scabra*	馒头柳	*Salix matsudana* 'Umbraculifera'
龙舌兰	*Agave americana*		
龙吐珠	*Clerodendrum thomsonae*	满江红	*Azolla pinnata* subsp. *asiatica*
龙血树属	*Dracaena* spp.	蔓八仙	*Hydrangea anomala*
龙爪槐	*Sophora japonica* 'Pendula'	蔓天竺葵	*Pelargonium peltatum*
龙爪柳	*Salix babylonica* 'Tortuosa'	蔓长春花	*Vinca major*
龙爪桑	*Morus alba* 'Tortuosa'	芒	*Miscanthus sinensis*
龙竹	*Dendrocalamus giganteus*	芒果	*Mangifera indica*
耧斗菜	*Aquilegia viridiflora*	芒萁	*Dicranopteris pedata*

中文名	拉丁文名	中文名	拉丁文名
莽草	*Illicium lanceolatum*	木麒麟	*Pereskia aculeata*
毛白杜鹃	*Rhododendron mucronatum*	木通	*Akebia quinata*
毛白杨	*Populus tomentosa*	木香	*Rosa banksiae*
毛刺槐	*Robinia hispida*	木贼	*Equisetum hyemale*
毛地黄	*Digitalis purpurea*	南方红豆杉	*Taxus wallichiana var. mairei*
毛茛	*Ranunculus japonicus*	南瓜	*Cucurbita moschata*
毛梾	*Cornus walteri*	南京椴	*Tilia miqueliana*
毛泡桐	*Paulownia tomentosa*	南蛇藤	*Celastrus orbiculatus*
毛蕊花	*Verbascum thapsus*	南天竹	*Nandina domestica*
毛樱桃	*Cerasus tomentosa*	南五味子	*Kadsura longipedunculata*
毛竹	*Phyllostachys edulis*	南洋杉	*Araucaria cunninghamii*
玫瑰	*Rosa rugosa*	南洋楹	*Albizia falcataria*
梅	*Armeniaca mume*	楠	*Phoebe* spp.
美国薄荷	*Monarda didyma*	楠木	*Phoebe zhennan*
美国凌霄	*Campsis radicans*	柠檬桉	*Eucalyptus citriodora*
美国山核桃	*Carya illinoensis*	牛皮消	*Cynanchum auriculatum*
美国悬铃木	*Platanus occidentalis*	糯米条	*Abelia chinensis*
美国皂荚	*Gleditsia triacanthos*	女贞	*Ligustrum lucidum*
美丽月见草	*Oenothera speciosa*	欧洲矮棕	*Rhapis humilis*
美丽针葵	*Phoenix loureirii*	欧洲报春	*Primula vulgaris*
美女樱	*Glandularia×hybrida*	欧洲红豆杉	*Taxus baccata*
美人蕉	*Canna indica*	欧洲七叶树	*Aesculus hippocastanum*
美艳羞凤梨	*Neoregelia carolinae*	爬行卫矛	*Euonymus fortunei* var.
蒙古栎	*Quercus mongolica*		*radicans*
米兰	*Aglaia odorata*	盘叶忍冬	*Lonicera tragophylla*
密花石斛	*Dendrobium densiflorum*	泡桐	*Paulownia fortunei*
密实卫矛	*Euonymus alatus* 'Compactus'	炮仗花	*Pyrostegia venusta*
魔芋	*Amorphophallus rivieri*	炮仗藤属	*Pyrostegia* spp.
茉莉	*Jasminum sambac*	盆架子	*Alstonia scholaris*
墨兰	*Cymbidium sinense*	枇杷	*Eriobotrya japonica*
墨西哥落羽杉	*Taxodium mucronatum*	啤酒花	*Humulus lupulus*
牡丹	*Paeonia suffruticosa*	平枝枸子	*Cotoneaster horizontalis*
牡竹属	*Dendrocalamus* spp.	苹果	*Malus pumila*
木半夏	*Elaeagnus multiflora*	萍蓬草	*Nuphar pumila*
木芙蓉	*Hibiscus mutabilis*	铺地柏	*Juniperus procumbens*
木瓜	*Chaenomeles sinensis*	菩提树	*Ficus religiosa*
木荷	*Schima superba*	葡萄	*Vitis vinifera*
木槿	*Hibiscus syriacus*	葡萄风信子	*Muscari armeniacum*
木莲	*Manglietia fordiana*	蒲包花	*Calceolaria crenatiflora*
木麻黄	*Casuarina equisetifolia*	蒲公英	*Taraxacum mongolicum*
木棉	*Bombax malabaricum*	蒲葵	*Livistona chinensis*

中文名	拉丁文名	中文名	拉丁文名
蒲桃	*Syzygium jambos*	日本扁柏	*Chamaecyparis obtusa*
蒲苇	*Cortaderia selloana*	日本结缕草	*Zoysia japonica*
朴树	*Celtis sinensis*	日本冷杉	*Abies firma*
七叶树	*Aesculus chinensis*	日本柳杉	*Cryptomeria japonica*
七姊妹	*Rosa multiflora var. carnea*	日本晚樱	*Cerasus serrulata* var. *lannesiana*
漆树	*Toxicodendron vernicifluum*		
麒麟叶	*Epipremnum pinnatum*	日本香柏	*Thuja standishii*
杞柳	*Salix integra*	日本云杉	*Picea torano*
槭树	*Acer* spp.	榕树	*Ficus* spp.
槭叶茑萝	*Quamoclit sloteri*	肉苁蓉	*Cistanche deserticola*
千屈菜	*Lythrum salicaria*	肉桂	*Cinnamomum cassia*
千日红	*Gomphrena globosa*	软叶刺葵	*Phoenix roebelenii*
千头柏	*Platycladus orientalis* 'Sieboldii'	软枝黄蝉	*Allemanda cathartica*
		瑞香	*Daphne odora*
牵牛	*Ipomoea nil*	箬竹	*Indocalamus longiauritus*
芡实	*Euryale ferox*	箬竹属	*Indocalamus* spp.
蔷薇	*Rosa* spp.	洒金柏	*Platycladus orientalis* 'Aurea Nana'
荞麦	*Fagopyrum esculentum*		
茄	*Solanum melongena*	洒金桃叶珊瑚	*Aucuba japonica* 'Variegata'
青枫	*Acer palmatum*	三白草	*Saururus chinensis*
青冈	*Cyclobalanopsis glauca*	三尖杉	*Cephalotaxus fortunei*
青杆	*Picea wilsonii*	三角枫	*Acer buergerianum*
青檀	*Pteroceltis tatarinowii*	三角椰子	*Dypsis decaryi*
轻木	*Ochroma lagopus*	三色堇	*Viola tricolor*
琼花	*Viburnum macrocephalum* 'Keteleeri'	三色苋	*Amaranthus tricolor*
		三药槟榔	*Areca triandra*
秋丹参	*Salvia japonica*	三叶地锦	*Parthenocissus semicordata*
秋海棠	*Begonia* spp.	三叶海棠	*Malus sieboldii*
秋胡颓子	*Elaeagnus umbellata*	三叶木通	*Akebia trifoliata*
秋牡丹	*Anemone hupehensis* var. *japonica*	散尾葵	*Chrysalidocarpus lutescens*
		桑寄生	*Taxillus sutchuenensis*
楸树	*Catalpa bungei*	桑树	*Morus alba*
球茎甘蓝	*Brassica caulorapa*	沙冬青	*Ammopiptanthus mongolicus*
球兰	*Hoya carnosa*	沙拐枣	*Calligonum mongolicum*
瞿麦	*Dianthus superbus*	沙棘	*Hippophae rhamnoides* subsp. *sinensis*
全缘叶栾树	*Koelreuteria bipinnata* var. *integrifoliola*		
		沙梨	*Pyrus pyrifolia*
雀舌黄杨	*Buxus bodinieri*	沙枣	*Elaeagnus angustifolia*
人参	*Panax ginseng*	砂地柏	*Juniperus sabina*
人面子	*Dracontomelon duperreanum*	山槟榔	*Pinanga baviensis*
忍冬	*Lonicera japonica*	山茶	*Camellia japonica*

中文名	拉丁文名	中文名	拉丁文名
山大烟	*Papaver nudicaule*	石榴	*Punica granatum*
山杜英	*Elaeocarpus sylvestris*	石龙芮	*Ranunculus sceleratus*
山合欢	*Albizia kalkora*	石楠	*Photinia serratifolia*
山胡椒	*Lindera glauca*	石松	*Lycopodium japonicum*
山姜	*Alpinia japonica*	石蒜	*Lycoris radiata*
山荆子	*Malus baccata*	石竹	*Dianthus chinensis*
山蜡梅	*Chimonanthus nitens*	矢车菊	*Cyanus segetum*
山麻杆	*Alchornea davidii*	矢竹	*Pseudosasa japonica*
山麦冬	*Liriope spicata*	使君子	*Quisqualis indica*
山梅花	*Philadelphus incanus*	柿	*Diospyros kaki*
山葡萄	*Vitis amurensis*	蜀葵	*Alcea rosea*
山桃	*Amygdalus davidiana*	鼠李	*Rhamnus davurica*
山桃草	*Gaura lindheimeri*	薯蓣	*Dioscorea polystachya*
山杏	*Armeniaca sibirica*	树菠萝	*Artocarpus heterophyllus*
山樱花	*Cerasus serrulata*	树锦鸡儿	*Caragana arborescens*
山影拳	*Cereus pitajaya*	栓皮栎	*Quercus variabilis*
山皂荚	*Gleditsia japonica*	双荚决明	*Cassia bicapsularis*
山楂	*Crataegus pinnatifida*	双蕊兰	*Diplandrorchis sinica*
山茱萸	*Cornus officinalis*	双籽棕	*Arenga caudata*
杉木	*Cunninghamia lanceolata*	水鳖	*Hydrocharis dubia*
珊瑚朴	*Celtis julianae*	水车前	*Ottelia alismoides*
珊瑚树	*Viburnum odoratissimum*	水葱	*Schoenoplectus tabernaemontani*
陕甘花楸	*Sorbus koehneana*	水飞蓟	*Silybum marianum*
商陆	*Phytolacca acinosa*	水鬼蕉	*Hymenocallis littoralis*
芍药	*Paeonia lactiflora*	水花生	*Alternanthera philoxeroides*
蛇鞭菊	*Liatris spicata*	水蜡	*Ligustrum obtusifolium*
蛇莓	*Duchesnea indica*	水蓼	*Polygonum hydropiper*
蛇目菊	*Sanvitalia procumbens*	水马齿	*Callitriche palustris*
蛇葡萄	*Ampelopsis glandulosa*	水芹	*Oenanthe javanica*
射干	*Belamcanda chinensis*	水青冈	*Fagus longipetiolata*
麝香百合	*Lilium longiflorum*	水杉	*Metasequoia glyptostroboides*
深裂花烛	*Anthurium variabile*	水生美人蕉	*Canna glauca*
深山含笑	*Michelia maudiae*	水松	*Glyptostrobus pensilis*
肾蕨	*Nephrolepis auriculata*	水塔花	*Billbergia pyramidalis*
湿地松	*Pinus elliottii*	水翁	*Cleistocalyx operculatus*
蓍草	*Achillea millefolium*	水蕹	*Aponogeton lakhonensis*
十大功劳	*Mahonia fortunei*	水仙	*Narcissus tazetta* var. *chinensis*
石菖蒲	*Acorus tatarinowii*	水枸子	*Cotoneaster multiflorus*
石斛	*Dendrobium nobile*	水罂粟	*Hydrocleys nymphoides*
石碱花	*Saponaria officinalis*	水榆花楸	*Sorbus alnifolia*
石栎	*Lithocarpus glaber*	水芋	*Calla palustris*

中文名	拉丁文名	中文名	拉丁文名
水竹	*Phyllostachys heteroclada*	天鹅绒竹芋	*Calathea zebrina*
水烛	*Typha angustifolia*	天胡荽	*Hydrocotyle sibthorpioides*
睡莲	*Nymphaea tetragona*	天麻	*Gastrodia elata*
硕苞蔷薇	*Rosa bracteata*	天门冬	*Asparagus cochinchinensis*
硕桦	*Betula costata*	天目琼花	*Viburnum opulus* var. *sargentii*
丝瓜	*Luffa aegyptiaca*	天女花	*Oyama sieboldii*
丝兰	*Yucca filamentosa*	天竺桂	*Cinnamomum japonicum*
丝棉木	*Euonymus maackii*	天竺葵	*Pelargonium hortorum*
四季报春	*Primula obconica*	田菁	*Sesbania cannabina*
四季兰	*Cymbidium ensifolium* var. *rubrigemmum*	田旋花	*Convolvulus arvensis*
		田字萍	*Marsilea quadrifolia*
四季秋海棠	*Begonia cucullata*	甜橙	*Citrus sinensis*
四数木	*Tetrameles nudiflora*	甜果藤	*Mappianthus iodoides*
四照花	*Cornus kousa* subsp. *chinensis*	贴梗海棠	*Chaenomeles speciosa*
松	*Pinus* spp.	铁冬青	*Ilex rotunda*
溲疏	*Deutzia scabra*	铁皇冠	*Microsorium pteropus*
苏铁	*Cycas revoluta*	铁甲秋海棠	*Begonia masoniana*
苏铁蕨	*Brainea insignis*	铁兰	*Tillandsia cyanea*
素方花	*Jasminum officinale*	铁线蕨	*Adiantum capillus-veneris*
酸橙	*Citrus×aurantium*	铁线莲	*Clematis florida*
酸竹属	*Acidosasa* spp.	铁线莲属	*Clematis* spp.
随意草	*Physostegia virginiana*	铜钱树	*Paliurus hemsleyanus*
穗花牡荆	*Vitex agnus-castus*	菟丝子	*Cuscuta chinensis*
穗花杉	*Amentotaxus argotaenia*	瓦松	*Orostachys fimbriata*
穗状狐尾藻	*Myriophyllum spicatum*	晚香玉	*Polianthes tuberosa*
杪椤	*Alsophila spinulosa*	万带兰	*Vanda* spp.
梭鱼草	*Pontederia cordata*	万年青	*Rohdea japonica*
台湾杉	*Taiwania cryptomerioides*	万寿菊	*Tagetes erecta*
薹草	*Carex* spp.	王莲	*Victoria amazonica*
太平花	*Philadelphus pekinensis*	网球花	*Haemanthus multiflorus*
昙花	*Epiphyllum oxypetalum*	望天树	*Parashorea chinensis*
檀香	*Santalum album*	委陵菜	*Potentilla chinensis*
探春	*Jasminum floridum*	卫矛	*Euonymus alatus*
唐菖蒲	*Gladiolus×gandavensis*	猬实	*Kolkwitzia amabilis*
唐松草	*Thalictrum aquilegifolium* var. *sibiricum*	文殊兰	*Crinum asiaticum*
		文竹	*Asparagus setaceus*
糖槭	*Acer saccharum*	蚊母	*Distylium racemosum*
绦柳	*Salix matsudana* f. *pendula*	乌哺鸡竹	*Phyllostachys vivax*
桃	*Amygdalus persica*	乌冈栎	*Quercus phillyraeoides*
桃叶珊瑚	*Aucuba chinensis*	乌桕	*Triadica sebifera*
天鹅绒草	*Zoysia pacifica*	乌蔹莓	*Cayratia japonica*

中文名	拉丁文名	中文名	拉丁文名
乌头	*Aconitum carmichaelii*	香花鸡血藤	*Callerya dielsiana*
无花果	*Ficus carica*	香荚蒾	*Viburnum farreri*
无患子	*Sapindus saponaria*	香蕉	*Musa nana*
梧桐	*Firmiana simplex*	香泡	*Citrus medica*
蚂蚁藤	*Zanthoxylum multijugum*	香蒲	*Typha orientalis*
五彩凤梨	*Neoregelia carolinae*	香石竹	*Dianthus caryophyllus*
五加	*Acanthopanax gracilistylus*	香水月季	*Rosa odorata*
五角枫	*Acer pictum* subsp. *mono*	香豌豆	*Lathyrus odoratus*
五色草	*Alternanthera bettzickiana*	香雪兰	*Freesia refracta*
五色梅	*Lantana camara*	香雪球	*Lobularia maritima*
五味子	*Schisandra chinensis*	香橼	*Citrus medica*
五叶地锦	*Parthenocissus quinquefolia*	香樟	*Cinnamomum camphora*
五针松	*Pinus parviflora*	香棕	*Arenga engleri*
五指茄	*Solanum mammosum*	向日葵	*Helianthus annuus*
舞花姜	*Globba racemosa*	象耳芋	*Colocasia gigantea*
勿忘草	*Myosotis alpestris*	象牙参	*Roscoea purpurea*
西班牙鸢尾	*Iris xiphium*	橡胶树	*Hevea brasiliensis*
西番莲	*Passiflora caerulea*	橡皮树	*Ficus elastica*
西府海棠	*Malus×micromalus*	肖竹芋	*Calathea ornata*
西谷椰子	*Metroxylon sagu*	小檗	*Berberis amurensis*
溪荪	*Iris sanguinea*	小檗类	*Berberis* spp.
喜树	*Camptotheca acuminata*	小果蔷薇	*Rosa cymosa*
细尖枸子	*Cotoneaster apiculatus*	小花鸢尾	*Iris speculatrix*
细叶美女樱	*Glandularia tenera*	小蜡	*Ligustrum sinense*
细叶婆婆纳	*Veronica linariifolia*	小琼棕	*Chuniophoenix nana*
细叶早熟禾	*Poa angustifolia*	小箬棕	*Sabal palmetto*
虾脊兰	*Calanthe discolor*	小叶黄杨	*Buxus sinica* var. *parvifolia*
霞草	*Gypsophila oldhamiana*	小叶女贞	*Ligustrum quihoui*
夏堇	*Torenia fournieri*	小叶朴	*Celtis bungeana*
夏威夷椰子	*Pritchardia gaudichaudii*	小叶榕	*Ficus concinna*
仙客来	*Cyclamen persicum*	小叶杨	*Populus simonii*
仙茅	*Curculigo orchioides*	孝顺竹	*Bambusa multiplex*
仙人球	*Echinopsis tubiflora*	笑靥花	*Spiraea prunifolia*
仙人掌	*Opuntia dillenii*	心叶藿香蓟	*Ageratum houstonianum*
现代月季	*Rosa hybrida*	新几内亚凤仙	*Impatiens hawkeri*
香柏	*Juniperus pingii* var. *wilsonii*	新疆杨	*Populus alba* var. *pyramidalis*
香椿	*Toona sinensis*	星蕨	*Microsorum punctatum*
香榧	*Torreya grandis* 'Merrillii'	杏	*Armeniaca vulgaris*
香港四照花	*Cornus hongkongensis*	杏黄兜兰	*Paphiopedilum armeniacum*
香果树	*Emmenopterys henryi*	荇菜	*Nymphoides peltatum*
香花槐	*Robinia pseudoacacia* 'idaho'	莕菜	*Nymphoides peltata*

中文名	拉丁文名	中文名	拉丁文名
宿根福禄考	*Phlox paniculata*	野蔷薇	*Rosa multiflora*
宿根天人菊	*Gaillardia aristata*	野燕麦	*Avena fatua*
袖珍椰子	*Chamaedorea elegans*	野迎春	*Jasminum mesnyi*
绣线菊	*Spiraea salicifolia*	叶子花	*Bougainvillea spectabilis*
须苞石竹	*Dianthus barbatus*	一把伞南星	*Arisaema erubescens*
萱草	*Hemerocallis fulva*	一串白	*Salvia splendens* 'Alba'
悬钩子	*Rosa rubus*	一串红	*Salvia splendens*
悬铃花	*Malvaviscus arboreus*	一品红	*Euphorbia pulcherrima*
悬铃木	*Platanus* spp.	一枝黄花	*Solidago decurrens*
旋花	*Calystegia sepium*	益母草	*Leonurus japonicus*
雪滴花	*Leucojum vernum*	益智	*Alpinia oxyphylla*
雪佛里椰子	*Chamaedorea seifrizii*	薏苡	*Coix lacryma-jobi*
雪果	*Symphoricarpos albus*	阴地蕨	*Botrychium ternatum*
雪柳	*Fontanesia phillyreoides* subsp.	银白杨	*Populus alba*
	fortunei	银边翠	*Euphorbia marginata*
雪松	*Cedrus deodara*	银边冬青卫矛	*Euonymus japonicus*
勋章菊	*Gazania rigens*		'Albomarginatus'
枸子	*Cotoneaster* spp.	银边沿阶草	*Ophiopogon bodinieri cv.*
鸭跖草	*Commelina communis*	银海枣	*Phoenix sylvestris*
崖柏	*Thuja sutchuenensis*	银桦	*Grevillea robusta*
亚菊	*Ajania pallasiana*	银莲花	*Anemone cathayensis*
胭脂花	*Primula maximowiczii*	银杉	*Cathaya argyrophylla*
沿阶草	*Ophiopogon bodinieri*	银扇葵	*Coccothrinax argentea*
盐地风毛菊	*Saussurea salsa*	银星秋海棠	*Begonia argenteo-guttata*
盐肤木	*Rhus chinensis*	银杏	*Ginkgo biloba*
盐角草	*Salicornia europaea*	银芽柳	*Salix leucopithecia*
盐蓬	*Halimocnemis* spp.	银叶菊	*Senecio cineraria*
眼子菜	*Potamogeton distinctus*	印度叉干棕	*Hyphaene compressa*
艳山姜	*Alpinia zerumbet*	英国悬铃木	*Platanus*×*acerifolia*
燕麦	*Avena sativa*	罂粟	*Papaver somniferum*
燕子花	*Iris laevigata*	樱草	*Primula sieboldii*
羊胡子草	*Eriophorum* spp.	樱花	*Cerasus* spp.
羊茅	*Festuca ovina*	樱桃	*Cerasus pseudocerasus*
杨梅	*Myrica rubra*	鹰爪枫	*Holboellia coriacea*
杨树	*Populus* spp.	鹰爪花	*Artabotrys hexapetalus*
杨桃	*Averrhoa carambola*	迎春	*Jasminum nudiflorum*
洋白蜡	*Fraxinus pennsylvanica*	迎夏	*Jasminum floridum*
洋常春藤	*Hedera helix*	油菜花	*Brassica campestris*
洋紫荆	*Bauhinia variegata*	油茶	*Camellia oleifera*
椰子	*Cocos nucifera*	油杉	*Keteleeria fortunei*
野牛草	*Buchloe dactyloides*	油松	*Pinus tabuliformis*

中文名	拉丁文名	中文名	拉丁文名
油桐	*Vernicia fordii*	早园竹	*Phyllostachys propinqua*
油棕	*Elaeis guineensis*	早竹	*Phyllostachys violascens*
柚	*Citrus maxima*	枣	*Ziziphus jujuba*
鱼尾葵	*Caryota ochlandra*	枣椰	*Phoenix dactylifera*
榆	*Ulmus pumila*	皂荚	*Gleditsia sinensis*
榆属	*Ulmus* spp.	泽苔草	*Caldesia parnassifolia*
榆叶梅	*Amygdalus triloba*	泽泻	*Alisma plantago-aquatica*
虞美人	*Papaver rhoeas*	柞	*Xylosma congesta*
羽毛枫	*Acer palmatum* 'Dissectum'	长柄双花木	*Disanthus cercidifolius* var. *longipes*
羽扇豆	*Lupinus micranthus*		
羽叶茑萝	*Quamoclit pennata*	长春花	*Catharanthus roseus*
羽衣甘蓝	*Brassica oleracea* var. *acephala*	长寿花	*Kalanchoe blossfeldiana*
雨久花	*Monochoria korsakowii*	长叶肾蕨	*Nephrolepis biserrata*
玉兰	*Yulania denudata*	长叶竹柏	*Nageia fleuryi*
玉米	*Zea mays*	浙贝母	*Fritillaria thunbergii*
玉簪	*Hosta plantaginea*	浙江楠	*Phoebe chekiangensis*
玉竹	*Polygonatum odoratum*	珍珠花	*Lyonia ovalifolia*
郁金	*Curcuma aromatica*	珍珠梅	*Sorbaria sorbifolia*
郁金香	*Tulipa gesneriana*	榛子	*Corylus heterophylla*
郁李	*Cerasus japonica*	栀子花	*Gardenia jasminoides*
鸢尾	*Iris tectorum*	蜘蛛抱蛋	*Aspidistra elatior*
元宝枫	*Acer truncatum*	蜘蛛兰	*Taeniophyllum glandulosum*
圆柏	*Juniperus chinensis*	纸莎草	*Cyperus papyrus*
圆盖阴石蕨	*Humata tyermanni*	枳椇	*Hovenia acerba*
圆叶锦葵	*Malva pusilla*	中华常春藤	*Hedera nepalensis* var. sinensis
圆叶蒲葵	*Livistona rotundifolia*	中华结缕草	*Zoysia sinica*
圆叶榕	*Ficus hookeriana*	中华猕猴桃	*Actinidia chinensis*
圆叶竹芋	*Calathea orbifolia*	中山柏	*Cupressus lusitanica* 'Zhongshan'
圆锥石头花	*Gypsophila paniculata*		
月光花	*Ipomoea alba*	中山杉	*Taxodium* 'Zhongshan'
月桂	*Laurus nobilis*	重阳木	*Bischofia polycarpa*
月季	*Rosa chinensis*	朱顶红	*Hippeastrum rutilum*
月见草	*Oenothera biennis*	朱蕉	*Cordyline fruticosa*
云杉	*Picea asperata*	猪笼草	*Nepenthes mirabilis*
云杉属	*Picea* spp.	竹柏	*Nageia nagi*
云实	*Caesalpinia decapetala*	竹叶眼子菜	*Potamogeton wrightii*
杂交马褂木	*Liriodendron chinense* × *tulipifera*	竹芋	*Maranta arundinacea*
		苎麻	*Boehmeria nivea*
再力花	*Thalia dealbata*	锥栗	*Castanea henryi*
早花象牙参	*Roscoea cautleoides*	梓树	*Catalpa ovata*
早熟禾	*Poa annua*	紫斑牡丹	*Paeonia rockii*

191

中文名	拉丁文名	中文名	拉丁文名
紫背竹芋	*Maranta arundinacea*	紫菀	*Aster tataricus*
紫丁香	*Syringa oblata*	紫薇	*Lagerstroemia indica*
紫萼	*Hosta ventricosa*	紫叶矮樱	*Prunus × cistena*
紫花地丁	*Viola philippica*	紫叶李	*Prunus cerasifera* 'Pissardii'
紫花络石	*Trachelospermum axillare*	紫叶桃	*Amygdalus persica*
紫花苜蓿	*Medicago sativa*		'Atropurpurea'
紫金牛	*Ardisia japonica*	紫叶小檗	*Berberis thunbergii*
紫堇	*Corydalis edulis*		'Atropurpurea'
紫锦草	*Commelina purpurea*	紫叶酢浆草	*Oxalis triangularis*
紫茎	*Stewartia sinensis*		subsp. *papilionacea*
紫荆	*Cercis chinensis*	紫玉兰	*Yulania liliiflora*
紫露草	*Tradescantia ohiensis*	紫芋	*Colocasia tonoimo*
紫罗兰	*Matthiola incana*	紫珠	*Callicarpa bodinieri*
紫茉莉	*Mirabilis jalapa*	紫竹	*Phyllostachys nigra*
紫楠	*Phoebe sheareri*	棕榈	*Trachycarpus fortunei*
紫萁	*Osmunda japonica*	棕竹	*Rhapis excelsa*
紫杉	*Taxus cuspidata*	菹草	*Potamogeton crispus*
紫松果菊	*Echinacea purpurea*	钻地风	*Schizophragma integrifolium*
紫穗槐	*Amorpha fruticosa*	钻天杨	*Populus nigra* var. *italica*
紫檀	*Pterocarpus indicus*	醉鱼草	*Buddleja lindleyana*
紫藤	*Wisteria sinensis*	酢浆草	*Oxalis corniculata*

参 考 文 献

[1] 陈有民. 园林树木学[M]. 北京:中国林业出版社,1990.

[2] 董丽. 园林花卉应用设计[M]. 北京:中国林业出版社,2012.

[3] 董丽,包志毅. 园林植物学[M]. 北京:中国建筑工业出版社,2013.

[4] 贺学礼. 植物学[M]. 北京:科学出版社,2008.

[5] 李景侠,康永祥. 观赏植物学[M]. 北京:中国林业出版社,2005.

[6] 刘奕清. 观赏植物学[M]. 北京:中国林业出版社,2011.

[7] 刘燕. 园林花卉学[M]. 2 版. 北京:中国林业出版社,2009.

[8] 鲁涤非. 花卉学[M]. 北京:中国农业出版社,1998.

[9] 芦建国. 种植设计[M]. 北京:中国建筑工业出版社,2008.

[10] 芦建国,杨艳容,刘国华. 园林花卉[M]. 2 版. 北京:中国林业出版社,2016.

[11] 芦建国. 花卉学[M]. 南京:东南大学出版社,2004.

[12] 马承慧. 树木学实验教程[M]. 哈尔滨:东北林业大学出版社,2006.

[13] 马炜梁. 植物学[M]. 北京:高等教育出版社,2015.

[14] 马金双. 上海维管束植物名录[M]. 北京:高等教育出版社,2013.

[15] 秦路平,张德顺,周秀佳. 植物与生命[M]. 北京:世界图书出版社,2017.

[16] 苏雪痕. 植物造景[M]. 北京:中国林业出版社,1994.

[17] 童丽丽. 观赏植物学[M]. 上海:上海交通大学出版社,2009.

[18] 王莲英,秦魁杰. 花卉学[M]. 2 版. 北京:中国林业出版社,1990.

[19] 汪远,马金双. 上海植物图鉴:草本卷[M]. 上海:上海交通大学出版社,2016.

[20] 吴玲. 湿地植物与景观[M]. 北京:中国林业出版社,2010.

[21] 许鸿川. 植物学(南方本第 2 版)[M]. 北京:中国林业出版社,2008.

[22] 许玉凤,曲波. 植物学[M]. 北京:中国农业大学出版社,2008.

[23] 臧德奎. 园林树木学[M]. 2 版. 北京:中国建筑工业出版社,2012.

[24] 赵世伟. 园林植物种植设计与应用[M]. 北京:北京出版社,2006.

[25] 张德顺. 景观植物应用原理与方法[M]. 北京:中国建筑工业出版社,2012.

[26] 张天麟. 园林树木 1 600 种[M]. 北京:中国建筑工业出版社,2010.

[27] 朱筠珍. 中国园林植物景观艺术[M]. 北京:中国建筑工业出版社,2015.

[28] 卓丽环,陈龙清. 园林树木学[M]. 北京:中国农业出版社,2011.

[29] 吴征镒. 中国植物志(全套)[M]. 北京:科学出版社,2017.

[30] 《中国大百科全书》编委会. 中国大百科全书:建筑 园林 城市规划[M]. 北京:中国大百科全书出版社,1988.

［31］ 中华人民共和国商业部土产废品局,中国科学院植物研究所. 中国经济植物志［M］.北京:科学出版社,2012.

［32］ 上海科学院. 上海植物志(上、下卷)［M］. 上海:上海科学技术文献出版社,1999.

［33］ FRPS《中国植物志》［EB/OL］. http://frps. eflora. cn.

［34］ 上海数字植物志［EB/OL］. http://shflora. ibiodiversity. net.